Elementary Number Theory

기초 정수론

오정환 · 이준복 지음

KM 경문사

머리말

수론은 인류의 역사만큼이나 오래된 학문으로 과학이 급속도로 발전하고 있는 현대에도 꾸준히 발전하고 있는 수학의 중요한 한 분야라고 할 수 있다. 수론은 현대 수학의 다른 여러 분야와도 밀접한 관련이 있을 뿐만 아니라, 최근에는 암호학이나 부호이론 등의 학문에도 많이 응용되고 있다. 수론은 간단히 말하면 여러 가지 수 가운데서도 가장 간단하고 소박한 정수의 성질을 연구하는 학문이다. 그 내용이나 취급하는 방법에 따라서 대수적 수론과 해석적 수론으로 구분되고, 고전적 수론과 현대적 수론으로 구분하기도 한다.

정수는 실수나 복소수보다 간단해 보이지만, 오히려 몇백 년 동안 풀리지 않는 어려운 문제라든가, 보기에는 아주 쉬워보이는 명제이면서도 지금까지 해결되지 못한 많은 문제들을 포함하고 있다. 이러한 흥미 있는 문제들은 꾸준히 연구되어 해결해야 하지만 이를 위해서는 기본적인 수론뿐만 아니라 고급 수론도 배워야 하나, 이 책은 수론이 어떤 학문이라는 것을 소개하는 정도의 입문서이기에 지극히 초보적인 고전적 수론만을 다루었다. 따라서, 이 책을 학부 한 학기 교재로 사용하기에 충분하도록 집필하였으나 진도에 따라서 8장에서 10장까지는 선별적으로 강의하여도 무방하다고 생각된다.

끝으로, 이 책이 나오기까지 컴퓨터 작업에 많은 시간을 아끼지 않고 도와준 수학과 박승경 교수, 박사과정의 심대원 군 그리고 박진서 군에게 감사하며, 경문사의 박문규 사장님께 감사하는 바이다.

2012년 7월

저자

차례

제 1 장 서 론

1.1 정수론이란 어떤 학문인가?

정수론은 그 주제가 아주 방대하여 한마디로 수학의 어느 분야에 속한다고 규정하기는 대단히 어렵다. 대략적으로 정의해 본다면 정수론은

$$\cdots, -3, -2, -1, 0, 1, 2, 3, \cdots$$

과 같은 정수의 성질을 연구하는 수학의 한 분야라고 말할 수 있다.

정수와 또 정수에 관련된 셈법은 인간이 사고하는 과정에서 얻어진 가장 오래되고, 기본적인 산물이라 할 수 있다. 고대로부터 문명이 점점 발달함에 따라 물물교환이나, 시간을 말할 때, 길이나 면적, 또는 건축할 때에 숫자를 셀 필요가 생겼다. 이와 같은 필요성이 수의 개념과 기본적인 셈법을 발전시켜왔다. 5000여 년 전에도 중국과 이집트에서는 일상생활에서 상당한 셈법이 이용되었다. 고대 문명 중에서 그리스 특히 피타고라스 학파에 의하여 정수론이 시작되었다고 할 수 있다.

수론학자들이 다루고 있는 문제들이 어떤 것이며, 또 이 교재에서 다루는 문제에의 접근방법을 이해하기 위하여 고대 그리스 사람들이 다루었던 다음의 문제들을 생각해 보자.

문제 1. 세 변의 길이가 모두 정수가 되는 모든 직각 삼각형을 구하라.

이와 같은 삼각형의 세 변의 길이를 각각 x, y, z라 하고, z를 빗변이라 하면, 피타고라스의 정리에 의하여

$$x^2 + y^2 = z^2 \tag{1.1}$$

이다. 그러므로 문제 1은 (1, 1)을 만족하는 세 쌍(x, y, z)를 결정하는 문제와 같다. 이와 같은 세 수를 피타고라스의 세 수(pythagorean triple)라 한다. 예컨대 $(3, 4, 5)$, $(5, 12, 13)$은 피타고라스의 세 수이다. 또한 a, b, c가 정수일 때

$$x = \pm(a^2 - b^2)c, \qquad y = \pm 2abc, \qquad z = \pm(a^2 + b^2)c$$

(x, y, z)는 피타고라스의 세 수가 된다. 더욱이 모든 피타고라스의 세 수는 이와

같은 꼴이라는 것을 그리스의 디오판토스(Diophantos)가 증명하였다.

문제 2. $\sqrt{2}$가 무리수임을 증명하여라.

이 문제의 해답은 그리스 수학이 이룩한 가장 위대한 업적 가운데 하나이다. x, y가 정수일 때, $\sqrt{2}$가 유리수라면 $\sqrt{2}=\dfrac{x}{y}$로 표시되고, 양변을 제곱하면

$$2=\frac{x^2}{y^2} \text{ 또는 } x^2-2y^2=0$$

이다. x, y를 기약분수라 가정하여도 무방하므로, x, y 모두가 짝수일 수는 없다. $x^2=2y^2$에서 x를 짝수라 하면, 즉 $x=2t$라 놓으면 $4t^2=2y^2$, 곧 $2t^2=y^2$에서 y도 짝수가 되어 x, y가 기약분수라는 가정에 모순이다. 따라서 $\sqrt{2}$는 무리수이다.

문제 3. a, b, c가 정수일 때, 방정식 $ax+by=c$를 만족하는 정수 x, y를 구하라.

이 문제의 상세한 풀이는 2장에서 다루기로 하고 여기서는 우선 다음의 두 가지 경우를 다루어 보자.

첫째, 방정식

$$2x+3y=5 \tag{1.2}$$

가 정수해를 가지기 위해서는 하나의 주어진 x값에 대하여 하나의 y값이 주어져야 한다. 즉, $y=\dfrac{1}{3}(5-2x)$, x값이 정수일지라도, y는 정수가 아닐 수 있다. 예컨대 $x=2$이면, $y=\dfrac{1}{3}$이다. 따라서 $(x,\ y)$가 (1.2)의 정수해가 되기 위해서는 약간의 기본적인 추론이 필요하다.

$2x+3y=5$에서 $2x=5-3y$이므로, $5-3y$는 짝수이다. 그러므로 y는 홀수가 되어야 한다. 즉, $y=2t+1$(t는 정수)이라 놓으면

$$x=\frac{1}{2}(5-3y)=1-3t$$

가 되어 (1.2)의 일반해는

$$x = 1 - 3t, \qquad y = 2t + 1 \tag{1.3}$$

을 얻는다.

역으로 t가 정수이고, x, y가 (1.3)과 같으면

$$2x + 3y = 2(1 - 3t) + 3(2t + 1) = 5$$

가 되므로 $(x,\ y)$는 (1.2)의 해가 된다. 즉, (1.2)의 정수해는 (1.3)이 된다. 예컨대 $t = 0,\ 1,\ -5$에 대응하는 해는 $(x,\ y) = (1,\ 1),\ (-2,\ 3),\ (16,\ -9)$이다.

둘째로, 방정식 $2x + 4y = 5$의 정수해에 대하여 생각해 보자. x, y가 정수이면 $2x + 4y = 2(x + 2y)$는 2로 나누어떨어져야 하는데 5는 2의 배수가 아니므로 이 방정식은 해를 갖지 못한다.

위에서 다룬 문제들은 표면상 서로 아무런 연관성이 없어 보이지만 그 문제들은 모두 어떤 방정식, 예컨대 $x^2 + y^2 = z^2$, $x^2 - 2y^2 = 0$, $2x + 3y = 5$, $2x + 4y = 5$와 같은 방정식의 정수해를 결정하는 문제에 귀착된다. 방정식의 정수해를 결정하는 일반적인 문제가 정수론의 중심 과제 중의 하나라고 말할 수 있다.

위에서 고찰한 모든 방정식은 소위 디오판토스 방정식(Diophantine equation)의 보기들이다. 디오판토스 방정식이란 그 방정식의 해가 정수로써 결정되는 정수 계수의 방정식을 말한다. 디오판토스 방정식의 해를 결정한다는 것은 우선 디오판토스 방정식의 해의 존재성을 판단하고 해가 존재하는 경우에 그 해의 유한성을 판단하는 것이다. 또한 해가 유한한 경우에는 해를 모두 찾을 수 있는가? 그리고 해가 무한한 경우에는 매개변수를 이용하여 그 해를 모두 표현할 수 있는가? 등을 판단하는 것이다.

디오판토스 방정식의 또 다른 예를 보자.

문제 4. 방정식 $x^2 + y^2 = a$가 정수해를 갖기 위해서 a는 어떤 정수여야 하는가?

이 문제는 8장에서 구체적으로 다루겠다. 여기서는 단지 a가 소수인 경우만을 고찰하기로 하자. 페르마(Fermat)는 이 방정식이 정수해를 갖기 위한 조건은 $a = 2$이거나 $a - 1$이 4의 배수가 되어야 한다는 것을 증명하였다. 예컨대 $x^2 + y^2 = 7$

은 $7-1$이 4의 배수가 아니므로 정수해를 가지지 못한다. 그러나 $x^2+y^2=13$은 $13-1=12$가 4의 배수이므로 정수해를 가진다.

정수론은 관찰 또는 계산에 의해 그 결과를 예측할 수 있는 경우가 많다. 1000보다 작은 양의 정수는 네 개의 제곱수의 합으로 나타낼 수 있음을 관찰할 수 있다. 예를 들어

$$999=3^2+3^2+9^2+30^2, \qquad 1000=0^2+0^2+10^2+30^2.$$

이와 같은 사실로부터 "모든 양의 정수는 네 개의 제곱수의 합으로 나타낼 수 있다"라는 예측을 할 수 있다. 또한 7은 네 개보다 작은 개수의 제곱수의 합으로 나타낼 수 없음을 쉽게 알 수 있으므로 네 개는 위와 같은 예측을 만족하는 최소의 개수임을 말한다. 이 예측은 라그랑주(J. L. Lagrange)가 처음으로 증명하였다. 8장에서 이와 같은 사실을 자세히 다룬다. 반면에 관찰 또는 예측이 항상 사실로 판명되지는 않는다. 오일러(Leonhard Euler)는 "어떤 n제곱수도 n보다 작은 개수의 n제곱수의 합으로 나타낼 수 없다"고 예측하였다. $n=3$인 경우는 사실로 판명되었지만, $n=5$인 경우, 1968년에 랜더(L. J. Lander)와 파킨(T. Parkin)은 복잡한 컴퓨터 계산에 의해 다음과 같은 반례를 찾았다.

$$144^5=27^5+84^5+110^5+133^5$$

또한 1987년에는 엘키스(N. J. Elkies)는 타원곡선 이론과 컴퓨터 계산에 의해 $n=4$인 경우의 가장 작은 반례

$$20615673^4=2682440^4+15365639^4+18796760^4$$

을 찾았고 이와 같은 종류의 반례가 무한히 많음을 보였다. 이와 같이 관찰 또는 계산에 의한 예측은 그 결과를 입증하거나 반증하는 것과 그 결과를 일반화하는 데 상당히 중요하다. 한편으로 관찰 또는 계산에 의해 쉽게 예측되는 사실을 증명하거나 반증의 예를 찾는 일이 아주 어려운 경우도 많다. 골드바흐(Goldbach)가 1742년에 "2보다 큰 짝수는 모두 두 개의 소수의 합으로 나타낼 수 있다"라는 가설을 세웠다. 예를 들어

$$4=2+2, \qquad 6=3+3, \qquad 8=3+5.$$

그러나 이 가설은 아직 증명하지도, 반증의 예를 찾지도 못하였다.

정수론은 정수 또는 유리수에 관심을 가지고 있지만 문제 해결은 실수 또는 복소수 체계에서 해결되는 경우도 상당히 많다. 예를 들어 "$x^3+y^3=z^3$은 $xyz \neq 0$인 정수해가 존재하지 않는다."라는 증명은 복소수 체계에서 얻어질 수 있다.

3000여 년 동안 해결하지 못하던 '페르마 정리'로 알려진

"$x^n+y^n=z^n\,(n \geq 3),\ xyz \neq 0$인 정수해는 존재하지 않는다."

는 최근까지 상당히 큰 n까지 사실임을 증명하였고 또 해가 존재하여도 유한개밖에 존재하지 않는다는 사실을 폴팅스(G. Faltings)가 1983년경에 증명하고 마침내 1995년에 와일스(Andrew Wiles)가 타원곡선 이론, 모듈라 함수 이론 등을 이용하여 증명하였다. 8장에서 $n=4$인 경우의 증명을 알아본다. 엘키스, 폴팅스, 와일스 등이 증명하는 데 적용한 이론들은 타원곡선 이론, 다양체 이론, 모듈라 함수 이론 등으로, 그 자체는 정수론에 직접 관련이 없는 것처럼 보이나 실제적으로 정수론 문제로 귀착되는 경우가 많다. 따라서 정수론 문제는 수론 그 자체뿐만 아니라 대수학, 기하학, 해석학, 심지어는 위상수학 등의 여러 이론들을 통하여 해결되는 경우가 빈번하므로 여러 분야에 걸쳐 상당히 중요한 학문이라 할 수 있다. 이와 같이 정수론은 그 자체로 매우 흥미롭고 관심을 불러일으키기에 충분하고 또한 모든 분야와 연관성이 깊다는 관점에서 정수론을 공부하는 목적이 있다고 할 수 있다.

제 2 장 정제성

2.1 서론 및 기본정리

c가 임의의 정수이고 a는 0이 아닌 정수일 때, 정수 b가 존재하여 $c=ab$가 성립하면 "a는 c를 나눈다"고 하며, 이때 a를 c의 약수(divisor) 또는 인수(factor)라 하고 c를 a의 배수(multiple)라 한다. 이것을 기호로는 $a|c$로 표시한다. $a|c$이면 $-a|c$가 성립하는 것은 자명하다. $c=ab$를 만족하는 b가 존재하지 않을 때에는 $a \nmid c$로 표시한다.

예컨대 $3 \cdot 4 = 12$이고 $7 \cdot 0 = 0$이므로 3은 12의 약수이고, 7은 0의 약수이다. 즉, $3|12$, $7|0$이다. 그러나 $12=5k$를 만족하는 정수 k가 존재하지 않으므로 $5 \nmid 12$이다. 특히 1과 -1은 모든 정수의 약수이고, 0은 0이 아닌 모든 정수의 배수가 된다. 또 임의의 정수 a는 ± 1, $\pm a$로 나누어진다.

기호 $|a|$는 a의 절댓값을 뜻한다. 즉, $a \geq 0$이면 $|a|=a$이고, $a<0$이면 $|a|=-a$이다. 다음은 이 절댓값에 관한 기본적인 성질을 소개한 것이다.

(1) $a \neq 0$이면 $|a|>0$이고, $a=0$이면 $|a|=0$,

(2) $|a|=|-a|$,

(3) $|ab|=|a||b|$,

(4) $|a+b| \leq |a|+|b|$

(5) $|a|-|b| \leq |a+b|$

• 정의 2.1 •

1보다 큰 정수인 p의 양의 약수가 1과 p밖에 없을 때, 정수 p를 소수(prime number)라 한다. 그리고 어떤 정수 n이 ± 1과 $\pm n$ 이외의 약수를 가지면 정수 n을 합성수(composite number)라 한다.

예컨대 2와 5는 소수이고, 4와 15는 합성수이다.

• 정의 2.2 •

모든 정수의 약수가 되는 1과 -1을 단원(unit)이라 하며, 2의 배수가 되는 정수를 짝수(even number), 그 밖의 모든 정수를 홀수(odd number)라 한다. 또 한 쌍의 정수가 모두 짝수이거나, 모두 홀수이면 이 두 정수의 쌍은 같은 패리티(same parity)를 갖는다고 하고, 이 두 정수 가운데 한 정수는 짝수, 한 정수는 홀수이면 이 두 정수의 쌍은 반대 패리티(opposite parity)를 갖는다고 한다.

예컨대 3과 7, −4와 18은 같은 패리티를 갖고, 3과 8, 6과 25는 반대 패리티를 갖는다. 한 정수가 두 개 이상의 정수 각각의 약수가 될 때 그 정수를 이들 정수의 공약수(common divisor)라 한다. 예컨대 3은 9와 12의 공약수이고, 7은 −21, 35의 공약수이다.

2.2 기본정리

정수의 집합, 유리수의 집합, 실수의 집합 그리고 복소수의 집합을 각각 $\mathbb{Z}$, $\mathbb{Q}$, $\mathbb{R}$ 그리고 $\mathbb{C}$ 라 하자.

• 정리 2.1 •

a, b, c가 정수일 때, 다음이 성립한다.

(1) $a \neq 0$이면, $a|a$.

(2) $a \neq 0$이고 $a|c$이면, 임의의 $k \in \mathbb{Z}$ 에 대해 $a|kc$.

(3) $a|b$, $b|c$이면, $a|c$.

(4) $a|b$, $a|c$이면, 임의의 x, $y \in \mathbb{Z}$ 에 대해 $a|bx+cy$.

(5) $c \neq 0$이고 $a|c$이면, $|a| \leq |c|$.

(6) $a|c$, $c|a$이면, $|a| = |c|$.

증명 $a = a \cdot 1$ 또, $c = ab$에서 $kc = k(ab) = a(bk)$이므로 (1)과 (2)는 자명하다. 그리고 $b = ad$이고, $c = be$이면 $c = (ad)e = a(de)$로 되어 (3)이 성립하고, $a|b$, $a|c$이면, s, $t \in \mathbb{Z}$ 에 대해 $b = as$, $c = at$이고 $bx + cy = asx + aty = a(sx + ty)$로 되어 (4)가 성립한다. $c = ab \neq 0$이면 $|c| = |a||b|$이고 $|b| \geq 1$이므로 $|c| \geq |a|$ 즉, (5)가 성립한다. 또 $a|c$이고 $c|a$이면 (5)에 의하여 $|a| \leq |c|$, $|c| \leq |a|$이므로 $|a| = |c|$이다. ∎

2.3 몇 가지 기본원리

다음에 열거하는 기본적인 원리가 앞으로 정수론을 공부하는 데 자주 이용된다.

Ⅰ. 양의 정수의 정렬성(Well-ordering principle): 공집합이 아닌 모든 양의 정수의 집합은 하나의 최소 정수를 포함한다.

Ⅱ. 수학적 귀납법(Mathematical induction): 양의 정수 n에 관한 명제 $P(n)$에 대하여, $P(1)$이 성립되고, $P(n)$이 성립되고, $P(n+1)$이 성립되면, 모든 양의 정수 n에 대하여 이 명제는 참이다.

Ⅲ. 아르키메데스(Archimedes)의 원리: 임의의 양의 정수 a, b에 대하여, 양의 정수 n이 존재하여 $na > b$가 성립한다.

● 정리 2.2 ● 나눗셈 정리(Division Algorithm)

a가 양의 정수이고, b가 임의의 정수이며, 다음 식을 만족하는 정수 q와 r은 유일하게 존재한다.

$$b = qa + r, \qquad 0 \leq r < a$$

증명 $b \geq 0$이면 아르키메데스의 원리에 의하여 $na > b$를 만족하는 양의 정수 n이 존재한다(예컨대 $n = b+1$). 이제 $q+1$을 $na > b$를 만족하는 최소의 양의 정수라 하면

$$(q+1)a > b \geq qa$$

가 성립하고, $r = b - qa$로 잡으면, $b \geq qa$에서 $r = b - qa \geq 0$, 또한 $(q+1)a = qa + a > b$에서 $r = b - qa < a$이다. $b < 0$인 경우도 같은 방법으로 보일 수 있다. q, r의 유일성을 증명하기 위하여

$$b = qa + r = q_1 a + r_1, \qquad 0 \leq r,\ r_1 < a$$

라 가정하면, $r \leq r_1$ 또는 $r_1 \leq r$이므로 편의상 $r_1 \leq r$이라 하면

$$0 \le r - r_1 < a \tag{2.1}$$

이다. $(q_1 - q)a = r - r_1$이므로 $a | r - r_1$이고 $r - r_1 > 0$이면 $a \le r - r_1$이 되어 (2.1)에 모순이다. 따라서 $r - r_1 = 0$, 즉 $r = r_1$이 되며, 또 $(q - q_1)a = 0$에서 $q = q_1$을 얻는다. ∎

연/습/문/제

1. 다음에서 b를 a로 나누고 몫과 나머지를 구하여라.
   (a) $a = 17,\ b = 21$
   (b) $a = 17,\ b = 100$
   (c) $a = 17,\ b = -103$
   (d) $a = 376,\ b = 34568$
   (e) $a = 2456,\ b = 247$

2. 정수 a, $b(a > 0)$에 대하여

$$b = qa + r, \qquad 2a \le r < 3a$$

   인 유일한 정수 q와 r이 존재함을 보여라.

3. 1에서 100 사이에 9로 나누어떨어지는 정수는 모두 몇 개이며, 또 1에서 2000 사이에 9로 나누어떨어지는 정수는 모두 몇 개인가? 또 n, a가 정수일 때, 1에서 n 사이에 a로 나누어떨어지는 정수는 모두 몇 개인가?

4. 다음 명제의 진위를 밝혀라. "$d \ne 0$이고 $c = ax + by$일 때, $d | c$이고 $d | b$이면 $d | a$이다."

5. $n \ge 1$인 정수 n에 대하여 $\dfrac{n(n+1)(2n+1)}{6}$은 정수임을 증명하여라. (힌트:

나눗셈 정리에 의하면 n은 $6k$, $6k+1$, ⋯, $6k+5$ 중의 하나임을 이용하여라.)

6. 임의의 정수 a에 대하여 $3a^2-1$은 완전제곱수가 아님을 보여라.

7. 다음 수열

$$11,\ 111,\ 1111,\ 11111,\ \cdots$$

의 어떤 항도 완전제곱수가 아님을 보여라.

8. 하나의 정수가 동시에 제곱꼴로도 표시되고 또 세 제곱꼴로도 표시되면 이 정수는 $7k$ 또는 $7k+1$인 정수임을 보여라.

9. 모든 정수 n에 대하여 $4 \nmid n^2+2$가 성립함을 보여라.

10. 모든 정수 n에 대하여 $2|n^2-n$, $6|n^3-n$, $30|n^5-n$이 성립함을 보여라.

11. 모든 정수 $n \geq 0$에 대하여 $48|5^{2n}+24n-1$이 성립함을 보여라.

12. n이 홀수이면 $8|n^2-1$임을 증명하여라.

13. 다음 명제의 진위를 밝혀라. "$a^2|b^3$이면 $a|b$이다."

14. (a) 주어진 정수 k에 대하여 정수 n이 존재하여 $5|n^3+k$가 성립함을 보여라.
(b) (a)에서 5 대신 7로 바꾸면 어떤가?

15. 완전제곱수의 끝자리 수는 반드시 0, 1, 4, 5, 6, 9인 것을 보여라.

16. n이 임의의 양의 정수일 때, $2|3^n-1$, $3|4^n-1$, $4|5^n-1$ 등이 성립함을 보여라. (힌트: $x^n-1=(x-1)(x^{n-1}+x^{n-2}+\cdots+x+1)$)

17. 임의의 양의 정수가 완전제곱수가 되기 위한 필요충분조건은 그 정수가 홀수 개의 양의 약수를 가지는 것임을 증명하여라.

18. n이 홀수일 때, 항등식 $x^n+1=(x+1)(x^{n-1}-x^{n-2}+x^{n-3}-\cdots+x^2-x+1)$을 이용하여 2^n+1이 소수이면 n은 2의 거듭제곱수임을 보여라.
(힌트: n이 홀수이면 $3\mid 2^n+1$이고, $n=2k$이고 k가 홀수이면 $5\mid 2^n+1$ 등등. 2^n+1과 같은 꼴의 소수를 페르마 소수라 한다.)

19. $n \geq 1$에 대하여 $1+2+\cdots+n \mid 3(1^2+2^2+\cdots+n^2)$이 성립하는 것을 보여라.

20. m, n이 홀수일 때 다음을 증명하여라.
(a) $8 \mid m^2-n^2$
(b) $8 \mid m^4+n^4-2$

21. 이항계수

$$\binom{n}{k}=\frac{n!}{k!(n-k)!}, \quad (0 \leq k \leq n)$$

은 정수임을 보여라.

22. $n_1, n_2, \cdots, n_t$가 양의 정수이며 $n=n_1+n_2+\cdots+n_t$이다.

$$\frac{n!}{n_1!\cdots n_t!}$$

은 정수임을 보여라.

2.4 최대공약수

정제성을 논할 때 가장 중요한 개념이 소수의 개념이라면, 그 다음으로 중요한 것은 최대공약수(greatest common divisor)의 개념이라 할 수 있다.

• 정의 2.3 •

두 정수 a와 b의 최대공약수 d는 다음 세 조건을 만족하는 정수이다.

(1) $d \geq 1$,

(2) $d|a$, $d|b$, (즉, d는 a와 b의 공약수)

(3) 어떤 정수 k가 a와 b의 공약수이면, k는 d의 약수이다. 즉, $k|a$이고 $k|b$이면 $k|d$이다.

그리고 d가 a와 b의 최대공약수인 것을 $d=\gcd(a, b)$로 표시하며, 특히 $\gcd(a, b)=1$이면 a와 b는 "서로소"라 한다.

보기 2.1

(1) $a=2$, $b=3$이면 $\gcd(2, 3)=1$,

(2) $a=12$, $b=15$이면 $\gcd(12, 15)=3$,

(3) $\gcd(100, -475)=25$.

위의 보기 2.1의 (2)에서 12의 약수는 ± 1, ± 2, ± 3, ± 4, ± 6, ± 12이고 15의 약수는 ± 1, ± 3, ± 5, ± 15이다. 따라서 12와 15의 공약수는 ± 1, ± 3이고 $+3$만이 모든 공약수가 나누는 양의 공약수이므로 3이 12와 15의 최대공약수가 된다. 즉, $\gcd(12, 15)=3$이다.

최대공약수의 정의를 다시 한 번 살펴보면, 조건 (1)은 $\gcd(a, b)$는 양의 정수여야 하며, 조건 (2)는 $\gcd(a, b)$는 a, b의 공약수이며, 조건 (3)은 a, b의 모든 공약수는 $\gcd(a, b)$의 약수라는 것이다.

최대공약수의 정의만으로는 과연 두 정수 a, b의 최대공약수가 존재하는지? 또 존재한다고 하더라도 유일하게 존재하는지? 두 개 이상 존재하는지가 명확하지

않다. 그러나 존재하는 경우에는 오직 하나뿐이라는 것을 증명하기는 쉽다. 즉, d_1, d_2가 정의 2.3을 만족하는 a, b의 두 최대공약수라면, 조건 (2)에서 $d_1|a$, $d_1|b$이고, $d_2|a$, $d_2|b$이며, 조건 (3)에서 $k=d_1$, $d=d_2$와 $k=d_2$, $d=d_1$에서 $d_1|d_2$, $d_2|d_1$이다. 따라서 $d_1=\pm d_2$가 되지만 최대공약수는 양의 정수이므로 $d_1=d_2$. 즉, 존재하는 최대공약수는 오직 하나뿐이다.

• 정리 2.3 • **최대공약수의 존재성**

0이 아닌 두 정수 a, b의 최대공약수는 존재하고, 유일하다.

증명 집합 $S=\{ax+by|x,\ y\in\mathbb{Z}\}$를 생각하여 보자. S에는 a, $-a$, b, $-b$ ($a=a\cdot 1+b\cdot 0$, $b=a\cdot 0+b\cdot 1$ 등)를 포함하고 있기 때문에 양의 정수를 포함한다. d를 S에 포함된 양의 정수 중 가장 작은 정수라 가정하자. $d=ax_0+by_0$, x_0, $y_0\in\mathbb{Z}$라 하면 이 d가 a, b의 최대공약수가 됨을 증명하자. d의 선택에서 $d>0$이므로 최대공약수가 되기 위한 조건 (1)을 만족한다. 그리고 $k|a$, $k|b$이면 정리 2.1의 (4)에 의하여 $k|d$가 되므로 조건 (3)을 만족하고, $d|a$를 보이기 위하여 a와 d에 나눗셈 정리를 적용하면

$$a=qd+r,\qquad 0\le r<d$$

이다. 여기서 r을 계산해보면

$$\begin{aligned} r&=a-qd=a-q(ax_0+by_0)\\ &=a-aqx_0-bqy_0=a(1-qx_0)+b(-qy_0) \end{aligned}$$

이다. 여기서 $1-qx_0$, $-qy_0$은 정수이므로 r은 S에 속한다. 그리고 $0\le r<d$이며, d는 S에 속한 최소의 양의 정수이므로 $r=0$. 따라서 $a=qd$. 즉, $d|a$이다. 비슷한 방법으로 $d|b$도 쉽게 얻을 수 있다. 그러므로 $d=\gcd(a,\ b)$. ∎

• 따름정리 2.4 •

$d=\gcd(a,\ b)$이면 d는 a와 b의 일차 결합으로 표시할 수 있다. 즉, 어떤

$x,\ y \in \mathbb{Z}$ 에 대하여

$$d = ax + by.$$

또한 $S = \{ax + by \mid x,\ y \in \mathbb{Z}\}$는 d의 배수의 집합이다.

보기 2.2

(1) $a = 2,\ b = 3;\ d = 1 = 2(-1) + 3(1)$

(2) $a = 12,\ b = 15;\ d = 3 = 12(-1) + 15(1)$

(3) $a = 100,\ b = -475;\ d = 25 = 100(5) + (-475)(1)$ ✤

정리 2.3의 증명과정은 다른 대수적 구조에서도 최대공약수의 존재를 증명하는데 기본 틀이 된다. 그러나 그 증명과정으로 최대공약수를 구하기는 대단히 번거롭다. 보다 효과적이고 구조적인 과정, 즉 유클리드 호제법(Euclidean algorithm)을 아래에 소개한다.

▸▸▸ 정리 2.3의 다른 증명

$a > 0$이라 가정하고 나눗셈 정리를 계속하여 쓰면,

$$\begin{aligned}
b &= q_1 a + r_1, & 0 < r_1 < a \\
a &= q_2 r_1 + r_2, & 0 < r_2 < r_1 \\
r_1 &= q_3 r_2 + r_3, & 0 < r_3 < r_2 \\
&\vdots & \vdots \\
r_{n-2} &= q_n r_{n-1} + r_n, & 0 < r_n < r_{n-1} \\
r_{n-1} &= q_{n+1} r_n + r_{n+1} & r_{n+1} = 0.
\end{aligned}$$

나머지는 0 이상이고 점점 작아지므로 결국은 나머지가 0이 된다. 즉, $r_{n+1} = 0$이다.

위의 연산에서 $r_n = \gcd(a,\ b)$를 증명하기는 어렵지 않다. 명백히 정리 2.3의 조건 (1)을 만족하고, 또한 $r_n \mid r_{n-1}$이고, $r_n \mid r_n$이므로 $r_n \mid r_{n-2}$, 또는 $r_n \mid r_{n-1}$,

$r_n | r_{n-2}$이므로 $r_n | r_{n-3}$, 이와 같이 계속하면 $r_n | r_2$, $r_n | r_1$이 되고 결국 $r_n | a$, $r_n | b$가 되어 조건 (2)를 만족한다. 이제 정수 k가 $k | a$, $k | b$라면, 앞에서와 마찬가지로 $k | r_1$이 되며, 또한 $k | r_2$가 되고 계속하면 마침내 $k | r_n$이 되어 조건 (3)도 만족하므로 $r_n = \gcd(a, b)$이다.

위의 방법으로 $\gcd(2437, 51329)$를 계산하여 보자.

$$
\begin{aligned}
&51329 = 21 \cdot 2437 + 152 \\
&2437 = 16 \cdot 152 + 5 \\
&152 = 30 \cdot 5 + 2 \\
&5 = 2 \cdot 2 + 1 \\
&2 = 2 \cdot 1 + 0
\end{aligned}
$$

그러므로 $\gcd(2437, 51329) = 1$. 따라서 2437과 51329는 서로소이다.

위의 증명은 또한 따름정리 2.4의 구조적인 증명이라 할 수 있다. 즉, $d = r_n$이라 놓으면

$$
\begin{aligned}
d &= r_{n-2} - q_n r_{n-1} \\
&= r_{n-2} - q_n (r_{n-3} - q_{n-1} r_{n-2}) \\
&= r_{n-2}(1 + q_n q_{n-1}) - r_{n-3} q_n .
\end{aligned}
$$

여기에 $r_{n-2} = r_{n-4} - q_{n-2} r_{n-3}$ 등으로 치환하여 올라가면 드디어 $d = ax + by$ 꼴이 되게 할 수 있다.

위의 과정으로 2437과 51329의 최대공약수 $d = 1$을 $ax + by$의 꼴로 표시하면,

$$2437x + 51329y = 1$$

이고

$$
\begin{aligned}
1 &= 5 - 2 \cdot 2 \\
&= 5 - 2(152 - 30 \cdot 5) = -2 \cdot 152 + 61 \cdot 5 \\
&= -2 \cdot 152 + 61(2437 - 16 \cdot 152) \\
&= 61 \cdot 2437 - 978 \cdot 152 \\
&= 61 \cdot 2437 - 978(51329 - 21 \cdot 2437) \\
&= 20599 \cdot 2437 - 978 \cdot 51329
\end{aligned}
$$

이다. 그러므로 $x=20599$, $y=-978$이 된다.

• 정리 2.5 •

$d=\gcd(a,\ b)$이면,

(1) $d=1$이 되기 위한 필요충분조건은 정수 x, y가 존재하여 $ax+by=1$을 만족하는 것이다.

(2) $\gcd\left(\frac{a}{d},\ \frac{b}{d}\right)=1$.

(3) $a|bc$이고 $d=1$이면 $a|c$.

(4) $a|bc$이면 $\left(\frac{a}{d}\right)\Big|\ c$.

(5) $\gcd(ma,\ mb)=|m|d$.

증명 (1) 따름정리 2.4에 의하여 $d=1$이면 정수 x, y가 존재하여 $ax+by=1$을 만족하고, 역으로 $ax+by=1$이고, $d|a$, $d|b$이면 $d|1$이므로 $d=\pm 1$이 되지만 $d>0$이므로 $d=1$.

(2) 다시 따름정리 2.4에 의하여 정수 x, y가 존재하여

$$ax+by=d$$

를 만족하고, 양변을 d로 나누면, $\frac{a}{d}$, $\frac{b}{d}$는 정수이고, 다시 (1)에 의하여 $\gcd\left(\frac{a}{d},\ \frac{b}{d}\right)=1$.

(3) $d=1$이므로 $ax+by=1$을 만족하는 정수 x, y가 존재하고, 이 식의 양변에 c를 곱하면

$$c=acx+bcy.$$

여기서 $a|a$, $a|bc$이므로 $a|c$.

(4) $a|bc$이면, $\left(\frac{a}{d}\right)\Big|\left(\frac{b}{d}\right)c$이므로 (2)와 (3)으로부터 $\left(\frac{a}{d}\right)\Big|\ c$.

(5) 일반성을 잃지 않고 $m>0$이라 가정하자. $md|ma$, $md|mb$는 자명하고 $e|ma$, $e|mb$를 만족하는 정수 e가 존재한다고 가정할 때, $e|md$임을 보이자. $d=ax+by$이므로

$$md = max + mby$$

이다. 따라서 $e \mid md$. ∎

참고 종종 $\gcd(a, b) = 1$일 때, a, b에 관한 문제를 풀 때에는 위의 (3)의 증명에서와 같이 우선 $ax + by = 1$을 이용하면 쉽게 풀릴 때가 있다.

• 정리 2.6 •

a, b, c가 정수이고, a, b가운데 적어도 하나는 0이 아니며, $d = \gcd(a, b)$일 때, 부정방정식

$$ax + by = c \tag{2.2}$$

가 정수해 (x, y)를 가지기 위한 필요충분조건은 $d \mid c$이고, 이때 $x = x_0$, $y = y_0$가 하나의 특수해이면, (2.2)의 일반해 (x, y)는 다음과 같다.

$$x = x_0 + \frac{b}{d}k, \qquad y = y_0 - \frac{a}{d}k, \qquad k \in \mathbb{Z}.$$

증명 (2.2)를 만족하는 해 (x, y)가 존재하여 $ax + by = c$를 만족하면 $d \mid a$, $d \mid b$이므로 d는 (2.2)의 좌변 $ax + by$를 나누므로 $d \mid c$. 역으로 $d \mid c$라 하자. 따름정리 2.4에 의하여 정수 x', y'이 존재하여

$$ax' + by' = d$$

를 만족하고 이 식의 양변에 $\frac{c}{d}$를 곱하면 $a\left(\frac{c}{d}\right)x' + b\left(\frac{c}{d}\right)y' = c$이므로

$$x = \left(\frac{c}{d}\right)x', \qquad y = \left(\frac{c}{d}\right)y'$$

이 (2.2)의 해가 된다.

또한 x_0, y_0가 (2.2)의 하나의 해라 하고, $x = x_0 + \left(\frac{b}{d}\right)k$, $y = y_0 - \left(\frac{a}{d}\right)k$를 (2.2)에 대입하면 x, y가 (2.2)의 해가 됨을 알 수 있다. 역으로 x, y가 (2.2)의 임의의 해이고, $b \neq 0$($b = 0$이면, $a \neq 0$이라 가정하면 같은 결과를 얻는다.)이라 가정하면

$$ax + by = c = ax_0 + by_0, \qquad a(x - x_0) = b(y_0 - y).$$

따라서 $b | a(x - x_0)$에서 $\frac{b}{d} \Big| x - x_0$. 즉,

$$x = x_0 + \frac{b}{d}k.$$

이 값을 (2.2)에 대입하면 $a\left(x_0 + \frac{b}{d}k\right) + by = c$에서

$$by = c - ax_0 - b\frac{a}{d}k = by_0 - b\frac{a}{d}k.$$

따라서

$$y = y_0 - \frac{a}{d}k$$

이다. ▮

보기 2.3

$172x + 20y = 1000$을 풀어보자.

유클리드의 호제법을 이용하여 $\gcd(172,\ 20)$을 계산하면,

$$\begin{aligned} 172 &= 8 \cdot 20 + 12, \\ 20 &= 1 \cdot 12 + 8, \\ 12 &= 1 \cdot 8 + 4, \\ 8 &= 2 \cdot 4 \end{aligned}$$

이다. 따라서 $\gcd(172,\ 20) = 4$이고 $4 | 1000$이므로, 위 방정식의 해가 존재하며, 또 4를 172와 20의 일차 결합으로 표시하면,

$$\begin{aligned} 4 &= 12 - 8 \\ &= 12 - (20 - 12) \\ &= 2 \cdot 12 - 20 \\ &= 2(172 - 8 \cdot 20) - 20 \\ &= 2 \cdot 172 + (-17)20 \end{aligned}$$

이다. 이 식의 양변에 250을 곱하면

$$\begin{aligned}1000 &= 250 \cdot 4 = 250(2 \cdot 172 + (-17)20) \\ &= 500 \cdot 172 + (-4250)20\end{aligned}$$

이다. 따라서 $x = 500$, $y = -4250$이 위 부정방정식의 하나의 해가 된다. 그러므로 주어진 방정식의 일반해는

$$x = 500 + \frac{20}{4}k = 500 + 5k,$$

$$y = -4250 - \frac{172}{4}k = -4250 - 43k, \qquad k \in \mathbb{Z}$$

이다. ✤

연/습/문/제

1. 다음 두 정수의 최대공약수를 구하고, 최대공약수의 정의로부터 구한 답을 검증하여라.

   (a) 527, 765　(b) 132, 473　(c) 108, 243
   (d) 12321, 8658　(e) 361, 1178　(f) 156, 1740

2. 유클리드의 호제법으로 다음 두 정수의 최대공약수를 구하여라.

   (a) 10587, 543　(b) 9600, 184　(c) 345645, 6455

3. 문제 1, 2의 최대공약수를 $ax + by = \gcd(a, b)$의 꼴로 표시하여라.

4. 다음 디오판토스의 방정식의 일반해를 구하여라.

   (a) $2x + 3y = 4$　(b) $10x - 8y = 42$　(c) $121x - 88y = 572$

5. 모든 정수 n에 대하여 $\gcd(n, n+1) = 1$임을 증명하여라.

6. $n>1$인 모든 정수 n에 대하여 $\gcd(n,\ n+k)=1$을 만족하는 정수 k는 어떤 정수인가?

7. 둘 다 0이 아닌 정수 a, b에 대하여 $\gcd(a,\ a+b)|b$임을 보여라.

8. 모든 정수 k에 대하여 $\gcd(a,\ b)=\gcd(a+kb,\ b)$가 성립함을 보여라.

9. 정수 $a_1,\ a_2,\ \cdots,\ a_n$이 0이 아닌 정수일 때, 다음 조건을 만족하는 정수 m을 $a_1,\ a_2,\ \cdots,\ a_n$의 최소공배수(least common multiple)라 하고, 이것을 lcm $(a_1,\ a_2,\ \cdots,\ a_n)$로 표시한다. (i) $m>0$, (ii) $a_i|m$, $i=1,\ 2,\ \cdots,\ n$, (iii) 어떤 정수 k에 대하여 $a_i|k$, $i=1,\ 2,\ \cdots,\ n$이면 $m|k$.

   (a) a, b가 양의 정수일 때, $\gcd(a,\ b)\cdot \operatorname{lcm}(a,\ b)=ab$가 성립함을 보여라.
   (b) 세 개 이상의 정수에 대해서는 (a)는 일반적으로 성립하지 않음을 보여라.

10. (a) $\gcd(a,\ b,\ c)=\gcd(\gcd(a,\ b),\ c)$를 증명하여라.
    (b) $\gcd(a,\ b,\ c)$를 $ax+by+cz$ 형태로 나타낼 수 있음을 증명하여라.

11. $\gcd(a_1,\ a_2,\ \cdots,\ a_n)=\gcd(\gcd(a_1,\ a_2,\ \cdots,\ a_{n-1}),\ a_n)$임을 보여라.

12. $m>n$이면, $a^{2^n}+1|a^{2^m}-1$임을 증명하여라.

13. m, n이 양의 정수, $d=\gcd(m,\ n)$이면 $\gcd(2^m-1,\ 2^n-1)=2^d-1$임을 증명하여라.

14. a, m, n이 양의 정수이고, $m\neq n$일 때, 다음을 증명하여라.

$$\gcd(a^{2^m}+1,\ a^{2^n}+1)=\begin{cases}1 & a\text{가 짝수일 때}\\ 2 & a\text{가 홀수일 때}\end{cases}$$

15. $\gcd(a,\ b)=1$이면 $\gcd(a+b,\ ab)=1$이 됨을 보여라.

16. $\gcd(a,\ b)=1$이면 $\gcd(a+b,\ a^2-ab+b^2)=1$, 또는 3이 됨을 보여라.

17. $\gcd(a,\ b)=1$이고, p가 홀수인 소수이면 $\gcd\left(a+b,\ \dfrac{a^p+b^p}{a+b}\right)=1$ 또는 p가 됨을 보여라.

18. $\gcd(n!+1,\ (n+1)!+1)=1$을 증명하여라.

19. $a,\ b$가 양의 정수이고, $(1+ab)\mid(a^2+b^2)$이다. 정수 $\dfrac{a^2+b^2}{1+ab}$은 완전제곱수임을 증명하여라.

2.5 정수의 소인수분해의 유일성

이제 본 장의 주요 결과인 정수의 소인수분해의 유일성에 대하여 알아보자.

• 보조정리 2.7 •

$n > 1$이면, n은 소수의 곱으로 표시된다.

증명 만일 $n > 1$인 정수들 가운데 소수의 곱으로 표시되지 않는 정수가 있다면 양의 정수의 정렬성에 의하여 최소의 양의 정수 m이 존재한다. 따라서 m은 소수가 아니므로, $a \neq \pm 1$, $a \neq \pm m$인 m의 약수 a가 존재하여 $m = ab$, $1 < a$, $b < m$이다. 그런데 $m > 1$은 소수의 곱으로 표시되지 않는 최소의 양의 정수이므로, a, b는 소수의 곱으로 표시되어야 한다. 곧 $a = p_1 p_2 \cdots p_r$, $b = q_1 q_2 \cdots q_s$. 여기서 p_i, q_j는 소수. 그러면

$$m = ab = p_1 p_2 \cdot p_r q_1 q_2 \cdots q_s$$

는 소수의 곱이 된다. 이것은 우리의 m의 선택에 모순이므로 모든 $n > 1$은 소수의 곱으로 표시된다. ▮

• 보조정리 2.8 • **유클리드**

p가 소수이고, $p | ab$이면, $p | a$ 또는 $p | b$이다.

증명 이 정리는 정리 2.5의 (3)에 의하여 자명하다. $p \nmid a$라 가정하면, 이것은 $\gcd(a, p) = 1$과 동치이므로 $p | b$이다. ▮

• 따름정리 2.9 •

p가 소수이고, $p | a_1 a_2 \cdots a_r$이면, 어떤 $i(1 \leq i \leq r)$에 대하여, $p | a_i$이다.

증명 귀납법을 이용하여 그 결과를 얻는다. ▮

• 정리 2.10 •

$n > 1$인 정수는 소수의 곱으로 유일하게 표시된다.

증명 보조정리 2.7에서 $n > 1$인 정수는 소수의 곱으로 표시되므로 여기서는 유일성만 보이면 된다. 만일 $n > 1$인 정수 가운데 소인수분해가 유일하지 않은 정수가 있다고 하면, 그중에 최소의 정수를 m이라 하자(양의 정수의 정열성). 그러면 m은 다음과 같이 표시된다. 즉,

$$m = p_1 p_2 \cdots p_r = q_1 q_2 \cdots q_s \qquad (p_i,\ q_j\text{는 소수})$$

그러면 $p_1 | q_1 q_2 \cdots q_s$이고, 따름정리 2.9에 의하여 어떤 적당한 i에 대하여 $p_1 | q_i$. 그러나 q_i를 재배치하여서 $i = 1$이 되게 할 수 있다. 즉, $p_1 | q_1$. 그런데 q_1은 소수이므로 $p_1 = q_1$. 그리고 m을 표시한 위 식에서 $p_1 = q_1$을 소거하고 소거한 수를 m_1이라 하면

$$m_1 = p_2 p_3 \cdots p_r = q_2 q_3 \cdots q_s$$

이다. $m_1 < m$이고, m이 1보다 큰 정수 중 그 소인수분해가 유일하지 않은 정수 가운데 가장 작은 정수이므로 m보다 작은 m_1은 그 소인수분해가 유일하다. 따라서 $r - 1 = s - 1$에서 $r = s$이고, q들을 재배치하면 $p_2 = q_2, \cdots, p_r = q_s$이다. 그러므로 m의 소인수분해는 유일하게 된다. ▮

• 따름정리 2.11 •

$n < -1$이면, $n = -p_1 p_2 \cdots p_r$을 만족하는 소수 $p_1, \cdots, p_r$이 존재하고 이 표현은 유일하다.

증명 $-n$은 정리 2.10의 모든 가정을 만족한다. ▮

참고 1을 소수에서 제외한 것은, 만일 1을 소수로 할 때에는 정수의 소인수분해가 유일성을 보장받을 수 없기 때문이다. 예컨대 $15 = 3 \cdot 5 = 3 \cdot 5 \cdot 1 = 1 \cdot 5 \cdot 3 \cdot 1 \cdot 1$ 등.

• 따름정리 2.12 •

정수에는 무한히 많은 소수가 있다.

증명 귀류법으로 증명하기 위하여 정수에는 유한개의 소수, 즉 $p_1, p_2, \cdots, p_k$의 k개의 소수만이 존재한다고 하자. 그리고

$$n = p_1 p_2 \cdots p_k + 1$$

라 놓으면 $n > 1$이므로 $p|n$을 만족하는 소수 p가 존재한다. p는 소수이고 또 존재하는 모든 소수는 $p_1, p_2, \cdots, p_k$ 중에 하나이므로 $p = p_i$가 되어 $p|p_1 p_2 \cdots p_k$이다. 따라서 $p|1$이 되어 모순이므로 정리는 증명된다. ∎

• 따름정리 2.13 •

임의의 양의 정수 k에 대해 k개의 연속인 합성수가 존재한다.

증명 연속된 k개의 정수

$$(k+1)!+2, \quad (k+1)!+3, \cdots, (k+1)!+k, \quad (k+1)!+(k+1)$$

은 $2 \le j \le k+1$일 때에 $j|(k+1)!+j$이므로 모두 합성수이다. ∎

• 정리 2.14 •

n이 1보다 큰 정수이고 소수가 아니면, 다음 식을 만족하는 소수 p가 존재한다.

$$p|n \quad \text{이며} \quad p \le \sqrt{n}.$$

증명 n은 소수가 아니므로 다음 식을 만족하는 정수 a, b가 존재한다.

$$n = ab\text{이며 } 2 \le a \le b < n$$

따라서 $n = ab \ge a^2$이다. 즉, $a \le \sqrt{n}$이어서 소수 p가 a의 약수라 하면 당연히 $p|n$이고, $p \le a \le \sqrt{n}$. ∎

위의 정리를 이용하여 소수를 걸러내면 많은 수고를 덜 수 있다. 예컨대 15는 소수가 아니다. 왜냐하면 $3|15$이고 $3 \leq \sqrt{15}$이기 때문이다.

주어진 $n>1$이 소수인가 아닌가를 검증하기 위해서는 $p \leq \sqrt{n}$인 모든 소수 p로 n이 나누어지는가 아닌가를 조사하면 된다. 즉, n이 $p \leq \sqrt{n}$인 어느 p로도 나누어지지 않으면 n은 소수이다.

예컨대 $n=97$이 소수인가 아닌가를 검증해보자. $9 \leq \sqrt{97} \leq 10$. 만약 97이 합성수라면 어떤 소수 $p(\leq 9)$로, 즉 2, 3, 5, 7 가운데 적어도 하나의 소수로 나누어져야 한다. 그러나 97은 그중 어느 소수로도 나누어지지 않으므로 97은 소수이다. 이와 같은 방법을 에라토스테네스(Eratosthenes)의 체(sieve)라 한다.

보기 2.4

$n=40$이면 $6<\sqrt{40}<7$. 따라서 2에서 40까지 열거한 다음 소수 2, 3, 5의 배수를 지워버리면 나머지는 2와 40 사이의 소수가 된다.

	2	3	~~4~~	5	~~6~~	7	~~8~~	~~9~~	~~10~~
11	~~12~~	13	~~14~~	~~15~~	~~16~~	17	~~18~~	19	~~20~~
~~21~~	~~22~~	23	~~24~~	~~25~~	~~26~~	~~27~~	~~28~~	29	~~30~~
31	~~32~~	~~33~~	~~34~~	~~35~~	~~36~~	37	~~38~~	~~39~~	~~40~~

즉, 40 보다 작은 소수는 2, 3, 5, 7, 11, 13, 17, 19, 23, 29, 31, 37 이다.

연/습/문/제

1. 에라토스테네스의 체에 의하여 $p \leq 100$인 소수 p를 모두 구하여라.

2. 양의 정수 n에 대하여 다음을 증명하여라.

(a) $1+\frac{1}{2}+\cdots+\frac{1}{n}$은 정수가 아니다.

(b) $1+\frac{1}{3}+\cdots+\frac{1}{(2n+1)}$은 정수가 아니다.

3. 양의 정수 $n>1$에 대하여 다음을 증명하여라.

(a) n^4+4는 합성수이다.

(b) n^4+n^2+1은 합성수이다.

4. n과 m이 홀수일 때 n^2+m^2은 완전제곱수가 아님을 보여라.

5. 정수 $a \geq 2$, $n \geq 2$에 대하여 a^n-1이 소수이면 $a=2$ 그리고 n은 소수임을 보여라.

6. (a) 양의 정수 n이 3의 배수일 필요충분조건은 n의 각 자릿수의 합이 3의 배수임을 증명하여라.

(b) 양의 정수 n이 9의 배수일 필요충분조건은 n의 각 자릿수의 합이 9의 배수임을 증명하여라.

7. p_n을 n번째 소수라 할 때 다음을 보여라.

(a) $n \geq 5$에 대하여 $p_n > 2n-1$.

(b) $n \geq 4$에 대하여 $p_{n+1}^2 < p_1 p_2 \cdots p_n$.

(c) $p_n < 2^{2^n}$.

(d) $P_n = p_1 p_2 \cdots p_n + 1$은 완전제곱수가 아니다.

(e) $\frac{1}{p_1}+\frac{1}{p_2}+\cdots+\frac{1}{p_n}$은 정수가 아니다.

8. n이 0이 아닌 정수일 때, 집합 A_n을 n의 약수가 되는 모든 소수의 집합이라 하자. 즉, $A_1=\phi$, $A_2=\{2\}$, $A_6=\{2, 3\}$, $A_{12}=\{2, 3\}$ 등이다. 다음을 증명하여라.

(a) $\gcd(n, m)=1$이 되기 위한 필요충분조건은 $A_n \cap A_m = \phi$.

(b) $n|m$이면 $A_n \subseteq A_m$. (따라서 $A_n \not\subseteq A_m$이면 $n \nmid m$.)

(c) $d = nx + my$이면 $A_d \supseteq A_m \cap A_n$.

(d) $d = mn$이면 $A_d = A_n \cup A_m$.

(e) $d = \gcd(n,\ m)$이면 $A_d = A_n \cap A_m$.

9. $\frac{a}{b}$는 기약분수이고 또 다항식 $a_n x^n + a_{n-1}x^{n-1} + \cdots + a_0$, $a_n \neq 0$의 한 근이면, $a|a_0$, $b|a_n$인 것을 증명하여라.

10. p는 소수이고, $1 < a < p$일 때 $p \left| \binom{p}{a} \right.$를 증명하여라.

11. p는 소수이고 a, b는 정수일 때, $\gcd(a^p - b^p,\ p) = 1$이 성립하든지 또는 $p^2 | (a^p - b^p)$이 성립하는 것을 증명하여라.

12. $n^{34} - 9$는 어떤 n에 대해서도 소수가 되지 않는 것을 증명하여라.

13. 버트런드(Bertrand)의 가설이란 $n \geq 1$일 때, $n \leq p \leq 2n$을 만족하는 소수 p가 존재한다는 것이다.

(a) $n \leq 100$인 n에 대하여 버트런드의 가설을 증명하여라.

(b) 버트런드의 가설을 이용하여 p_n이 n번째 소수일 때, $p_n \leq 2^n$을 증명하여라.

제 3 장 합동식

3.1 합 동

> **• 정의 3.1 •**
>
> m이 양의 정수이고, $a-b$가 m의 배수이면 "a와 b는 법 m에 대하여 합동"이라 하고 $a \equiv b \pmod{m}$이라 쓴다. a와 b가 법 m에 대하여 합동이 아니면 $a \not\equiv b \pmod{m}$이라 쓴다.

예컨대 $8 \equiv 3 \pmod{5}$, $31 \equiv -9 \pmod{10}$, $5 \not\equiv 2 \pmod{4}$이고, 또 a와 b가 정수이면 언제나 $a \equiv b \pmod{1}$이 성립한다. 이와 같이 법 1에 대한 합동은 별로 뜻이 없으므로 앞으로 법은 언제나 1보다 큰 정수로 가정한다.

이 합동의 개념은 일상생활에서도 종종 이용된다. 예컨대 한 주간의 요일은 법 7에 대한 합동의 문제로, 자동차 주행계기판의 주행거리는 100,000을 법으로 하는 합동의 문제로 생각할 수 있다. 주어진 정수 a를 정수 n으로 나누었을 때의 몫과 나머지를 각각 q, r이라 하면

$$a = qn + r, \qquad 0 \le r < n.$$

이 식을 합동으로 표시하면, $a \equiv r \pmod{n}$과 같다. 이 식에서 나머지 r이 가질 수 있는 값은 n개이므로, 임의의 정수는 $0, 1, 2, \cdots, n-1$ 가운데 오직 하나의 값과 법 n에 대하여 합동이다. 특히 $a \equiv 0 \pmod{n}$은 $n|a$와 동치이다.

> **• 정의 3.2 •**
>
> n개의 정수 $a_1, a_2, \cdots, a_n$이 있을 때, 임의의 정수가 법 n에 대하여 a_k 가운데 오직 하나의 값과 합동이 되면 이 n개의 정수를 법 n에 관한 완전잉여계(a complete residue system modulo n)라 한다.

다시 말해서 $a_1, a_2, \cdots, a_n$이 법 n에 대한 하나의 완전잉여계라 하면, 이들 각각은 $0, 1, 2, \cdots, n-1$ 가운데 오직 하나의 잉여와 법 n에 대하여 합동이다. 예컨대

$$\{0,\ 1,\ 2,\ 3,\ 4\} \text{ 와 } \{-2,\ -1,\ 0,\ 1,\ 2\}$$

가 법 5에 대한 두 완전잉여계라 하면, 다음과 같이 일대일 대응이 이루어진다.

$$-2 \equiv 3 \pmod 5, \quad -1 \equiv 4 \pmod 5, \quad 0 \equiv 0 \pmod 5,$$
$$1 \equiv 1 \pmod 5, \quad 2 \equiv 2 \pmod 5.$$

• 정리 3.1 •

임의의 정수 a, b에 대하여 $a \equiv b \pmod n$은 a, b를 n으로 나누었을 때 양의 나머지가 같다는 것과 동치이다.

증명 우선 $a \equiv b \pmod n$을 가정하면 적당한 정수 k에 대하여 $a = b + kn$이고, 또 b, n에 관하여 나눗셈 정리를 적용하면 $b = qn + r$, $0 \le r < n$. 따라서

$$a = b + kn = (qn + r) + kn = (q + k)n + r.$$

이 식은 a를 n으로 나눈 나머지가 b를 n으로 나눈 나머지 r과 같음을 보여준다.

다음에는 역으로, a, b를 n으로 나누었을 때의 나머지가 같다고 가정하자. 즉, $a = q_1 n + r$, $b = q_2 n + r$, $0 \le r < n$이라 하면,

$$a - b = (q_1 n + r) - (q_2 n + r) = (q_1 - q_2)n.$$

그러므로 $n \mid a - b$. 즉, $a \equiv b \pmod n$이다. ▮

예컨대 -47과 -20은 아래와 같이 표시된다. 즉,

$$-47 = (-6)9 + 7,$$
$$-20 = (-3)9 + 7.$$

따라서 $-47 \equiv -20 \pmod 9$이다.

또한 $-24 \equiv 11 \pmod 7$이므로 -24와 11은 7로 나누었을 때 나머지가 같다. 즉,

$$-24=(-4)7+4, \qquad 11=1\cdot 7+4.$$

합동의 개념은 덧셈과 곱셈에 관한 한 마치 일반적인 등식과 아주 비슷하기 때문에 합동의 개념을 등식의 일반화로 생각할 수도 있다. 또 합동의 개념은 다음과 같은 합동방정식

$$3x \equiv 2 \pmod{7} \tag{3.1}$$

$$3x^2+7x+5 \equiv 0 \pmod{13} \tag{3.2}$$

의 정수해를 구하는 문제라든가, 디오판토스 방정식의 해를 구하는 문제를 다루게 된다. 3장에서는 합동의 개념을 디오판토스 방정식에 응용하는 문제를 주로 다루게 된다. 하나의 예로 x, y를 미지수로 하는 정수 계수의 다항방정식

$$f(x,\ y)=0$$

을 생각하자. $(x,\ y)$가 이 방정식의 해라면, 모든 n에 대하여 $n|0$이므로, 모든 n에 대하여 $n|f(x,\ y)$가 성립한다. 즉,

$$f(x,\ y) \equiv 0 \pmod{n}$$

이다. 이것을 정리로 요약하면 다음과 같다.

• 정리 3.2 •

디오판토스 방정식은

$$f(x,\ y)=0$$

이 해를 가지면 합동식

$$f(x,\ y) \equiv 0 \pmod{n}$$

도 모든 n에 대하여 해를 가진다.

이 정리는 어떤 디오판토스 방정식이 해를 가지지 않는다는 것을 보일 때 이 정리의 대우명제를 이용한다.

• 정리 3.3 •

어떤 n에 대하여 합동식

$$f(x,\ y) \equiv 0 \pmod{n}$$

이 해를 가지지 않으면 디오판토스 방정식

$$f(x,\ y) = 0$$

은 해를 갖지 않는다.

예컨대 $f(x,\ y) = x^2 - 4y^2 - 2 = 0$은 해를 가지지 않는다는 것을 보이기 위하여, 법 4로 하는 합동식을 생각하면

$$x^2 - 4y^2 - 2 \equiv 0 \pmod{4}$$

이다. 또 이 합동식은

$$x^2 - 2 \equiv 0 \pmod{4}$$

와 같다. 만약 이 합동식이 해를 가진다면, $4 | x^2 - 2$가 성립하여야 한다. x가 짝수일 때와 홀수일 때로 나누어 생각하고 $x = 2t$라 놓으면 $4 | 4t^2 - 2$이다. 따라서 $4 | -2$가 되어 불합리하므로 x가 짝수일 때는 해가 없고, 다음에 x가 홀수일 때, 즉 $x = 2t + 1$이면, $x^2 - 2 = 4t^2 + 4t - 1$이다. 따라서, $4 | x^2 - 2$는 $4 | 4t^2 + 4t - 1$이다. 즉, $4 | -1$이 되어 불합리하다. 따라서 합동식

$$x^2 - 4y^2 - 2 \equiv \pmod{4}$$

가 해를 가지지 않으므로 디오판토스 방정식

$$x^2 - 4y^2 = 2$$

도 해를 가지지 않는다.

연/습/문/제

1. 다음 명제의 진위를 밝혀라.

   (a) $2 \equiv 8 \pmod{2}$.

   (b) $13 \equiv 7 \pmod{5}$.

   (c) $23 \equiv 35 \pmod{11}$.

   (d) $57 \equiv 21 \pmod{6}$.

   (e) $k^2 \equiv k \pmod{k}, \quad k > 0$.

   (f) $13 \equiv -25 \pmod{17}$.

2. (a) 모든 정수는 k가 한 정수일 때, $4k$, $4k+1$, $4k+2$, $4k+3$ 가운데 오직 한 개의 꼴로 나타낼 수 있음을 보여라.

   (b) 합동식 $y^2 - x^2 - 2 \equiv 0 \pmod{4}$가 해를 가지지 않음을 보여라. (힌트: (a)를 참고하여라.)

3. 디오판토스 방정식 $y^2 = x^3 + 2$가 해를 가지면 x, y는 홀수임을 증명하여라.

3.2 합동에 관한 기본 성질

합동의 개념은 등식과 아주 비슷해서 그 덧셈이나 곱셈은 일반적인 등식에 있어서의 셈법과 별 차이가 없다.

• 정리 3.4 •

a, b, c가 정수일 때,

(1) $a \equiv a \pmod{n}$.

(2) $a \equiv b \pmod{n}$이면, $b \equiv a \pmod{n}$이다.

(3) $a \equiv b \pmod{n}$이고 $b \equiv c \pmod{n}$이면, $a \equiv c \pmod{n}$이다.

증명 (1) $n | a-a$.

(2) $n | a-b$이면, $n | b-a$.

(3) $n | a-b$이고 $n | b-a$이면, $n | (a-b)+(b-c)$이므로 $n | a-c$이다. ▮

• 정리 3.5 •

$a \equiv b \pmod{n}$이고, $c \equiv d \pmod{n}$이면 다음이 성립한다.

(1) $a+c \equiv b+d \pmod{n}$.

(2) $ac \equiv bd \pmod{n}$.

증명 가정에서 $n | a-b$이고 $n | c-d$이므로 $n | (a-b)+(c-d)$이고, 이 식은 또 $a+c \equiv b+d \pmod{n}$과 같다. (2)의 증명은 $n | a-b$이면 $n | c(a-b)$이다. 즉, $n | ac-bc$가 성립하여 $ac \equiv bc \pmod{n}$이고, 비슷하게 $n | c-d$에서 $bc \equiv bd \pmod{n}$이므로, $ac \equiv bc \equiv bd \pmod{n}$이 성립한다. ▮

• 따름정리 3.6 •

$a_1 \equiv b_1 \pmod{n}$, $a_2 \equiv b_2 \pmod{n}$, $\cdots$, $a_m \equiv b_m \pmod{n}$이면

$$a_1 + a_2 + \cdots + a_m \equiv b_1 + b_2 + \cdots + b_m \pmod{n}$$

이고

$$a_1 \cdot a_2 \cdots a_m \equiv b_1 \cdot b_2 \cdots b_m \pmod{n}$$

이 성립한다.

• 따름정리 3.7 •

$a \equiv b \pmod{n}$이고 $f(x)$가 정수 계수의 다항식이면 다음이 성립한다.

(1) 임의의 양의 정수 k에 대하여 $a^k \equiv b^k \pmod{n}$이다.

(2) $f(a) \equiv f(b) \pmod{n}$.

증명 정리 3.5의 (2)에서 $a_1 = a_2 = \cdots = a_k = a$, 그리고 $b_1 = b_2 = \cdots = b_k = b$라 놓으면 $a^k \equiv b^k \pmod{n}$이고, $f(x) = c_0 + c_1x + c_2x^2 + \cdots + c_mx^m$라고 놓고 $f(a) - f(b)$를 계산하면 모든 항마다 $a-b$의 인수가 있어서 $f(a) - f(b) = (a-b)M = nM_1$이 되어 $f(a) \equiv f(b) \pmod{n}$이 성립한다. ∎

보기 3.1

$2^{20} - 1$이 41로 나누어지는가?

$2^5 \equiv -9 \pmod{41}$이므로 $(2^5)^4 \equiv (-9)^4 \pmod{41}$. 즉, $2^{20} \equiv 81 \cdot 81 \pmod{41}$이다. 그런데 $81 \equiv -1 \pmod{41}$이므로 $81 \cdot 81 \equiv 1 \pmod{41}$에서

$$2^{20} - 1 \equiv 81 \cdot 81 - 1 \equiv 1 - 1 \equiv 0 \pmod{41}$$

따라서 $41 \mid 2^{20} - 1$이다. ✤

보기 3.2

6^{48}을 13으로 나눈 나머지를 구하라.

물론 6을 48번 곱한 수를 13으로 나누면 되겠지만 그 계산은 대단히 번거로울 것이다. 다행히 나머지를 구하는 계산은 합동의 개념으로 쉽게 구할 수 있다.

법 13에 대한 완전잉여류 $\{-6, -5, -4, -3, -2, -1, 0, 1, 2, 3, 4, 5, 6\}$을 이용하자.

$$
\begin{aligned}
6^2 &= 36 \equiv -3 \pmod{13} \\
6^4 &= (6^2)^2 \equiv (-3)^2 = 9 \equiv -4 \pmod{13} \\
6^8 &= (6^4)^2 \equiv (-4)^2 = 16 \equiv 3 \pmod{13} \\
6^{16} &= (6^8)^2 \equiv 3^2 = 9 \equiv -4 \pmod{13} \\
6^{32} &= (6^{16})^2 \equiv (-4)^2 = 16 \equiv 3 \pmod{13} \\
6^{48} &= 6^{32} \cdot 6^{16} \equiv 3 \cdot (-4) = -12 \equiv 1 \pmod{13}
\end{aligned}
$$

따라서 $6^{48} \equiv 1 \pmod{13}$이므로 13으로 나눈 나머지는 1이다. ✤

우리는 정리 3.5에서 두 합동식의 대응하는 변끼리 더할 수도 있고, 곱할 수도 있다는 것을 알고 있다. 따라서 뺄셈도 가능하다. 이제는 나눗셈에 대하여 생각해 보자. 합동식의 양변을 하나의 정수로 나누는 문제는 나누었을 때의 결과도 양변이 모두 정수여야 한다는 것이다. 예컨대

$$2x \equiv 3 \pmod{4}$$

이 합동식이 해를 가지려면 우선 양변을 2로 나누어야 한다. 이것은 2의 역수도 정수라는 것을 전제로 하고 있다. 그러나 불행하게도 법 4에 대한 2의 역수는 존재하지 않는다. 즉, $2x \equiv 1 \pmod{4}$를 만족하는 정수 x는 존재하지 않는다. 그러므로 위 합동식의 해는 존재하지 않는다.

• 정의 3.3 •

a가 하나의 정수일 때, 법 n에 대한 a의 역수(arithmetic inverse)란 $aa^* \equiv 1 \pmod{n}$을 만족하는 정수 a^*를 말한다.

• 정리 3.8 •

$\gcd(a, n) = 1$이면 법 n에 대한 a의 역수 a^*가 존재한다.

증명 $\gcd(a, n) = 1$이므로 정수 x, y가 존재하여 $ax + ny = 1$이 성립한다. 즉,

$ax \equiv 1 \pmod{n}$. 따라서 $a^* = x$이다. ▮

보기 3.3

(1) $2 \cdot 2 \equiv 1 \pmod{3}$이므로, $2^* = 2$.

(2) $3 \cdot 2 \equiv 1 \pmod{5}$이므로, $3^* = 2$.

• 정리 3.9 •

$\gcd(a, n) = 1$이고

$$ax \equiv ay \pmod{n}$$

이면

$$x \equiv y \pmod{n}$$

증명 $\gcd(a, n) = 1$이므로 법 n에 대한 역수 a^*가 존재하므로,

$$x \equiv 1 \cdot x \equiv (a^* a)x \equiv a^*(ax) \equiv a^*(ay) \equiv (a^* a)y \equiv 1 \cdot y \equiv y \pmod{n}$$

따라서, $x \equiv y \pmod{n}$이다. ▮

참고 위의 정리에서 $\gcd(a, n) > 1$일 때에는 양변에서 a를 소거할 수 없다. 예컨대 $2 \cdot 1 \equiv 2 \cdot 3 \pmod{4}$이지만, $1 \not\equiv 3 \pmod{4}$이다.

• 정리 3.10 •

$\gcd(a, n) = d$이고

$$ax \equiv ay \pmod{n}$$

이면

$$x \equiv y \pmod{n/d}.$$

증명 $ax \equiv ay \pmod{n}$에서 $n \mid ax - ay$. 즉 $\frac{n}{d} \Big| \frac{a}{d}(x-y)$이므로,

$$\frac{a}{d}x \equiv \frac{a}{d}y \pmod{\frac{n}{d}}.$$

그리고 $\gcd\left(\frac{a}{d}, \frac{n}{d}\right) = 1$이므로 정리 3.9에 의하여

$$x \equiv y \pmod{\frac{n}{d}}$$

이다. ▮

이 정리의 특수한 경우로 $d = 1$이면 바로 정리 3.9가 된다.

보기 3.4

(1) $3 \cdot 2 \equiv 3 \cdot 16 \pmod{14}$이고 $\gcd(3, 14) = 1$이므로 $2 \equiv 16 \pmod{14}$.

(2) $6 \cdot 5 \equiv 6 \cdot 18 \pmod{26}$이고 $\gcd(6, 26) = 2$이므로 $5 \equiv 18 \pmod{13}$이 된다. 그러나 $5 \equiv 18 \pmod{26}$은 성립하지 않는다. ✤

이제는 본 교재의 주된 과제라 할 수 있는 다항합동식의 해법에 관하여 생각해 보자. $f(x)$가 정수 계수의 다항식일 때, 어떤 x에 대하여 합동식

$$f(x) \equiv 0 \pmod{n} \tag{3.3}$$

이 성립할까? 우리는 앞에서 이 문제와 디오판토스 방정식 $f(x) = 0$의 해를 결정하는 문제를 다루었다. 일반적으로 위의 방정식 (3.3)은 해를 가질 수도 있고, 갖지 않을 수도 있다.

보기 3.5

합동식 $x^2 + 1 \equiv 0 \pmod 8$은 해를 가지지 않는다. 왜냐하면 x를 이 합동식의 해라 하면 x는 $x^2 \equiv -1 \equiv 7 \pmod 8$을 만족해야 하는데 법 8에 대한 완전잉여계 $\{0, \pm 1, \pm 2, \pm 3, +4\}$에서 x^2을 계산하면 각각 0, 1, 4, 1, 0이 되므로 어느 경우에도 $x^2 \not\equiv 7 \pmod 8$이다. 따라서 합동식 $x^2 + 1 \equiv 0 \pmod 8$은 해를 가지지 않는다. 이 예제의 부산물로 다음과 같은 사실을 알 수 있다. ✤

정수의 완전제곱은 법 8에 대하여 0, 1, 4와 합동이다. 특별히 홀수의 완전제곱은 법 8에 대하여 1과 합동이다.

위의 방정식 (3.3)의 해에 대하여 좀더 고찰해 보기 위하여 법 n의 완전잉여계를 $\{r_1, r_2, \cdots, r_n\}$라 하고, 이 가운데서 $a_1, a_2, \cdots, a_t$를 방정식 (3.3)의 해라 하면 즉,

$$x \equiv a_1 \pmod{n} \text{ 또는 } x \equiv a_2 \pmod{n}, \cdots, \text{ 또는 } x \equiv a_t \pmod{n}$$

여기서 a_j는 위의 완전잉여계에서 택하였으므로 어느 두 정수도 법 n에 대하여 합동이 아니다. 이 경우 위의 방정식 (3.3)은 t개의 서로 다른 해를 갖는다고 한다. 물론 방정식 (3.3)은 무한히 많은 해를 가지지만 우리는 법 n에 대하여 서로 합동이 아닌 것만을 서로 다른 해로 간주하기 때문이다. 일반적으로 방정식 (3.3)은 대단히 복잡하지만, $f(x)$가 특별히 선형인 경우에는 역수의 개념이 이 선형 다항방정식을 푸는 데 도움이 된다.

• 보조정리 3.11 •

합동식 $ax \equiv b \pmod{n}$이 해를 가지면 $\gcd(a, n) | b$이다.

증명 합동식

$$ax \equiv b \pmod{n} \tag{3.4}$$

이 해 x를 가지고, s를 a와 n의 공약수라 하자. 그러면 $n | ax - b$이므로 $b = ax - kn$(k는 정수)이 되어 s는 b의 약수이다. 특히 $s = \gcd(a, n)$이면 당연히 $\gcd(a, n) | b$이다. ∎

• 정리 3.12 •

$\gcd(a, n) = 1$이고, a^*를 법 n에 대한 a의 역수라 하자. 그러면 x가 합동식 $ax \equiv b \pmod{n}$의 해가 되기 위한 필요충분조건은 $x \equiv a^* b \pmod{n}$이다.

증명 $ax \equiv b \pmod{n}$에서 $a^*ax \equiv a^*b \pmod{n}$, 또 $aa^* \equiv 1 \pmod{n}$이므로 $x \equiv a^*b \pmod{n}$. 역으로 $x \equiv a^*b \pmod{n}$이면 $ax \equiv aa^*b \equiv 1 \cdot b \equiv b \pmod{n}$이다. ∎

보기 3.6

(1) $3x \equiv 2 \pmod{5}$를 풀려면 $3^* = 2$이므로, $x \equiv 2 \cdot 2 \equiv 4 \pmod{5}$이다. 따라서 주어진 합동식의 해는 $5t+4$와 같은 꼴이다.

(2) $3x \equiv 5 \pmod{7}$을 풀려면 $3^* = 5$이므로, $x \equiv 5 \cdot 5 \equiv 4 \pmod{7}$이다. 따라서 주어진 합동식의 해는 $7t+4$와 같은 꼴이다. ✣

위의 예제에서 a^*를 암산으로 구하였으나, 이것은 a의 절댓값이 작을 때에 한하고 일반적으로는 2장에서 공부한 방법으로 구할 수 있다. 즉 a^*가 법 n에 대한 a의 역수라는 것은 $aa^* - 1 = kn$과 동치이므로, 디오판토스 방정식 $ax + ny = 1$의 해에서 x값이 곧 a^*가 된다.

이제는 일반적인 선형합동식 $ax \equiv b \pmod{n}$을 좀 더 자세히 고찰해 보기로 하자. 이 합동식이 해를 가지기 위해서는, $d = \gcd(a, n)$이라 하면 보조정리 3.11에서 $d|b$가 성립해야 한다. 즉, $b = ab_1$ 그리고 $d|a$, $d|n$이므로 $a = da_1$, $n = dn_1$이라 놓으면 본래의 합동식은

$$a_1dx \equiv b_1d \pmod{n_1d}$$

이고, 정리 3.10으로부터 x가 이 합동식의 해가 되기 위한 조건은

$$a_1x \equiv b_1 \pmod{n_1}$$

이다. 여기서 $\gcd(a_1, n_1) = 1$이므로, 합동식 $ax \equiv b \pmod{n}$의 해는 $a_1x \equiv b_1 \pmod{n_1}$의 해와 같다. 정리 3.12에 의하여 나중 합동식의 해는

$$x \equiv a_1^* b_1 \pmod{n_1}$$

여기서 a_1^*은 법 n_1에 대한 a_1의 역수이다. 지금까지 고찰한 것을 정리하면 다음 정리가 된다.

• 정리 3.13 •

$d = \gcd(a,\ n)$이라 할 때, 합동식 $ax \equiv b \pmod{n}$이 해를 가지기 위한 조건은 $d|b$이다. 이 경우 주어진 합동식의 해는 합동식

$$x \equiv a_1{}^* \frac{b}{d} \left(\bmod\ \frac{n}{d}\right)$$

을 만족하는 모든 해 x이다. 즉, 법 n에 대한 서로 다른 해는 다음과 같은 d 개가 있다.

$$x = a_1{}^*\left(\frac{b}{d}\right) + k\left(\frac{n}{d}\right), \qquad 0 \le k \le d-1$$

보기 3.7

$12x \equiv 3 \pmod{15}$의 해를 구해 보자. $d = \gcd(12,\ 15) = 3$이고, $3|3$이므로 해가 있다. $\frac{a}{d} = 4$, $\frac{b}{d} = 1$, 그리고 $\frac{n}{d} = 5$이다. 법 $\frac{n}{d}$에 대한 $\frac{a}{d}$의 역수는 4이다. 따라서 법 5에 대한 해는 $x \equiv 4 \cdot 1 \equiv 4 \pmod{5}$이고, 법 15에 대한 해는 $x \equiv 4,\ 9,\ 14 \pmod{15}$이다. 즉 이 합동식은 세 개의 서로 다른 해를 가진다. 그러나 $\gcd(a,\ n) = 1$이면 위의 정리에 의하여 오직 하나의 해만을 가진다. ✤

정리 3.8으로부터 $\gcd(a,\ n) = 1$이면 법 n에 대한 역수 a^*가 존재한다. 역으로 어떤 정수 a가 법 n에 대하여 역수 a^*를 가지는가에 대하여 고찰해 보자. 이 문제는 합동식

$$aa^* \equiv 1 \pmod{n}$$

이 어떤 a에 대해 해를 가지는가라는 명제와 같다. 이제 $d = \gcd(a,\ n)$이라 하면, a^*가 존재하기 위해서는 $d|1$이 성립해야 한다. 즉, $d = 1$이다. 따라서 a가 역수 a^*를 가지기 위해서는 $\gcd(a,\ n) = 1$이어야 한다.

• 보조정리 3.14 •

$\gcd(a,\ n) = 1$이고, $a \equiv a' \pmod{n}$이면 $\gcd(a',\ n) = 1$이다.

증명 $a \equiv a' \pmod{n}$이므로 적당한 정수 k가 존재하여 $a - a' = kn$이 성립한다. 이제 $\gcd(a', n) > 1$이라 가정하면, 어떤 소수 p가 존재하여 $p \mid \gcd(a', n)$이 성립한다. 또 이것은 최대공약수의 정의에 의하여 $p \mid a'$이고, $p \mid n$이므로 결국 $p \mid a' + kn = a$가 되어 $p \mid \gcd(a, n)$이 성립한다. 이것은 $\gcd(a, n) > 1$을 의미하므로 모순이다. ▮

위의 보조정리에서 역수를 가지는 정수에 관해 논하였다. 이제 $\{0, 1, 2, \cdots, n-1\}$을 법 n에 대한 완전잉여계라 하면 임의의 정수 x는 이 가운데 오직 하나의 정수와 합동이다. 또 정수 x가 법 n에 대하여 역수를 가지고, $x \equiv a \pmod{n}$, $0 \le a \le n-1$이면 $\gcd(x, n) = 1$이고 보조정리 3.14로부터 $\gcd(a, n) = 1$이다. 역으로 $x \equiv a \pmod{n}$, $(0 \le a \le n-1)$이고 $\gcd(a, n) = 1$이면 x는 법 n에 대한 역수를 가진다. $\gcd(a, n) = 1$이므로 a는 역수 a^*를 가지고

$$xa^* \equiv aa^* \equiv 1 \pmod{n}$$

이므로 a^*는 x의 역수이다. 이것을 정리로 요약하면 다음과 같다.

• 정리 3.15 •

법 n에 대한 완전잉여계 $\{0, 1, 2, \cdots, n-1\}$ 안에 있는 정수 a로 $\gcd(a, n) = 1$을 만족하는 정수를 $a_1, a_2, \cdots, a_t$라 하자. 그러면 어떤 정수 x가 법 n에 대한 역수를 가지기 위한 필요충분조건은

$$x \equiv a_i \pmod{n}, \quad 1 \le i \le t$$

보기 3.8

(1) $n = 5$일 때, 0, 1, 2, 3, 4 중의 한 정수를 a라 하면 $\gcd(a, 5) = 1$을 만족하는 정수는 1, 2, 3, 4이므로 $t = 4$이고, 정수 x가 법 5에 대하여 역수를 가지기 위해서는 $x \equiv 1, 2, 3, 4 \pmod{5}$여야 한다.

(2) $n = 8$일 때, 0, 1, 2, $\cdots$, 7 중의 정수 a가 $\gcd(a, 8) = 1$을 만족하는 정수는 1, 3, 5, 7이므로 $t = 4$이고, x가 법 8에 대하여 역수를 가지기 위해서는 $x \equiv 1, 3, 5, 7 \pmod{8}$이어야 한다.

(3) $n = p$(p는 소수)일 때, 0, 1, 2, ⋯, $p-1$ 중의 정수 a가 $\gcd(a, p) = 1$을 만족하는 정수는 1, 2, ⋯, $p-1$이므로 정수 x가 법 p에 대하여 역수를 가지기 위해서는 $x \equiv 1, 2, \cdots, p-1 \pmod{p}$여야 한다. ✤

• 정의 3.4 •

정수 $a_1, a_2, \cdots, a_t$가 n과 서로소이고, 임의의 정수 x가 n과 서로소이면, 이 정수 x는 $a_1, a_2, \cdots, a_t$ 중의 오직 하나의 정수와 합동이 될 때, $\{a_1, a_2, \cdots, a_t\}$를 법 n의 기약잉여계(a reduced residue system modulo n)라 한다.

법 n의 기약잉여계를 얻는 가장 쉬운 방법은 법 n의 완전잉여계에서 n과 서로소인 정수만을 찾으면 된다. $\{r_1, r_2, \cdots, r_n\}$이 법 n의 완전잉여계이고, 이 중에서 n과 서로소인 정수가 $a_1, a_2, \cdots, a_t$라 하자. 그러면 임의의 정수 x가 n과 서로소이면 이 정수 x는 완전잉여계의 한 정수 r_i와 합동이 되고, $\gcd(x, n) = 1$이므로 $\gcd(r_i, n) = 1$이다. 따라서 r_i는 $a_1, a_2, \cdots, a_t$ 가운데 한 정수와 합동이 된다. 즉, $\{a_1, a_2, \cdots, a_t\}$가 법 n의 기약잉여계가 된다.

보기 3.9

(1) 법 5의 기약잉여계는 $\{1, 2, 3, 4\}$,

(2) 법 12의 기약잉여계는 $\{1, 5, 7, 11\}$ 또는 $\{\pm 1, \pm 5\}$,

(3) p가 소수일 때, 법 p의 기약잉여계는 $\{1, 2, \cdots, p-1\}$,

(4) 법 5의 완전잉여계 $\{25, 26, 27, 28, 29\}$로부터 얻어지는 기약잉여계는 $\{26, 27, 28, 29\}$이다. ✤

$\{a_1, a_2, \cdots, a_t\}$와 $\{b_1, b_2, \cdots, b_s\}$가 법 n의 두 기약잉여계이면 각 a_i는 오직 하나의 b_j와 법 n에 대하여 합동이고, 어느 두 a_i도 같은 b_j와 합동이 아니다. 역으로 b_i와 a_j에 대한 성질도 마찬가지이다. 그러므로 $t = s$이며, 이 두 기약잉여계는 같은 개수의 원소를 포함한다.

• 정의 3.5 •

$\phi(n)$이 정수 0과 n 사이에서 n과 서로소인 정수의 개수를 나타낼 때 이 $\phi(n)$을 스위스의 수학자 오일러(Leonhard Euler)의 이름을 따라 오일러의 ϕ함수라 한다.

위의 정의로부터 법 n의 모든 기약잉여계는 같은 개수의 정수 $\phi(n)$을 가진다는 것을 알 수 있다.

보기 3.10

위의 보기 3.8에서 $\phi(5)=4$, $\phi(8)=4$, $\phi(p)=p-1$이고, 특히 $\phi(1)=1$이다.

나중에 7장에서 산술 함수를 다룰 때 오일러의 함수에 대해서 자세히 설명하겠지만 우선 5장에서 필요하게 되는 몇 가지 성질을 소개하면 다음과 같다. 오일러의 ϕ함수는 승법 함수, 즉 $\gcd(m,\ n)=1$일 때, $\phi(mn)=\phi(m)\phi(n)$이고, n이 $n>2$인 정수이면 $\phi(n)$은 짝수임을 알 수 있다. 또한 $\sum_{d|n}\phi(d)$를 정수 n의 모든 양의 약수 d의 $\phi(d)$값의 합이라 하면 $n=\sum_{d|n}\phi(d)$가 성립한다.

• 정리 3.16 •

$m,\ n$이 자연수이고, $\gcd(m,\ n)=1$이면 $\phi(mn)=\phi(m)\phi(n)$이 성립한다.

증명 m이나 n 중에 한 정수가 1이면 결과는 자명하다. 따라서 $n>1,\ m>1$이라 가정하자. mn개의 정수를 1에서 mn까지 나열할 때, 아래와 같이 n개의 각 행에 m개의 정수가 포함되도록 나열하자.

$$\begin{array}{rrcrcr} 1 & 2 & \cdots & r & \cdots & m \\ m+1 & m+2 & \cdots & m+r & \cdots & 2m \\ 2m+1 & 2m+2 & \cdots & 2m+r & \cdots & 3m \\ \vdots & \vdots & \ddots & \vdots & \ddots & \vdots \\ (n-1)m+1 & (n-1)m+2 & \cdots & (n-1)m+r & \cdots & nm \end{array}$$

위의 배열에서 보다시피, 각 행은 법 m에 대한 완전잉여계이고, 각 열은 법 n에 대한 완전잉여계이다. 왜냐하면 만약 m개의 정수를 포함하는 다음 행

에서

$$qm+1,\ qm+2,\ \cdots,\ qm+m$$

$qm+s \equiv qm+t \pmod{m}$이라면, 이것은 $s \equiv t \pmod{m}$이 되어, 이 합동식은 s와 t가 같지 않으면 성립할 수 없기 때문이다. 마찬가지로 n개의 정수를 포함하는 다음 열에서

$$r,\ m+r,\ 2m+r,\ \cdots,\ (n-1)m+r$$

$um+r \equiv vm+r \pmod{n}$이라면, 이것은 $um \equiv vm \pmod{n}$이고 m과 n은 서로소이므로, $u \equiv v \pmod{n}$이지만 이것도 u와 v가 같지 않으면 성립하지 못한다.

$0 \le q < n$과 $1 \le r < m$인 q, r에 대하여 $\gcd(qm+r,\ m) = \gcd(r,\ m)$이므로 $\gcd(qm+r,\ m)=1$되기 위한 필요충분조건은 $\gcd(r,\ m)=1$이다. 이제 r을 $\gcd(r,\ m)=1$되는 $\phi(m)$개의 r 가운데 하나라고 하면, 이 r이 속한 열

$$r,\ m+r,\ 2m+r,\ \cdots,\ (n-1)m+r$$

은 법 n에 대한 한 완전잉여계이다. 따라서 m과 서로소가 되는 $\phi(m)$개의 각각의 열에는 n과 서로소가 되는 정수가 $\phi(n)$개 있다. 즉, mn을 초과하지 않고 m과 n에 서로소가 되는 정수의 개수는 $\phi(m)\phi(n)$이다. 그리고 이 값은 $\phi(mn)$과 같다. 즉 $\phi(mn)=\phi(m)\phi(n)$. ▮

• 정리 3.17 •

n이 $n>2$인 정수이면 $\phi(n)$은 짝수이다.

증명 우선 $n=2^k$인 형태이면 $\phi(n)=\phi(2^k)=2^{k-1}$이므로 짝수이고, n이 2의 제곱수가 아니라면 n은 홀수인 소수 p를 약수로 가진다. 그러므로 $n=p^k m,\ k \ge 1,\ \gcd(p^k,\ m)=1$이라 놓을 수 있다. 따라서

$$\phi(n)=\phi(p^k m)=\phi(p^k)\phi(m)=p^{k-1}(p-1)\phi(m)$$

이므로 역시 짝수이다. ▮

• 정리 3.18 • **가우스**

모든 양의 정수 $n \geq 1$에 대하여 다음 식이 성립한다.

$$n = \sum_{d|n} \phi(d).$$

증명 정수의 집합 $S = \{1,\ 2,\ \cdots,\ n\}$을 다음의 부분 집합으로 분할하자. d가 정수 n의 양의 약수일 때

$$S_d = \{m \mid \gcd(m,\ n) = d;\ 1 \leq m \leq n\}$$

라 하면 $\gcd(m,\ n) = d$는 $\gcd\left(\frac{m}{d},\ \frac{n}{d}\right) = 1$과 같으므로 S_d의 원소의 개수는 $\frac{n}{d}$보다 작은 양의 약수 가운데 $\frac{n}{d}$과 서로소인 정수의 개수 즉, $\phi\left(\frac{n}{d}\right)$과 같다. 집합 S에 속한 각 정수는 오직 하나의 S_d에만 속하므로

$$n = \sum_{d|n} \phi\left(\frac{n}{d}\right).$$

그러나 여기서 d가 n의 모든 약수이면, $\frac{n}{d}$도 n의 모든 양의 약수를 나타내므로

$$\sum_{d|n} \phi\left(\frac{n}{d}\right) = \sum_{d|n} \phi(d) = n$$

이다. ∎

보기 3.11

$S = \{1,\ 2,\ 3,\ 4,\ 5,\ 6\}$이면 6의 양의 약수는 1, 2, 3, 6이므로 각 S_d는 아래와 같다.

$$S_1 = \{1,\ 5\}$$
$$S_2 = \{2,\ 4\}$$
$$S_3 = \{3\}$$
$$S_6 = \{6\}$$

$$\sum_{d|6}\phi(d) = \phi(1)+\phi(2)+\phi(3)+\phi(6)$$
$$= 1+1+2+2 = 6$$

연/습/문/제

1. 다음은 모두 법 11의 완전잉여계임을 보여라.
   (a) $\{-5, -4, -3, -2, -1, 0, 1, 2, 3, 4, 5\}$
   (b) $\{0, 12, 24, 36, \cdots, 120\}$
   (c) 임의의 11개의 연속된 정수

2. $C_n = \{0, 1, 2, \cdots, n-1\}$을 법 n의 한 완전잉여계라 할 때, 이것으로부터 얻어지는 다음의 기약잉여계를 구하여라.
   (a) $n=3$
   (b) $n=9$
   (c) $n=18$
   (d) $n=17$

3. $a^2 \equiv b^2 \pmod{n}$이면 항상 $a \equiv b \pmod{n}$이 성립하지 않는 예를 하나 구하여라.

4. $a \equiv b \pmod{n}$일 때, $\gcd(a, n) = \gcd(b, n)$임을 증명하여라.

5. $a^k \equiv b^k \pmod{n}$이고 $k \equiv j \pmod{n}$이면 항상 $a^j \equiv b^j \pmod{n}$이 성립하지 않는 예를 하나 구하여라.

6. $ab \equiv cd \pmod{n}$, $b \equiv d \pmod{n}$ 그리고 $\gcd(b, n) = 1$이면 $a \equiv c \pmod{n}$ 임을 증명하여라.

7. 정수 a에 대하여 다음을 증명하여라.

(a) $a^3 \equiv 0,\ 1$ 또는 $6 \pmod{7}$

(b) $a^4 \equiv 0$ 또는 $1 \pmod{5}$

(c) a가 2 또는 3의 배수가 아니면 $a^2 \equiv 1 \pmod{24}$

8. $\phi(p^r) = p^r - p^{r-1}$ (p는 소수)임을 증명하여라.

9. 다음 합동식의 해를 구하여라.

(a) $4x \equiv 1 \pmod{5}$

(b) $x^2 + 1 \equiv 0 \pmod{4}$

(c) $x^3 + 3x + 1 \equiv 0 \pmod{7}$

10. 정수 1, 2, 3, 7, 9, 10의 법 11에 대한 역수를 구하여라.

11. 두 정수 a^*, b^*가 법 n에 대한 a의 역수이면 $a^* \equiv b^* \pmod{n}$임을 증명하여라.

12. 다음 합동식을 풀어라.

(a) $2x \equiv 5 \pmod{7}$

(b) $17x \equiv 13 \pmod{8}$

(c) $4x \equiv 12 \pmod{14}$

(d) $17x \equiv 23 \pmod{52}$

13. m이 홀수인 정수이면 $\{2, 4, 6, \cdots, 2m\}$은 완전잉여계임을 증명하여라.

14. $m > 2$인 정수이면 $\{1^2, 2^2, \cdots, m^2\}$은 완전잉여계가 아님을 증명하여라.

15. $\{r_1, r_2, \cdots, r_n\}$을 법 n의 하나의 완전잉여계라 하면,

(a) a가 임의의 정수일 때, $\{r_1 + a, r_2 + a, \cdots, r_n + a\}$도 법 n의 완전잉여계임을 보여라.

(b) $\gcd(a, n) = 1$이면 $\{ar_1, ar_2, \cdots, ar_n\}$도 법 n의 완전잉여계임을 보여라.

16. $\{s_1, s_2, \cdots, s_{\phi(n)}\}$을 법 n의 하나의 기약잉여계라 하면,

(a) $\gcd(a, n) = 1$일 때, $\{as_1, as_2, \cdots, as_{\phi(n)}\}$도 법 n의 기약잉여계임을 보여라.

(b) 모든 a에 대하여, $\{s_1 + a, s_2 + a, \cdots, s_{\phi(n)} + a\}$도 법 n의 하나의 기약잉여계가 되는가?

17. $1! + 2! + 3! + \cdots + 100!$을 12로 나누면 나머지는 얼마인가?

18. $1^5 + 2^5 + 3^5 + \cdots + 99^5 + 100^5$을 4로 나누면 나머지는 얼마인가?

19. a가 홀수인 정수일 때, $n \geq 1$이면

$$a^{2^n} \equiv 1 \pmod{2^{n+2}}$$

임을 증명하여라.

20. 양의 정수 N을 10진법으로 표시하면, $N = a_m 10^m + a_{m-1} 10^{m-1} + \cdots + a_1 10 + a_0$, $0 \leq a_k < 10$이고, $S = a_0 + a_1 + \cdots + a_m$이라 하자. $9 \mid N$이 성립하기 위한 필요충분조건은 $9 \mid S$임을 증명하여라.

21. N을 문제 20과 같다고 하고, $T = a_0 - a_1 + a_2 - \cdots + (-1)^m a_m$이라 하자. $11 \mid N$이 성립하기 위한 필요충분조거은 $11 \mid T$임을 증명하여라.

22. n이 주어진 정수일 때,

(a) $x^2 - y^2 = n$이 해를 가지기 위한 필요충분조건은 n이 홀수이거나 $4 \mid n$이다.

(b) $x^2 - y^2 = n$이 해를 가질 때, 모든 해를 구하여라.

23. m이 홀수이고 $\{r_1, r_2, \cdots, r_k\}$가 법 m의 하나의 기약잉여계이면 $r_1 + r_2 + \cdots + r_k \equiv 0 \pmod{m}$임을 증명하여라.

24. (오일러) $2^{2^5} + 1$이 641로 나누어짐을 보여라.
(힌트: $2^{32} = 2^4 \cdot 2^{28} = (641 - 5^4) \cdot 2^{28}$)

25. k가 홀수이면 $11^{2k} + 19^{2k}$이 241로 나누어짐을 보여라.

26. 다음 연립 합동방정식을 풀어라.

$$2x + 7y \equiv 2 \pmod{5}$$
$$3x - y \equiv 11 \pmod{5}$$

27. m과 n은 $\gcd(m, n) = 1$인 양의 정수, $\{r_1, r_2, \cdots, r_{\phi(m)}\}$을 법 m의 기약잉여계 $\{s_1, s_2, \cdots, s_{\phi(n)}\}$을 법 n의 기약잉여계라 할 때 다음을 증명하여라.

(a) $\gcd(x, mn) = 1$이면 $1 \le i \le \phi(m)$, $1 \le j \le \phi(n)$인 유일한 쌍 (i, j)가 존재하여 $x \equiv r_i \pmod{m}$이고 $x \equiv s_j \pmod{n}$이다.

(b) 주어진 임의의 쌍 (i, j)에 대해

$$x \equiv r_i \pmod{m}, \quad x \equiv s_j \pmod{n}, \quad \gcd(x, mn) = 1$$

인 법 mn에 대해 유일한 정수 x가 존재한다.

3.3 페르마, 오일러, 윌슨의 정리

이 절에서는 역사적으로 대단히 중요한 두 가지 합동식을 소개한다. 첫째는 페르마의 작은 정리(Fermat's little theorem)와 이 정리를 일반화한 오일러의 정리(Euler's theorem)이고, 둘째는 윌슨의 정리(Wilson's theorem)이다.

• 정리 3.19 • **페르마의 작은 정리**

p가 소수이고, $p \nmid a$이면

$$a^{p-1} \equiv 1 \pmod{p}$$

이 정리의 증명은 다음 오일러의 정리의 특수한 경우로 취급되므로 생략하고 몇 개의 보기만 들기로 한다. 예컨대 $3^{10} \equiv 1 \pmod{11}$이고, $89^{820} \equiv 1 \pmod{821}$, (821은 소수)이다. 또 2^{1137}을 17로 나누었을 때의 나머지를 구하려면 다음과 같이 한다. 17은 소수이고 $17 \nmid 2$이므로 페르마의 정리에 의하여

$$2^{16} \equiv 1 \pmod{17}$$

이고

$$1137 = 16 \cdot 71 + 1$$

이므로

$$2^{1137} = (2^{16})^{71} \cdot 2^1 \equiv 1^{71} \cdot 2 = 2 \pmod{17}$$

이다. 따라서 2^{1137}을 17로 나눈 나머지는 2이다.

• 정리 3.20 • **오일러**

$\gcd(a, n) = 1$이면,

$$a^{\phi(n)} \equiv 1 \pmod{n}$$

이다. 여기서 $\phi(n)$은 오일러의 ϕ함수이다.

증명 $\{r_1, r_2, \cdots, r_{\phi(n)}\}$이 법 n에 대해 하나의 기약잉여계라 가정하자. 그러면 $\gcd(a, n)=1$이고 $\gcd(r_i, n)=1$이므로 모든 i에 대해 $\gcd(ar_i, n)=1$이다. 기약잉여계의 정의에 의해 ar_i는 $r_1, r_2, \cdots, r_{\phi(n)}$ 중의 하나와 합동이다. 또한 어느 두 개의 ar_i도 같은 r_j와 합동이 될 수 없다. 왜냐하면 만약 $ar_i \equiv r_j \pmod{n}$이고 $ar_{i'} \equiv r_j \pmod{n}$이라면

$$ar_i \equiv ar_{i'} \pmod{n}$$

이 되어 $r_i \equiv r_{i'} \pmod{n}$으로 되는데 $r_1, r_2, \cdots, r_{\phi(n)}$는 어느 두 개도 법 n에 대하여 합동이 아니므로 $r_i = r_{i'}$이다. 즉, $\{ar_1, ar_2, \cdots, ar_{\phi(n)}\}$도 법 n의 하나의 기약잉여계이다. 따라서

$$(ar_1)(ar_2) \cdots (ar_{\phi(n)}) \equiv r_1 r_2 \cdots r_{\phi(n)} \pmod{n}$$

이고, 이것은

$$a^{\phi(n)} r_1 r_2 \cdots r_{\phi(n)} \equiv r_1 r_2 \cdots r_{\phi(n)} \pmod{n}$$

그리고 $\gcd(r_1 r_2 \cdots r_{\phi(n)}, n)=1$이므로 양변에서 이 값을 소거하면

$$a^{\phi(n)} \equiv 1 \pmod{n}$$

이다. ▮

오일러의 정리의 응용으로 법 n에 대한 한 정수의 역수를 쉽게 구할 수 있다. $\gcd(a, n)=1$이면 $a^* = a^{\phi(n)-1}$이다. 왜냐하면

$$aa^* = a \cdot a^{\phi(n)-1} = a^{\phi(n)} \equiv 1 \pmod{n}$$

이기 때문이다.

• 정리 3.21 • 윌슨

p가 소수이면

$$(p-1)! \equiv -1 \pmod{p}$$

이다.

증명 $p=2$ 또는 $p=3$이면

$$1 \equiv -1 \pmod{2}$$
$$1 \cdot 2 \equiv -1 \pmod{3}$$

이므로 정리는 자명하다. 따라서 $p>3$이라 가정하자. $\{1, 2, \cdots, p-1\}$을 법 p의 기약잉여계라 하면 이들 모든 정수는 법 p에 대한 역수를 가진다. 이제 이 가운데서 자기자신의 역수를 가지는 정수를 찾아보면, 즉 r이 $1 \le r \le p-1$인 정수일 때, $r^2 \equiv rr^* \equiv 1 \pmod{p}$를 만족하는 정수는 $r^2-1=(r-1)(r+1) \equiv 0 \pmod{p}$이다. 따라서

$$r-1 \equiv 0 \pmod{p} \text{ 또는 } r+1 \equiv 0 \pmod{p}$$

에서 $r \equiv 1$과 $r \equiv -1 \equiv p-1 \pmod{p}$이다. 즉, 기약잉여계 중에서 1과 $p-1$을 얻는다. 위의 기약잉여계에서 이 두 정수를 뺀 $p-3$개의 정수 $2, 3, \cdots, p-2$를 $s=\dfrac{p-3}{2}$개의 쌍으로 다음과 같이 묶자.

$$(r_1, r_1^*), (r_2, r_2^*), \cdots, (r_s, r_s^*).$$

그러면

$$\begin{aligned} 2 \cdot 3 \cdots (p-2) &= r_1 r_1^* r_2 r_2^* \cdots r_s r_s^* \\ &\equiv 1 \cdot 1 \cdots 1 \pmod{p} \qquad (r_i r_i^* \equiv 1 \pmod{p}) \\ &\equiv 1 \pmod{p}. \end{aligned}$$

따라서

$$\begin{aligned} 1 \cdot 2 \cdot 3 \cdots (p-1) &\equiv (p-1) \pmod{p} \\ &\equiv -1 \pmod{p}. \end{aligned}$$

그러므로 $(p-1)! \equiv -1 \pmod{p}$이다. ∎

보기 3.12

$p=7$이면 $(p-1)!=720=7\cdot 102+6\equiv -1 \pmod 7$이고, 정리의 증명에서와 같이 2, 3, 4, 5를 쌍으로 묶으면 (2, 4), (3, 5)이다. ✤

다음에는 페르마의 정리와 윌슨의 정리가 얼마나 유용하게 이용되는가를 보여주는 몇 가지 응용 예를 들고자 한다.

• 정리 3.22 •

p가 홀수인 소수일 때 합동식

$$x^2\equiv -1 \pmod p$$

가 해를 가지기 위한 필요충분조건은 $p\equiv 1 \pmod 4$이다. 그리고 $p\equiv 1 \pmod 4$일 때 $x=\left(\frac{p-1}{2}\right)!$는 하나의 해가 된다.

증명 우선 x가 $x^2\equiv -1 \pmod p$의 해라고 하자. 그러면,

$$x^{p-1}=(x^2)^{\frac{p-1}{2}}\equiv(-1)^{\frac{p-1}{2}} \pmod p.$$

한편, 페르마의 정리에 의하여

$$x^{p-1}\equiv 1 \pmod p.$$

따라서 $1\equiv(-1)^{\frac{p-1}{2}} \pmod p$이다. 즉, $p\mid 1-(-1)^{\frac{p-1}{2}}$이다. 만약 $1-(-1)^{\frac{p-1}{2}}\neq 0$이면 $1-(-1)^{\frac{p-1}{2}}=2$로 되어 p가 홀수라는 조건에 모순이다. 따라서 $1=(-1)^{\frac{p-1}{2}}$. 즉, $\frac{p-1}{2}$은 짝수이다. 그러므로 $p\equiv 1 \pmod 4$.

역으로 $p\equiv 1 \pmod 4$를 가정하자. 그러면

$$\begin{aligned}(p-1)!&=1\cdot 2\cdots\frac{p-1}{2}(p-1)(p-2)\cdots\left(p-\frac{p-1}{2}\right)\\&\equiv 1\cdot 2\cdots\frac{p-1}{2}(-1)(-2)\cdots\left(-\frac{p-1}{2}\right)\end{aligned}$$

$$= (-1)^{\frac{p-1}{2}} \cdot 1^2 \cdot 2^2 \cdots \left(\frac{p-1}{2}\right)^2$$

$$\equiv \left(1 \cdot 2 \cdots \frac{p-1}{2}\right)^2 \pmod p$$

한편 윌슨의 정리에 의하여

$$(p-1)! \equiv -1 \pmod p,$$

이므로 $x = 1 \cdot 2 \cdots \left[\frac{p-1}{2}\right]$라 놓으면

$$x^2 \equiv -1 \pmod p$$

가 성립한다. ▮

하나의 보기로 $p = 13$이라 하면 13은 $4k+1$형의 소수이므로 $\frac{p-1}{2} = 6$이고, 따라서

$$6! = 720 \equiv 5 \pmod{13}$$

이며

$$5^2 + 1 = 26 \equiv 0 \pmod{13}.$$

그러므로 $p = 13$일 때 $\left[\left(\frac{p-1}{2}\right)!\right]^2 + 1 \equiv 0 \pmod p$가 성립한다.

윌슨의 정리는 $n!+1$형의 무한히 많은 합성수가 있음을 말해주지만 이런 꼴의 소수도 무한히 많은지 어떤지는 아직까지 알려져 있지 않다. $1 \le n \le 100$의 범위에서 $n!+1$형의 소수는 $n = 1,\ 2,\ 3,\ 11,\ 27,\ 37,\ 41,\ 73,\ 77$일 때뿐이다. 최근까지 알려진 $n!+1$형의 큰 소수는 1984년에 발견한 $1477!+1$이다.

연/습/문/제

1. (a) $\gcd(a, 35) = 1$이면 $a^{12} \equiv 1 \pmod{35}$임을 보여라.

   (b) $\gcd(a, 42) = 1$이면 $168 \mid a^6 - 1$임을 보여라.

   (c) $\gcd(a, 30) = 1$이면 $60 \mid a^4 + 59$임을 보여라.

2. (a) $15!$을 17로 나눈 나머지를 구하여라.

   (b) $2(26!)$을 29로 나눈 나머지를 구하여라.

   (c) $4(29!) + 5!$을 31로 나눈 나머지를 구하여라.

3. 모든 정수 n에 대해 $7 \mid (3^{2n+1} + 2^{n+2})$임을 보여라.

4. $16! \equiv -1 \pmod{17}$의 성립 여부로부터 17이 소수인지 아닌지를 판정하여라.

5. $18! + 1 \equiv 0 \pmod{437}$이 성립함을 보여라.

6. 모든 정수 n에 대하여 $n^7 - n$은 42의 배수임을 보여라.

7. k는 양의 정수, $\gcd(n, 7) = 1$인 정수 n에 대하여 $n^{6k} - 1$은 7의 배수임을 보여라.

8. n과 a가 13과 서로소이면 $n^{12} - a^{12}$은 13의 배수임을 보여라.

9. (a) $x^2 \equiv -1 \pmod{17}$이 해를 가지는가? 만약 해가 있으면 그 해를 구하여라.

   (b) $x^2 \equiv -1 \pmod{43}$은 어떤가?

10. p, q는 서로 다른 홀수인 소수이고 $p-1 \mid q-1$이라 가정하자. 그러면 $\gcd(a, pq) = 1$이면 $a^{q-1} \equiv 1 \pmod{pq}$임을 보여라.

11. p, q는 서로 다른 소수이면 $p^{q-1}+q^{p-1} \equiv 1 \pmod{pq}$임을 보여라.

12. p가 소수이고 a가 임의의 정수일 때 다음을 증명하여라.

$$p \mid a^p + (p-1)!a \text{이고 } p \mid (p-1)!\, a^p + a$$

13. n이 합성수일 때 $(n-1)!+1$은 n의 거듭제곱이 아님을 보여라.

14. p가 소수일 때 $(p-1)!+1$이 p의 거듭제곱이 되는 경우는 $p=2$, 3 그리고 5뿐임을 증명하여라.

15. 다음 합동식은 해를 가지는가?

(a) $x^2 \equiv -1 \pmod{91}$.

(b) $x^2 \equiv -1 \pmod{65}$.

16. 방정식

$$y^2 = x^3 + 23$$

은 정수해를 가지지 않음을 보여라.

17. p는 소수, $\gcd(p, ab)=1$이라 할 때 다음을 증명하여라.

(a) $a^p \equiv b^p \pmod{p}$이면 $a \equiv b \pmod{p}$이다.

(b) $a^p \equiv b^p \pmod{p}$이면 $a^p \equiv b^p \pmod{p^2}$이다.

18. p는 홀수인 소수라 할 때, 다음을 증명하여라.

(a) $1^{p-1}+2^{p-1}+\cdots+(p-1)^{p-1} \equiv -1 \pmod{p}$.

(b) $1^p+2^p+\cdots+(p-1)^p \equiv 0 \pmod{p}$.

19. p가 소수일 때, 다음을 증명하여라.

(a) $(p-1)! \equiv p-1 \pmod{1+2+\cdots+(p-1)}$.

(b) $p \mid ((p-2)!-1)$.

(c) $p > 5$이면 $(p-2)!-1$은 p의 거듭제곱이 아니다.

20. $p > 2$는 소수이고 $0 < a < p-1$일 때, 다음을 증명하여라.

(a) $\binom{p-1}{a} \equiv (-1)^a \pmod{p}$.

(b) $\binom{p}{a} \equiv 0 \pmod{p}$.

21. p가 $n < p < 2n$인 소수일 때, 다음을 증명하여라.

(a) $\binom{2n}{n} \equiv 0 \pmod{p}$.

(b) $\binom{2n}{n} \not\equiv 0 \pmod{p^2}$.

22. p는 소수이고 $0 \le k \le p-1$일 때, $k!(p-k-1)! \equiv (-1)^{k+1} \pmod{p}$가 성립함을 보여라.

23. p와 q가 서로 다른 소수이고, a는 임의의 정수일 때

$$pq \mid a^{pq} - a^p - a^q + a$$

가 성립함을 보여라.

24. p가 홀수인 소수일 때 다음을 증명하여라.

(a) $2^2 \cdot 4^2 \cdot 6^2 \cdots (p-1)^2 \equiv (-1)^{\frac{p+1}{2}} \pmod{p}$.

(b) $1^2 \cdot 3^2 \cdots (p-2)^2 \equiv 2^2 \cdot 4^2 \cdot 6^2 \cdots (p-1)^2 \pmod{p}$.

25. $(n-1)!+1 \equiv 0 \pmod{n}$이 성립하면 n은 소수인 것을 증명하여라.

제 4 장 다항합동식

4.1 중국인의 나머지 정리

$f(x)$가 정수 계수의 다항식이고, n이 양의 정수일 때 합동방정식

$$f(x) \equiv 0 \pmod{n} \tag{4.1}$$

의 해를 결정하는 문제에 대하여 고찰해 보자. 우리는 앞에서 $f(x)=ax-b$에 해당하는 합동식 $ax \equiv b \pmod{n}$과 $f(x)=x^2+1$에 해당하는, 즉 $x^2 \equiv -1 \pmod{n}$에 대하여 고찰한 바 있다. 이 두 합동방정식의 해를 구하는 과정만 해도 매우 복잡하였던 것을 기억하겠지만 아직도 일반적인 합동방정식의 해법이란 알려지지 않고 있다.

x가 합동식 (4.1)의 하나의 해이고, 또한 $y \equiv x \pmod{n}$이면 y도 (4.1)의 해가 된다. 따라서 우리가 (4.1)의 해를 말할 때, "x와 y는 서로 다른 해"라고 하는 것은 x와 y가 (4.1)의 해이면서 $x \not\equiv y \pmod{n}$일 때를 말한다. 그러므로 (4.1)은 법 n에 대하여 많아야 서로 다른 n개의 해를 가진다. (4.1)의 해를 구하기 위해서는 법 n의 완전잉여계의 수를 하나 하나 대입해보면 된다. $a_1, a_2, \cdots, a_s$가 법 n의 완전잉여계 가운데 (4.1)을 만족하는 해라고 하면 x가 (4.1)의 해가 되기 위해서는

$$x \equiv a_1 \pmod{n},\ \text{또는}\ x \equiv a_2 \pmod{n},\ \cdots,\ \text{또는}\ x \equiv a_s \pmod{n}$$

가운데 적어도 하나를 만족하여야 한다.

법 n의 완전잉여계를 이용할 때 언제나 $\{0, 1, 2, \cdots, n-1\}$만을 고집할 필요는 없다. 왜냐하면 n이 홀수일 때는 $\left\{-\frac{n-1}{2}, -\frac{n-1}{2}+1, \cdots, -1, 0, 1, 2 \cdots, \frac{n-1}{2}\right\}$도 종종 편리하게 이용되는 법 n의 완전잉여계이기 때문이다.

예컨대 합동식

$$x^5 \equiv 3 \pmod{25}$$

에서 $x=24$가 해가 되는지 아닌지를 검증하기 위하여 24를 5제곱하여 위의 합동식을 계산하는 것은 대단히 어리석은 일이다. 왜냐하면 $24 \equiv -1 \pmod{25}$이므로 $24^5 \equiv (-1)^5 \equiv -1 \not\equiv 3 \pmod{25}$이기 때문이다.

이제 합동식 (4.1)로 다시 돌아가자. 법 n의 소인수분해가

$$n = p_1^{a_1} p_2^{a_2} \cdots\ p_t^{a_t}$$

일 때, x가 $f(x) \equiv 0 \pmod{n}$의 해이면 x는 또한 다음 연립합동식의 해이기도 하다. 즉,

$$\begin{aligned} f(x) &\equiv 0 \pmod{p_1^{a_1}} \\ &\vdots \\ f(x) &\equiv 0 \pmod{p_t^{a_t}} \end{aligned} \tag{4.2}$$

역으로 x가 연립합동식 (4.2)의 해이면, $f(x)$는 $p_1^{a_1}$, $p_2^{a_2}$, $\cdots$, $p_t^{a_t}$의 각각으로 나누어진다. 즉, $f(x)$는 $p_1^{a_1} p_2^{a_2} \cdots\ p_t^{a_t} = n$으로 나누어지므로 x는 $f(x) \equiv 0 \pmod{n}$의 해가 된다. 따라서 우리는 다음 정리를 얻는다.

• 정리 4.1 • $n = p_1^{a_1} p_2^{a_2} \cdots\ p_t^{a_t}$일 때

x가 합동식 $f(x) \equiv 0 \pmod{n}$의 해가 되기 위한 필요충분조건은 x가 다음 연립합동식을 만족하는 것이다.

$$\begin{aligned} x &\equiv b_1 \pmod{p_1^{a_1}} \\ &\vdots \\ x &\equiv b_t \pmod{p_t^{a_t}} \end{aligned}$$

여기서 b_i는 합동식

$$f(x) \equiv 0 \pmod{p_i^{a_i}} \qquad (i = 1,\ \cdots,\ t)$$

의 해이다.

• 정리 4.1 • **중국인의 나머지 정리**

양의 정수 m_1, m_2, $\cdots$, m_t가 서로소라 하자. 즉, $\gcd(m_i,\ m_j) = 1$, $i \neq j$,

$1 \le i, j \le t$. 또한, $b_1, b_2, \cdots, b_t$는 임의의 정수라면 다음 연립합동식은 하나의 연립해를 가진다.

$$x \equiv b_1 \pmod{m_1}$$
$$x \equiv b_2 \pmod{m_2}$$
$$\vdots$$
$$x \equiv b_t \pmod{m_t}$$

그리고 그 연립해는 $m_1 m_2 \cdots m_t$에 대하여 유일한 해가 된다. 즉, y가 또 다른 하나의 해라면 $x \equiv y \pmod{m_1 m_2 \cdots m_t}$이다.
(주: 이 정리를 중국인의 나머지 정리라 부르는 것은 고대 중국에 이와 비슷한 문제들이 논의되었기 때문이다.)

증명 이 증명의 핵심은 다음과 같은 y_i를 찾는 데 있다. 즉, 각 $i, j = 1, 2, \cdots, t$에 대하여

$$y_i \equiv 1 \pmod{m_i}, \quad y_i \equiv 0 \pmod{m_j}, \quad i \ne j.$$

그러면 연립합동식의 해 x는

$$x = y_1 b_1 + y_2 b_2 + \cdots + y_t b_t$$

이다. 또한 모든 $i(2 \le t \le t)$에 대하여 $y_1 \equiv 0 \pmod{m_i}$이고, m_i는 서로소이므로 $m_2 m_3 \cdots m_t | y_1$이다. 일반적으로

$$m_i{}' = \frac{m_1 m_2 \cdots m_t}{m_i}$$

라 놓으면 $\gcd(m_i, m_i{}') = 1$이 되어, $m_i{}'$는 법 m_i의 역수 $m_i{}'^*$를 가진다. 즉,

$$m_i{}'^* m_i{}' \equiv 1 \pmod{m_i}.$$

이제 $y_i = m_i{}'^* m_i{}'$라 놓으면 합동식의 해는 아래와 같다.

$$x = m_1{}'^* m_1{}' b_1 + m_2{}'^* m_2{}' b_2 + \cdots + m_t{}'^* m_t{}' b_t$$

여기서 $x \equiv b_1 \pmod{m_1}$을 보이자. $2 \le i \le t$인 i에 대하여

$$m_1 | m_i'$$

이므로, $m_i'^* m_i' b_i \equiv 0 \pmod{m_1}$이다. 또한

$$m_1'^* m_1' \equiv 1 \pmod{m_1}\text{이고, } m_1'^* m_1' b_1 \equiv b_1 \pmod{m_1}\text{이므로,}$$

$$x \equiv b_1 + 0 + \cdots + 0 \equiv b_1 \pmod{m_1}$$

이다. 비슷한 방법으로 $1 \le i \le t$인 모든 i에 대하여

$$x \equiv b_i \pmod{m_i}$$

가 성립하여 x는 위의 연립합동식의 해가 된다.

이제 y도 또 다른 해라고 하면, $i = 1, 2, \cdots, t$에 대하여 $x \equiv y \pmod{m_i}$이며 m_i는 서로소이므로 $x - y$는 모든 m_i로 나누어진다. 즉, $m_1 m_2 \cdots m_t | x - y$이다. 따라서 $x \equiv y \pmod{m_1 m_2 \cdots m_t}$가 되어 해는 유일하다. ▮

보기 4.1

다음 연립합동식의 해를 구해 보자.

$$x \equiv 2 \pmod 3,$$
$$x \equiv 3 \pmod 5,$$
$$x \equiv 2 \pmod 7.$$

여기서 $b_1 = 2$, $b_2 = 3$, $b_3 = 2$이고, $m_1 = 3$, $m_2 = 5$, $m_3 = 7$, $m = 105$이므로

$$m_1' = 5 \cdot 7 = 35, \quad m_2' = 3 \cdot 7 = 21, \quad m_3' = 3 \cdot 5 = 15$$

가 되고 따라서

$$35 m_1'^* \equiv 1 \pmod 3, \quad 21 m_2'^* \equiv 1 \pmod 5, \quad 15 m_3'^* \equiv 1 \pmod 7$$

를 풀면

$$m_1'^* \equiv 2 \pmod 3, \quad m_2'^* \equiv 1 \pmod 5, \quad m_3'^* \equiv 1 \pmod 7.$$

따라서 주어진 합동식의 해는

$$\begin{aligned} x &= 2 \cdot 35 \cdot 2 + 3 \cdot 21 \cdot 1 + 2 \cdot 15 \cdot 1 \\ &= 140 + 63 + 30 = 233 \equiv 23 \pmod{105}. \end{aligned}$$ ✤

보기 4.2

합동식 $x^2 - 1 \equiv 0 \pmod{56}$의 해를 구하여라. $56 = 2^3 \cdot 7$이므로 본래의 합동식의 해는 다음 두 합동식의 해와 같다. 즉,

$$x^2 - 1 \equiv 0 \pmod{2^3},$$
$$x^2 - 1 \equiv 0 \pmod{7}.$$

첫째 합동식의 해는 $x \equiv 1, 3, 5, 7 \pmod{2^3}$이고, 두 번째 합동식의 해가 $x \equiv 1, 6 \pmod{7}$이 되는 것은 각 합동식의 완전잉여계의 수를 대입해서 얻을 수 있다. 따라서 합동식 $x \equiv 1 \pmod{56}$의 해는 다음 8개의 연립합동식의 해가 된다. 즉,

$$\begin{cases} x \equiv 1 \pmod{2^3} \\ x \equiv 1 \pmod{7}, \end{cases} \quad \begin{cases} x \equiv 1 \pmod{2^3} \\ x \equiv 6 \pmod{7}, \end{cases} \quad \begin{cases} x \equiv 3 \pmod{2^3} \\ x \equiv 1 \pmod{7}, \end{cases}$$
$$\begin{cases} x \equiv 3 \pmod{2^3} \\ x \equiv 6 \pmod{7}, \end{cases} \quad \begin{cases} x \equiv 5 \pmod{2^3} \\ x \equiv 1 \pmod{7}, \end{cases} \quad \begin{cases} x \equiv 5 \pmod{2^3} \\ x \equiv 6 \pmod{7}, \end{cases}$$
$$\begin{cases} x \equiv 7 \pmod{2^3} \\ x \equiv 1 \pmod{7}, \end{cases} \quad \begin{cases} x \equiv 7 \pmod{2^3} \\ x \equiv 6 \pmod{7}. \end{cases}$$

이 8개의 합동식을 정리 4.2를 써서 풀면 다음 8개의 해를 얻는다.

$$x \equiv 1 \pmod{56}, \quad x \equiv 41 \pmod{56}, \quad x \equiv 43 \pmod{56},$$
$$x \equiv 27 \pmod{56}, \quad x \equiv 29 \pmod{56}, \quad x \equiv 13 \pmod{56},$$
$$x \equiv 15 \pmod{56}, \quad x \equiv 55 \pmod{56}.$$

위의 두 정리와 이 보기에서 본 바와 같이 다항합동식을 푼다는 것은 p는 소수, a는 양의 정수에 대한 합동식

$$f(x) \equiv 0 \pmod{p^a}$$

을 푸는 문제로 귀착하게 된다. ✤

연/습/문/제

1. 8로 나누었을 때 나머지가 4, 7로 나누었을 때 나머지가 5, 5로 나누었을 때 나머지가 2인 정수를 모두 구하여라.

2. 다음 합동식의 연립해를 구하여라.

(a) $x \equiv 1 \pmod 3$
$x \equiv 4 \pmod 5$

(b) $x \equiv 5 \pmod 2$
$x \equiv 1 \pmod 3$
$x \equiv 2 \pmod 5$

(c) $x \equiv 1 \pmod 9$
$x \equiv 5 \pmod 7$
$x \equiv 3 \pmod 5$

(d) $x \equiv 5 \pmod 6$
$x \equiv 4 \pmod{11}$
$x \equiv 3 \pmod{17}$

3. 선형합동식 $17x \equiv 3 \pmod{2 \cdot 3 \cdot 5 \cdot 7}$을 풀어라.

4. 양의 정수 n에 대하여 연속이며 모두가 1보다 큰 제곱수의 배수인 n개의 정수가 존재함을 증명하여라.

5. 다음을 만족하는 최소의 정수 $a > 2$를 구하여라.

$$2 \mid a, \quad 3 \mid a+1, \quad 4 \mid a+2, \quad 5 \mid a+3, \quad 6 \mid a+4.$$

6. (고대 중국) 17명의 해적이 한 자루의 금화를 훔쳤다. 균등하게 분배를 하다 보니 3개의 금화가 남았다. 이 남은 금화를 서로 가지려고 싸우다가 한 해적이 살해되었다. 다시 분배하다보니 이번에는 10개의 금화가 남았다. 다시 다투던 중 또 한 해적이 살해되었다. 그래서 다시 분배했더니 이번에는 꼭 같이 나눌 수가 있었다. 처음에 도둑맞은 금화는 최소한 몇 개였는가?

7. 다음 연립합동식의 법 210에 대한 두 개의 해를 구하여라.

$$2x \equiv 3 \pmod 5$$

$$4x \equiv 2 \pmod 6$$
$$3x \equiv 2 \pmod 7$$

8. m과 n은 양의 정수, $d = \gcd(m, n)$, $s = \text{lcm}(m, n)$이라 놓자. 연립합동식

$$x \equiv a \pmod m, \qquad x \equiv b \pmod n$$

의 해가 존재할 필요충분조건은 $a \equiv b \pmod d$임을 보여라. 그리고 이런 경우 그 해는 법 s에 관하여 유일하게 결정됨을 보여라.

9. 문제 8에 의해 다음 연립합동식의 해를 구하여라.
   (a) $x \equiv 5 \pmod 6$, $x \equiv 7 \pmod{15}$.
   (b) $x \equiv 7 \pmod{10}$, $x \equiv 4 \pmod{15}$.

10. $x \equiv a \pmod n$이면 $x \equiv a \pmod{2n}$ 또는 $x \equiv a+n \pmod{2n}$임을 보여라.

4.2 법 p^a에 관한 합동식의 해법

p가 소수이고 a가 양의 정수일 때 합동식

$$f(x) \equiv 0 \pmod{p^a}$$

의 해를 구해보자. 이 문제의 접근방법으로 우선 보다 간단한 합동식

$$f(x) \equiv 0 \pmod{p}$$

의 해를 이용하여 합동식

$$f(x) \equiv 0 \pmod{p^2}$$

의 해를 얻을 수 있다면 이것은 합동식

$$f(x) \equiv 0 \pmod{p^a}$$

의 해를 이용하여 합동식

$$f(x) \equiv 0 \pmod{p^{a+1}}$$

의 해를 얻는 것과 같다.

이제 $a \geq 1$일 때, 합동식

$$f(x) \equiv 0 \pmod{p^a}$$

의 해가

$$x \equiv b_1 \pmod{p^a},\ \cdots,\ x \equiv b_r \pmod{p^a}$$

로 주어졌다고 하고 합동식

$$f(x) \equiv 0 \pmod{p^{a+1}}$$

의 해를 구해 보자.

x가 $f(x) \equiv 0 \pmod{p^{a+1}}$의 해이면 x는 또한 합동식 $f(x) \equiv 0 \pmod{p^a}$의 해가 된다. 그러므로 b를 $b_1,\ b_2,\ \cdots,\ b_r$ 가운데 한 정수라 하면 $x \equiv b \pmod{p^a}$

가 되어 적당한 정수 k에 대하여 $x=b+kp^a$이다. 여기서 이 x가 합동식 $f(x)\equiv 0 \pmod{p^{a+1}}$의 해가 되기 위한 조건을 찾아보자. 먼저 주어진 다항식 $f(x)=a_0+a_1x+\cdots+a_mx^m$에 대해 $f(x)$의 형식적 도함수를

$$f'(x)=a_1+2a_2x+\cdots+ma_mx^{m-1}$$

로 정의하자. 그러면 다항식 $f(x)$, $g(x)$와 정수 a에 대하여 다음과 같은 관계식을 만족한다.

$$(f(x)+g(x))'=f'(x)+g'(x)$$
$$(af(x))'=af'(x)$$

또한 $f^{(i)}(x)$를 $f(x)$의 i계 도함수라 정의하면 테일러(Taylor)의 정리에 의하여,

$$\begin{aligned} f(x)&=f(b+kp^a)\\ &=f(b)+\frac{f'(b)}{1}kp^a+\frac{f''(b)}{1\cdot 2}(kp^a)^2+\frac{f^{(m)}(b)}{1\cdot 2\cdot 3\cdots m}(kp^a)^m. \end{aligned}$$

$a\geq 1$이므로 $a+1\leq 2a$이다. 따라서 p^{2a}, p^{3a}, $\cdots$, p^{ma}는 모두 p^{a+1}으로 나누어진다. 그러므로

$$f(x)\equiv f(b)+\frac{f'(b)}{1}kp^a \pmod{p^{a+1}}.$$

이 식에서 $f(b)\equiv 0 \pmod{p^a}$이므로 적당한 정수 t에 대하여 $f(b)=tp^a$를 위 식에 대입하면

$$f(x)\equiv p^a(t+f'(b)k) \pmod{p^{a+1}}.$$

여기서, $x=b+kp^a$에 대하여 $f(x)\equiv 0 \pmod{p^{a+1}}$되기 위한 필요충분조건은

$$p^a(t+f'(b)k)\equiv 0 \pmod{p^{a+1}}$$

즉

$$t+f'(b)k\equiv 0 \pmod{p}$$

이다. $t=\dfrac{f(b)}{p^a}$이므로, x가 합동식 $f(x)\equiv 0 \pmod{p^{a+1}}$의 해가 되기 위한 조

건은 다음과 같다.

$$f'(b)k \equiv -\frac{f(b)}{p^a} \pmod{p} \tag{4.3}$$

보기 4.3

합동식

$$f(x) = 2x^3 - x - 1 \equiv 0 \pmod{3^2}$$

의 모든 해를 구해보자.

직관적으로 $f(x) \equiv 0 \pmod{3}$의 해는 $x \equiv 1 \pmod{3}$이 유일한 해임을 알 수 있다. 이제 이 해를 이용하여 $f(x) \equiv 0 \pmod{3^2}$의 해를 구하자. $b = b_1 = 1$이므로 $f(1) = 0$이고, $f'(x) = 6x^2 - 1$이므로 $f'(1) = 5$. 방정식 (4.3)을 적용하면

$$5 \cdot k \equiv \frac{0}{3} \pmod{3}$$

여기서 $k \equiv 0 \pmod{3}$이 유일한 k값이다. 따라서

$$x \equiv b + k \cdot 3 \equiv 1 \pmod{9}$$

가 유일한 해가 된다. (이 해의 검증은 법 9의 완전잉여계의 9개 정수를 대입해 봄으로 쉽게 알 수 있다.) ✤

보기 4.4

합동식

$$f(x) = x^2 - x + 1 \equiv 0 \pmod{49}$$

의 모든 해를 구해보자.

우선 $f(x) \equiv 0 \pmod{7}$의 해를 법 7의 완전잉여계로부터 구하면

$$x \equiv -2 \pmod{7} \quad \text{또는} \quad x \equiv 3 \pmod{7}$$

의 두 개의 해를 얻는다. 이 해를 이용하여 합동식 $f(x) \equiv 0 \pmod{7^2}$의 해를 구하자. $b_1 = -2$이고, $b_2 = 3$에서

$$f(-2)=7, \quad f(3)=7$$

를 얻고, 또 $f'(x)=2x-1$에서

$$f'(-2)=-5, \quad f'(3)=5$$

를 얻고, 우선 $x=-2+7k$꼴의 해를 구하기 위하여 식 (4.3)을 이용하면

$$-5k \equiv -\frac{7}{7} \pmod{7}$$

에서 $k \equiv 3 \pmod{7}$이므로 $x \equiv 19 \pmod{49}$이고, 또 $x=3+7k$꼴의 해를 구하기 위하여 식 (4.3)을 이용하면

$$5k \equiv -\frac{7}{7} \pmod{7}$$

으로부터 $k \equiv -3 \pmod{7}$이므로 $x \equiv -18 \pmod{49}$이다. 그러므로 $f(x) \equiv 0 \pmod{49}$의 해는 $x \equiv 19,\ 31 \pmod{49}$이다. ✣

보기 4.5

합동식

$$f(x)=x^2-x+7 \equiv 0 \pmod{27}$$

의 모든 해를 구해보자.

$f(x) \equiv 0 \pmod{3}$의 해는 $x \equiv 2 \pmod{3}$이 유일한 해임을 알 수 있다. 이 해를 이용하여 $f(x) \equiv 0 \pmod{3^2}$의 해를 구하자. $b=b_1=2$이므로 $f(2)=9$이고, $f'(x)=2x-1$이므로 $f'(2)=3$. 해 $x=2+3k$라 놓고 방정식 (4.3)을 적용하면

$$3k \equiv -\frac{9}{3} \equiv -3 \pmod{3}$$

따라서 모든 $k \equiv 0,\ 1,\ 2 \pmod{3}$이 만족한다. 그러므로 $f(x) \equiv 0 \pmod{9}$의 해는 $x \equiv 2,\ 5$ 또는 $8 \pmod{9}$를 만족한다. 이제 $f(x) \equiv 0 \pmod{27}$의 해를 구하자. $b_1=2,\ b_2=5,\ b_3=8$이므로

$$f(2)=9,\quad f(5)=27,\quad f(8)=63 \quad \text{그리고}$$

$$f'(2)=3,\quad f'(5)=9,\quad f'(8)=15.$$

따라서 해는 $x \equiv b_i + 9k$, $(i=1,\ 2,\ 3)$꼴이다. $i=1$이면 k는 $3k \equiv -\frac{9}{9} \equiv -1 \pmod 3$을 만족해야 하므로 이것은 불가능하고 $i=2$이면 k는 $9k \equiv -\frac{27}{9} \equiv -3 \pmod 3$을 만족해야 하는데 모든 k가 만족한다. 따라서 해는$x \equiv 5+9\cdot 0 \equiv 5 \pmod{27}$, $x \equiv 5+9\cdot 1 \equiv 14 \pmod{27}$, 그리고 $x \equiv 5+9\cdot 2 \equiv 23 \pmod{27}$이다. $i=3$이면 k는 $15k \equiv -\frac{63}{9} \equiv -7 \pmod 3$을 만족해야 하므로 이것은 불가능하다. 따라서 $f(x) \equiv \pmod{27}$의 일반해는 $x \equiv 5,\ 14$ 또는 $23 \pmod{27}$이다. ✣

연/습/문/제

1. 다음 합동식의 해를 구하여라.
   (a) $x^2+x+7 \equiv 0 \pmod{81}$.
   (b) $x^4+2x+4 \equiv 0 \pmod{27}$.
   (c) $x^2 \equiv -1 \pmod{125}$.
   (d) $x^2+3x-3 \equiv 0 \pmod{49}$.
   (e) $x^2+3x-10 \equiv 0 \pmod{49}$.

2. 다음 합동식의 해를 구하여라.
   (a) $x^2+3x+2 \equiv 0 \pmod{12}$.
   (b) $7x^3+2x^2+7x+20 \equiv 0 \pmod{63}$.
   (c) $2x^3+x^2-x+3 \equiv 0 \pmod{35}$.
   (d) $3x^2+x+4 = 0 \pmod{441}$.

3. 다음 합동식의 해를 구하여라.

$$4x^4+9x^3-5x^2-21x+61 \equiv 0 \pmod{125}$$

4. p가 2보다 큰 소수이고 $p \nmid a$일 때, $x^2-a \equiv 0 \pmod{p}$가 해를 가진다고 하자. 그러면 $n \geq 1$인 모든 n에 대하여 합동식

$$x^2-a \equiv 0 \pmod{p^n}$$

은 오직 2개의 해를 가짐을 증명하여라.

4.3 다항합동식의 해

이 절에서는 앞 절에 이어서 합동식 $f(x) \equiv 0 \pmod{n}$의 해에 대하여 고찰해 보자. 이 문제는 결국 p가 소수일 때, $f(x) \equiv 0 \pmod{p}$를 푸는 문제로 귀착되는 것을 앞에서 알 수 있었다. 우선 정수의 경우와 같이 다항식에 대해서도 합동 개념을 도입해 보자.

• 정의 4.1 •

$f(x) = a_0 + a_1x + a_2x^2 + \cdots$, $g(x) = b_0 + b_1x + b_2x^2 + \cdots$가 정수 계수의 다항식일 때, $f(x)$가 법 n에 대하여 $g(x)$와 합동이 된다는 것은 모든 i에 대하여 $a_i \equiv b_i \pmod{n}$이 성립하는 것이다. 그리고 이 두 다항식이 합동인 것을

$$f(x) \equiv_x g(x) \pmod{n}$$

으로 나타낸다.

보기 4.6

다음 양편의 다항식은 주어진 법에 대하여 합동이다.

(1) $2x^3 + x + 1 \equiv_x 2x^3 + 4x - 2 \pmod{3}$

(2) $x^3 + x + 1 \equiv_x x^3 + 4x + 10 \pmod{3}$

(3) $x^3 + x^2 + x + 1 \equiv_x 4x^5 + 8x^4 + x^3 + x^2 + x + 1 \pmod{4}$

(4) $53x^7 + 84x^5 + 18 \equiv_x 3x^7 + 4x^5 + 3 \pmod{5}$ ✣

• 정리 4.3 •

법 n에 대하여 합동인 두 다항식은 같은 해를 가진다.

증명 $f(x) \equiv_x g(x) \pmod{n}$이라 하자. 그러면 어떤 정수 계수의 다항식 $t(x)$가 있어

$$f(x)-g(x)=nt(x)$$

를 만족한다. 따라서 $f(a)\equiv 0 \pmod n$이면

$$g(a)=f(a)-nt(a)\equiv 0 \pmod n$$

즉, $f(x)\equiv 0 \pmod n$은 $g(x)\equiv 0 \pmod n$과 같은 해를 가진다. ∎

• 정의 4.2 •

$f(x)=a_0+a_1x+\cdots+a_mx^m$이 정수 계수의 다항식이고, a_i중 적어도 하나의 a_i는 n으로 나누어지지 않을 때, 법 n에 대한 $f(x)$의 차수(degree of f modulo n)는 $a_i \not\equiv 0 \pmod n$인 최대 정수 i를 뜻하고, 차수가 k이면 이것을 $\deg_n f(x)=k$ 또는 $\deg_n f=k$로 나타낸다.

예컨대 $f(x)=35x^4+7x^2+2x+1$이면 $\deg_2 f=4$, $\deg_3 f=4$, $\deg_5 f=2$, 그리고 $\deg_7 f=1$이다.

• 보조정리 4.4 •

$f(x)=a_mx^m+\cdots+a_1x+a_0$이 정수 계수의 다항식이고, a는 임의의 정수라면,

$$f(x)=(x-a)q(x)+f(a)$$

를 만족하는 정수 계수의 다항식 $q(x)$가 존재한다.

증명 $f(x)$의 차수에 대한 귀납법으로 증명하자. $f(x)$가 상수다항식이고 $f(x)=a_0$일 때에는 $q(x)=0$으로 택하면 된다. 이제 $f(x)$의 차수가 $m-1$ 이하의 모든 다항식에 대하여 이 보조정리 4.4가 성립한다고 가정하고, 다항식 $f_1(x)$를 아래와 같이 잡자.

$$\begin{aligned} f_1(x) &= f(x)-a_mx^{m-1}(x-a) \\ &= (a_{m-1}+aa_m)x^{m-1}+a_{m-2}x^{m-2}+\cdots+a_0. \end{aligned}$$

그러면 $f_1(x)$의 차수는 $m-1$ 이하이므로 정수 계수의 다항식 $q_1(x)$가 존재하여

$$f_1(x)=(x-a)q_1(x)+f_1(a)$$

을 만족하고, 이 식을 다시 정리하면

$$\begin{aligned} f(x) &= f_1(x)+a_m x^{m-1}(x-a) \\ &= (x-a)(q_1(x)+a_m x^{m-1})+f_1(a). \end{aligned}$$

여기서 $q(x)=q_1(x)+a_m x^{m-1}$라 놓으면

$$f(x)=(x-a)q(x)+f_1(a)$$

이고 여기에 $x=a$를 대입하면 $f(a)=f_1(a)$가 되어 증명이 된다. ▮

• 정리 4.5 •

$f(x)$가 정수 계수의 다항식이고, a는 임의의 정수일 때, $f(a)\equiv 0 \pmod{n}$이 되기 위한 필요충분조건은 정수 계수의 다항식 $q(x)$가 존재하여 다음 식을 만족하는 것이다.

$$f(x)\equiv_x (x-a)q(x) \pmod{n} \tag{4.4}$$

증명 $f(a)\equiv 0 \pmod{n}$이라 하면, 보조정리 4.4에 의하여 $f(x)=(x-a)q(x)+f(a)$이고 $n|f(a)$이므로 합동식 (4.4)를 얻고 역으로, a는 합동식 $(x-a)q(a)\equiv 0 \pmod{n}$의 해이므로 a는 $f(x)\equiv 0 \pmod{n}$의 해가 된다. 즉, $f(a)\equiv 0 \pmod{n}$이다. ▮

• 따름정리 4.6 •

정리 4.5의 $q(x)$의 법 n에 대한 차수는 $\deg_n f(x)-1$을 넘지 못한다.

증명 보조정리 4.4와 직접 나눗셈으로 쉽게 증명된다. ▮

이제부터는 p가 소수일 때 합동식 $f(x) \equiv 0 \pmod{p}$의 해의 개수를 $f(x)$의 차수로 제한할 수 있음을 보이겠다.

• 정리 4.7 •

$f(x)$가 정수 계수의 다항식이고, $r_1, r_2, \cdots, r_t$가 다항합동식 $f(x) \equiv 0 \pmod{p}$의 t개의 서로 다른 해이면 다음 식을 만족하는 정수 계수의 다항식 $q(x)$가 존재한다.

$$f(x) \equiv_x (x-r_1)(x-r_2)\cdots(x-r_t)q(x) \pmod{p}.$$

여기서 $\deg_p q(x) \le \deg_p f(x) - t$이다.

증명 다항식 $f(x)$를 $f(x) = a_m x^m + \cdots + a_0$, $a_m \not\equiv 0 \pmod{p}$라 하고 즉, $\deg_p f(x) = m$이라 하면 정리 4.5와 그 따름정리에 의하여 다항식 $q_1(x)$가 존재하여 다음 식이 성립한다.

$$f(x) \equiv_x (x-r_1)q_1(x) \pmod{p}.$$

여기서 $\deg_p q_1(x) \le m-1 = \deg_p f(x) - 1$. 위 식에 $x = r_2$를 대입하면

$$f(r_2) \equiv (r_2 - r_1)q_1(r_2) \pmod{p}.$$

이 식에서 $f(r_2) \equiv 0 \pmod{p}$이므로 이것은 $p \mid (r_2 - r_1)q_1(r_2)$, 즉 $p \mid r_2 - r_1$ 또는 $p \mid q_1(r_2)$를 뜻하지만 가정에서 $r_2 \not\equiv r_1 \pmod{p}$이므로 $p \mid q_1(r_2)$이다. 즉, $q_1(r_2) \equiv 0 \pmod{p}$. 이것은 또 r_2가 다항식 $q_1(x)$의 해이므로 정리 4.5와 그 따름정리에 의하여 다항식 $q_2(x)$가 존재하여 다음 식을 만족한다.

$$q_1(x) \equiv_x (x-r_2)q_2(x) \pmod{p}.$$

여기서 $\deg_p q_2(x) \le \deg_p q_1(x) - 1$. 이 $q_1(x)$를 $f(x)$에 대입하면,

$$f(x) \equiv_x (x-r_1)(x-r_2)q_2(x) \pmod{p}.$$

여기서 $\deg_p q_2(x) \le \deg_p q_1(x) - 1 \le \deg_p f(x) - 1 - 1 = \deg_p f(x) - 2$. 또 이 식에 $x = r_3$를 대입하고 앞에서 시행한 과정을 따르면 다음 식을 얻는다.

$$f(x) \equiv_x (x-r_1)(x-r_2)(x-r_3)q_3(x) \pmod{p}$$

여기서 $\deg_p q_3(x) \le \deg_p f(x) - 3$. 이 과정을 반복하여 정리의 결론에 이른다. ▮

이 정리의 결론 중 마지막 부분

$$0 \le \deg_p q(x) \le \deg_p f(x) - t$$

에서 $f(x) \equiv 0 \pmod{p}$의 해의 개수 t는 기껏해야 $\deg_p f(x)$를 넘지 못한다는 것을 말해주고 있다. 한 가지 유념해야 할 것은 이때 합동식의 법이 소수라는 것이다.

보기 4.7

법이 소수가 아닌 경우, 예컨대

$$x^2 - 1 \equiv 0 \pmod{8}$$

은 $\deg_8(x^2-1) = 2$이지만 그 차수보다 많은 4개의 해 $x \equiv 1, 3, 5, 7 \pmod{8}$를 가진다. 그러나 p가 소수일 때 $x^2 - 1 \equiv 0 \pmod{p}$는 오직 두 개의 해 $x = \pm 1$를 가진다. ✣

보기 4.8

$p \nmid a$일 때 페르마의 정리 $a^{p-1} \equiv 1 \pmod{p}$에서 $a^p \equiv a \pmod{p}$를 얻는데 이것은 a가 합동식

$$x^p - x \equiv 0 \pmod{p} \tag{4.5}$$

의 해가 된다는 것이므로 합동식 (4.5)는

$$x^p - x \equiv_x x(x-1)(x-2)\cdots(x-(p-1))q(x) \pmod{p} \tag{4.6}$$

로 쓸 수 있고, $\deg_p q(x) \le p - p - 0$이므로 $q(x)$는 상수 함수이고 (4.6)의 양변의 계수를 비교하므로 $q(x) = 1$이 되는 것을 알 수 있다. 즉,

$$x^p - x \equiv_x x(x-1)(x-2)\cdots(x-(p-1)) \pmod p$$

예컨대 $x^5 - x \equiv_x x(x-1)(x-2)(x-3)(x-4) \pmod 5$로 인수분해된다. ✣

위의 보기 4.8를 이용하여 법이 소수인 합동식의 차수를 그 주어진 법보다 작게 줄일 수 있다. 물론 이때 주어진 합동식의 해에는 변동이 없다. 예컨대

$$x^7 + x^2 + 3 \equiv 0 \pmod 7$$

은 $x^7 \equiv x \pmod 7$이므로

$$x + x^2 + 3 \equiv 0 \pmod 7$$

으로 변환된다. 물론 $x^7 + x^2 + 3 \not\equiv_x x + x^2 + 3 \pmod 7$이다. 또 다른 보기로는

$$x^{35} - x^{10} + x - 3 \equiv 0 \pmod 5$$

는 $x^{35} = (x^5)^7$, $c^8 = x^5x^2 = x \cdot x^2 = x^3$을 이용하면

$$x^3 - x^2 + x - 3 \equiv 0 \pmod 5$$

으로 변환된다. 즉, 처음에는 차수가 35인 합동식을 푸는 문제였으나 해의 변동 없이 차수가 3인 합동방정식을 푸는 문제로 바뀌었다.

따라서 법이 소수 p인 합동방정식을 다룰 때에는 언제나 x^p를 x로 바꾸어 놓으므로 합동식의 차수를 $p-1$ 이하인 합동식으로 만들 수 있다.

• 정리 4.8 •

p가 소수일 때 합동식

$$f(x) \equiv 0 \pmod p$$

는 언제나 그 차수가 $p-1$이하인 합동식

$$g(x) \equiv 0 \pmod p$$

로 바꿀 수 있다.

연/습/문/제

1. 다음 각 쌍의 다항식이 법 7에 대하여 합동인지 아닌지를 말하여라.

(a) $8x^3-5x+1$과 x^3+2x+1.

(b) $8x^3-6x+1$과 x^3+2x+1.

(c) $10x^5-12x^2+x+7$과 $3x^5+2x^2+x$.

2. $f(x)=12x^4+3x^2+x+1$일 때, $\deg_5 f$, $\deg_{12} f$, $\deg_4 f$, $\deg_3 f$를 구하여라.

3. $x^{14}+12x^2\equiv 0 \pmod{13}$은 13개의 서로 다른 해가 존재함을 증명하여라.

4. $f(x)=x^4-6x^3-3x^2-7x+2$일 때, $f(x)\equiv 0 \pmod{13}$의 해는 $x\equiv \pm 1 \pmod{13}$이다.

$$f(x)\equiv_x (x-1)(x+1)g(x) \pmod{13}$$

을 만족하는 다항식 $g(x)$를 구하여라.

5. 다음 다항합동식의 해를 구하여라.

(a) $2x^{17}+3x^2+1\equiv 0 \pmod 5$.

(b) $x^{10}+2x^5+1\equiv 0 \pmod 5$.

(c) $3x^{23}+2x^{20}+4x^{17}-x^6+x^5-3x^3+2x+1\equiv 0 \pmod 5$.

6. p는 소수이고 $a(\geq 1)$, b는 정수일 때 합동식 $x^{p^a}\equiv b \pmod p$의 해를 구하여라.

7. 다음 다항합동식을 증명하여라.

(a) $x^{p-1}-1\equiv_x (x-1)(x-2)\cdots(x-(p-1)) \pmod p$.

(b) $x^{p-2}+x^{p-3}+\cdots+x+1\equiv_x (x-2)\cdots(x-(p-1)) \pmod p$.

8. 문제 7의 (a)에서 양변의 계수를 비교하여 소수 p에 대해 다음을 증명하여라.

(a) 윌슨의 정리.

(b) $p \geq 3$이면 $1+2+\cdots+(p-1) \equiv 0 \pmod{p}$.

(c) $p \geq 5$이면 $1 \cdot 2+1 \cdot 3+\cdots+1 \cdot (p-1)+2 \cdot 3+\cdots+2 \cdot (p-1)+$
$3 \cdot 4+\cdots+3 \cdot (p-1)+\cdots+(p-2)(p-1) \equiv 0 \pmod{p}$

(d) $p \geq 5$이면 $1 \cdot 2 \cdots (p-2)+1 \cdot 2 \cdots (p-3)(p-1)+1 \cdot 2 \cdots (p-4) \cdot$
$(p-2)(p-1)+\cdots+1 \cdot 3 \cdots (p-1)+2 \cdot 3 \cdots (p-1) \equiv 0 \pmod{p}$.

9. p는 소수, $a \geq 1$는 정수이고 $\{r_1, \cdots, r_{\phi(p^a)}\}$는 법 p^a의 기약잉여계일 때, 다음 식을 증명하여라.

$$(x^{p-1}-1)^{p^{a-1}} \equiv_x (x-r_1)(x-r_2)\cdots(x-r_{\phi(p^a)}) \pmod{p^a}$$

제 5 장 원시근

5.1 법 n에 대한 정수 a의 위수

오일러의 정리에 의하여 $\gcd(a, n)=1$일 때 $a^{\phi(n)} \equiv 1 \pmod{n}$인 것을 알고 있지만, 때로는 a의 거듭제곱승 가운데 $k<\phi(n)$인 k에 대하여 $a^k \equiv 1 \pmod{n}$이 성립하는 경우도 종종 있다. 여기서부터 다음 정의를 얻게 된다.

• 정의 5.1 •

$n>1$이고 $\gcd(a, n)=1$일 때, $a^k \equiv 1 \pmod{n}$을 만족하는 최소의 양의 정수 k를 법 n에 대한 a의 위수(the order of a modulo n)라 한다. 그리고 법 n에 대한 a의 위수가 k인 것을 $\mathrm{ord}_n a=k$로 나타낸다.

예컨대 법 7에 대한 2와 3의 거듭제곱을 계산하면

(1) $2^1 \equiv 2,\ 2^2 \equiv 4,\ 2^3 \equiv 1,\ 2^4 \equiv 2,\ 2^5 \equiv 4,\ 2^6 \equiv 1,\ \cdots$

(2) $3^1 \equiv 3,\ 3^2 \equiv 2,\ 3^3 \equiv 6,\ 3^4 \equiv 4,\ 3^5 \equiv 5,\ 3^6 \equiv 1,\ \cdots$

과 같으므로 법 7에 대한 2의 위수, 즉 $\mathrm{ord}_7 2=3$이고 $\mathrm{ord}_7 3=6$이다.

법 n에 대하여 합동인 두 정수는 그 법 n에 대하여 같은 위수를 가진다. 왜냐하면 $a \equiv b \pmod{n}$, $a^k \equiv 1 \pmod{n}$이면 $a^k \equiv b^k \pmod{n}$이므로, $b^k \equiv 1 \pmod{n}$이기 때문이다.

법 n에 대한 a의 위수의 정의에는 언제나 $\gcd(a, n)=1$인 조건이 따른다는 것에 유의해야 한다. 왜냐하면 $\gcd(a, n)>1$이면 $ax \equiv 1 \pmod{n}$이 해를 갖지 못하므로 $a^k \equiv 1 \pmod{n}$ 즉, $a \cdot a^{k-1} \equiv 1 \pmod{n}$이 성립할 수 없기 때문이다.

• 정리 5.1 •

$k=\mathrm{ord}_n a$일 때, $a^h \equiv 1 \pmod{n}$이 성립하기 위한 필요충분조건은 $k|h$이다. 그러므로 $k|\phi(n)$이 성립한다.

증명 우선 $k|h$라 하자. 그러면 어떤 정수 j가 있어 $h=jk$라 할 수 있고, 또

$a^k \equiv 1 \pmod{n}$이므로 $(a^k)^j \equiv 1^j \pmod{n}$이다. 즉, $a^h \equiv 1 \pmod{n}$이 성립한다.

역으로 양의 정수 h가 $a^h \equiv 1 \pmod{n}$을 만족한다고 하자. 그러면 나눗셈 정리에 의하여 정수 q, r이 있어 $h = qk + r$, $0 \le r < k$로 되고 따라서

$$a^h = a^{qk+r} = (a^k)^q a^r$$

로 되는데 가정에서 $a^k \equiv 1 \pmod{n}$이고, $a^h \equiv 1 \pmod{n}$이므로 결국에는 $a^r \equiv 1 \pmod{n}$이 되지만 법 n에 대한 a의 위수가 k이므로 k보다 작은 양의 정수인 r로서 $a^r \equiv 1 \pmod{n}$이 성립할 수 없다. 따라서 $r = 0$이 된다. 즉, $h = kq$에서 $k|h$를 얻는다. ∎

정리 5.1은 법 n에 대한 한 정수 a의 위수를 구하고자 할 때, a의 모든 지수승을 셈할 필요 없이 다만 $\phi(n)$의 약수승만을 계산해보면 된다는 사실을 말해주고 있다. 예컨대 법 13에 대한 3의 위수를 구하려면 $\phi(13) = 12$이고, 12의 약수는 1, 2, 3, 4, 6, 12이므로 3의 위수는 이 6가지 가운데 하나가 된다.

$$3^1 \equiv 3,\ 3^2 \equiv 9,\ 3^3 \equiv 1 \pmod{13}$$

이므로 $\mathrm{ord}_{13} 3 = 3$이다.

그러나 이 보기에서 $\phi(n)$의 모든 약수 d를 위수로 가지는 정수 a가 언제나 존재하는 것은 아니다. 예컨대 $n = 12$이면 $\phi(12) = 4$이고 4의 약수는 1, 2, 4이지만 법 12에 대한 어떤 정수의 위수가 4인 것은 없다.

$$1^1 \equiv 1,\ 5^2 \equiv 7^2 \equiv 11^2 \equiv 1 \pmod{12}$$

로 법 12에 대한 모든 정수의 위수는 1 또는 2가 된다.

• 정리 5.2 •

$\mathrm{ord}_n a = k$일 때, $a^i \equiv a^j \pmod{n}$이 되기 위한 필요충분조건은 $i \equiv j \pmod{k}$이다.

증명 우선 $i \ge j$에 대하여 $a^i \equiv a^j \pmod{n}$이라 가정하자. 그러면 a와 n은 서

로소이므로 양변에서 a^j를 소거하면 $a^{i-j} \equiv 1 \pmod{n}$으로 되고, 정리 5.1에 의하여 $k \mid i-j$이다. 즉, $i \equiv j \pmod{k}$이다.
역으로, $i \equiv j \pmod{k}$라 하자. 그러면 적당한 정수 q에 대하여 $i = j + qk$이다. 따라서

$$a^i \equiv a^{j+qk} \equiv a^j (a^k)^q \equiv a^j \pmod{n}$$

이다. ∎

• 따름정리 5.3 •

$\mathrm{ord}_n a = k$이면 $a, a^2, \cdots, a^k$는 어느 두 정수도 법 n에 대하여 합동이 되지 않는다.

증명 $1 \le i \le j \le k$에 대하여 $a^i \equiv a^j \pmod{n}$이라면 정리 5.2에 의하여 $i \equiv j \pmod{k}$이지만 이 식은 $i = j$일 때에만 성립한다. 즉, $i \ne j$이면 $a^i \not\equiv a^j \pmod{n}$이다. ∎

• 정리 5.4 •

$\mathrm{ord}_n a = k$이고, $h > 0$이면 $\mathrm{ord}_n a^h = \dfrac{k}{\gcd(h,\ k)}$이다.

증명 $d = \gcd(h,\ k)$라 놓으면 $h = h_1 d,\ k = k_1 d$가 되고, $\gcd(h_1,\ k_1) = 1$이므로

$$(a^h)^{k_1} = (a^{h_1 d})^{\frac{k}{d}} = (a^k)^{h_1} \equiv 1 \pmod{n}.$$

$\mathrm{ord}_n a^h = r$이라 가정하면 정리 5.1에 의하여 $r \mid k_1$ 또 $\mathrm{ord}_n a = k$이므로 합동식

$$a^{hr} \equiv (a^h)^r \equiv 1 \pmod{n}$$

에서 $k \mid hr$이다. 즉, $k_1 d \mid h_1 dr$. 그런데 $\gcd(k_1,\ h_1) = 1$이므로 $k_1 \mid r$이 되어 앞에서 얻은 $r \mid k_1$로부터

$$r = k_1 = \frac{k}{d} = \frac{k}{\gcd(h,\ k)}$$

를 얻는다. ▮

이 정리로부터 a^h의 위수가 k가 되기 위한 조건은 $\gcd(h,\ k)=1$이라는 것을 쉽게 알 수 있다.

보기 5.1

다음 표는 법 13에 대한 각 정수의 위수를 나타낸 것이다.

정수	1	2	3	4	5	6	7	8	9	10	11	12
위수	1	12	3	6	4	12	12	4	3	6	12	2

이 보기에서 $\mathrm{ord}_{13} 2 = 12$이다. 따라서

$$\mathrm{ord}_{13} 2^2 = \mathrm{ord}_{13} 4 = \frac{12}{\gcd(2,\ 12)} = 6 \text{이고}$$

$$\mathrm{ord}_{13} 2^3 = \mathrm{ord}_{13} 8 = \frac{12}{\gcd(3,\ 12)} = 4.$$

✤

• 정의 5.2 •

$\gcd(a,\ n)=1$이고 $\mathrm{ord}_n a = \phi(n)$일 때, a를 법 n의 원시근(a primitive root of n)이라 한다.

이 정의는 다음과 같이 표현할 수도 있다. a가 법 n의 한 원시근이라는 것은 $a^{\phi(n)} \equiv 1 \pmod{n}$이 성립하지만, $k < \phi(n)$인 모든 양의 정수 k에 대해서는 $a^k \not\equiv 1 \pmod{n}$이라는 것이다.

특히 정수 a가 소수 p의 원시근이면

$$\mathrm{ord}_p a = \phi(p) = p-1.$$

다음 합동식으로부터 3이 법 7의 한 원시근이라는 것을 쉽게 알 수 있다.

$$3^1 \equiv 3,\ 3^2 \equiv 2,\ 3^3 \equiv 6,\ 3^4 \equiv 4,\ 3^5 \equiv 5,\ 3^6 \equiv 1 \pmod 7.$$

좀 더 일반적으로, 법이 소수일 때에는 언제나 그 법의 원시근이 존재하는 것을 증명할 수 있다.

보기 5.2

$F_n = 2^{2^n} + 1 \,(n > 1)$이 소수이면 2는 법 F_n의 원시근이 될 수 없다. (물론 2는 법 $5 = F_1$의 원시근이다.) $2^{2^{n+1}} - 1 = (2^{2^n} + 1)(2^{2^n} - 1)$이므로

$$2^{2^{n+1}} \equiv 1 \pmod{F_n}$$

이지만 이 합동식은 $\mathrm{ord}_{F_n} 2 \le 2^{n+1}$인 것을 뜻한다. 그러나 F_n이 소수이므로

$$\phi(F_n) = F_n - 1 = 2^{2^n}$$

이고 $n > 1$이므로 $2^{2^n} > 2^{n+1}$이 되어 $\mathrm{ord}_{F_n} 2 < \phi(F_n)$이다. 따라서 2는 법 F_n의 원시근이 되지 못한다. ✣

• 정리 5.5 •

$\gcd(a, n) = 1$이고 $\{a_1, a_2, \cdots, a_{\phi(n)}\}$이 법 n의 기약잉여계라 하자. 이때 a가 법 n의 한 원시근이면

$$\{a_1, a^2, \cdots, a^{\phi(n)}\}$$

도 하나의 기약잉여계가 된다.

증명 a가 n과 서로소이므로 a의 모든 지수승도 n과 서로소가 된다. 따라서 각 a^k는 법 n에 대하여 a_i 중의 하나와 합동이 된다. 또 $\{a, a^2, \cdots, a^{\phi(n)}\}$의 $\phi(n)$개의 정수는 정리 5.2에 의하여 어느 두 정수도 법 n에 대하여 합동이 아니다. 그러므로 이들 a의 지수승으로 된 정수는 순서에 상관없이 $a_1, a_2, \cdots, a_{\phi(n)}$을 나타낸다. ▮

방금 증명한 정리로부터 원시근이 존재하고 또 얼마나 많은 원시근이 존재하는가 하는 것을 보일 수 있다.

• 따름정리 5.6 •

n이 원시근을 가지는 경우 $\phi(\phi(n))$개의 원시근을 가진다.

증명 a를 n의 한 원시근이라 하면 정리 5.5에 의하여 n의 다른 원시근도 집합 $\{a, a^2, \cdots, a^{\phi(n)}\}$ 안에 있다. 그러나 $1 \le k \le \phi(n)$인 범위에서 a^k의 위수가 $\phi(n)$이 되는 것은 $\gcd(k, \phi(n)) = 1$을 만족하는 정수 k의 개수와 같다. 따라서 n의 원시근의 개수는 $\phi(\phi(n))$개가 된다. ∎

위의 정리 5.5와 따름정리 5.6의 보기를 $a = 5$, $n = 9$인 경우에 적용해 보자. $\phi(9) = 6$이므로 법 9의 기약잉여계는 $\{1, 2, 4, 5, 7, 8\}$이고, 5의 처음 6개의 거듭제곱승은

$$5^1 \equiv 5,\ 5^2 \equiv 7,\ 5^3 \equiv 8,\ 5^4 \equiv 4,\ 5^5 \equiv 2,\ 5^6 \equiv 1 \pmod 9$$

으로 순서는 다르지만 법 9의 기약잉여계와 같음을 알 수 있다. 그리고 따름정리에 의하여 9의 원시근은 $\phi(\phi(9)) = \phi(6) = 2$개가 있는데, 그것은 2와 5이다. 왜냐하면

$$\mathrm{ord}_9 5^k = \frac{\phi(9)}{\gcd(k, \phi(9))} = \frac{6}{\gcd(k, 6)} = 6$$

에서 $\gcd(k, 6) = 1$이므로 $k = 1, 5$이다. 즉, 5^1, $5^5 \equiv 2$가 9의 원시근이다.

연/습/문/제

1. 법 17, 19, 23에 대한 정수 2, 3, 5의 위수를 구하여라.

2. 소수 3, 5, 7 그리고 13의 원시근을 구하여라.

3. 12는 원시근이 없음을 보여라.

4. 다음 명제가 성립함을 보여라.
   (a) 법 n에 대한 a의 위수가 hk이면, a^h의 위수는 k이다.
   (b) p가 홀수인 소수일 때, 법 p에 대한 a의 위수가 $2k$이면 $a^k \equiv -1 \pmod{p}$.
   (c) 법 n에 대한 a의 위수가 $n-1$이면, n은 소수이다.

5. p가 소수일 때 $\mathrm{ord}_p a = 2$일 필요충분조건은 $a \equiv -1 \pmod{p}$임을 보여라.

6. a^*가 법 n에 대한 a의 역수이면 $\mathrm{ord}_n a = \mathrm{ord}_n a^*$임을 보여라.

7. $\phi(2^n - 1)$은 임의의 $n > 1$에 대하여 n의 배수임을 보여라. (힌트: 법 $2^n - 1$에 대한 정수 2의 위수는 n이다.)

8. $3^8 \equiv -1 \pmod{17}$임을 보여라. 따라서 3은 17의 원시근임을 설명하여라.

9. $\mathrm{ord}_n a = h$, $\mathrm{ord}_n b = k$이면 $\mathrm{ord}_n ab \mid hk$가 되고 특히, $\gcd(h, k) = 1$이면 $\mathrm{ord}_n ab = hk$인 것을 보여라.

10. p가 홀수인 소수일 때, $\mathrm{ord}_p a = 3$이면 $\mathrm{ord}_p(a+1) = 6$이 되는 것을 보여라. (힌트: $a^2 + a + 1 \equiv 0 \pmod{p}$에서 $(a+1)^2 \equiv a \pmod{p}$이고, $(a+1)^3 \equiv -1 \pmod{p}$.)

11. 다음 명제가 성립함을 보여라.
    (a) 정수 $n^2 + 1$의 홀수인 소수 인자는 $4k+1$의 꼴이다. (힌트: $n^2 \equiv -1 \pmod{p}$, 여기서 p는 홀수인 소수이므로, 정리 5.1에 의하여 $4 \mid \phi(p)$.)
    (b) 정수 $n^4 + 1$의 홀수인 소수 인자는 $8k+1$의 꼴이다.

(c) 정수 n^2+n+1의 3이 아닌 홀수인 소수 인자는 $6k+1$의 꼴이다.

12. $4k+1$, $6k+1$, $8k+1$ 꼴의 소수는 무한히 많다. (힌트: $4k+1$꼴의 소수가 유한개 밖에 없다고 가정하고 이들을 $p_1, p_2, \cdots, p_r$이라 하고, 정수 $(2p_1p_2\cdots p_r)^2+1$과 바로 문제 11을 참조하여라.)

13. (a) p와 q가 홀수인 소수이고 $q|a^p-1$이면, $q|a-1$이든가 또는 어떤 적당한 정수 k에 대하여 $q=2kp+1$이 성립하는 것을 증명하여라. (힌트: $a^p \equiv 1 \pmod q$이므로 $\text{ord}_q a$는 1 또는 p)

    (b) (a)을 이용하여 p가 홀수인 소수이면 2^p-1의 약수는 $2kp+1$의 꼴이 되는 것을 보여라.

    (c) 정수 $2^{17}-1$과 $2^{29}-1$의 가장 작은 소수 인자를 구하여라.

14. p가 홀수인 소수일 때 $2kp+1$꼴의 소수가 무한히 많음을 증명하여라. (힌트: $2kp+1$꼴의 소수가 유한개 밖에 없어서 $q_1, q_2, \cdots, q_r$이라 하고, 정수 $(q_1q_2\cdots q_r)^p-1$을 참고하여라.)

15. (a) 2가 19의 원시근은 되지만 17의 원시근이 아닌 것을 보여라.

    (b) 법 15에 대한 2, 4, 7, 8, 11, 13, 14의 위수를 계산하여 15는 원시근을 가지지 않는 것을 증명하여라.

16. r이 n의 한 원시근일 때, r^k가 n의 원시근이 되기 위한 필요충분조건은 $\gcd(k, \phi(n))=1$인 것을 증명하여라.

17. (a) 10의 두 개의 원시근을 구하여라.

    (b) 3은 17의 원시근이다. 이 사실을 이용하여 17의 원시근 8개를 구하여라.

5.2 소수 p의 원시근

이 절과 다음 몇 절에서는 소수의 원시근에 대하여 논하고자 한다. 우선, 다항 합동식의 해의 개수를 다루는 정리를 소개한다.

• 정리 5.7 •

p가 소수이고 $d|p-1$이면 합동식

$$x^d - 1 \equiv 0 \pmod{p}$$

는 정확히 d개의 해를 가진다.

증명 $p-1 = dk$라 놓으면

$$x^{p-1} - 1 = (x^d - 1)(x^{d(k-1)} + x^{d(k-2)} + \cdots + x^d + 1)$$

이제 x가 정수 $1, 2, \cdots, p-1$ 가운데 하나라 하자. 그러면 $x^{p-1} - 1 \equiv 0 \pmod{p}$에서

$$(x^d - 1)(x^{d(k-1)} + x^{d(k-2)} + \cdots + x^d + 1) \equiv 0 \pmod{p}.$$

즉, $p|(x^d - 1)(x^{d(k-1)} + x^{d(k-2)} + \cdots + x^d + 1)$이다. 따라서 유클리드의 보조정리 2.8에 의하여

$$p|x^d - 1$$

또는

$$p|x^{d(k-1)} + \cdots + x^d + 1.$$

즉, $1, 2, \cdots, p-1$는 모두 다음 두 합동식의 해가 된다.

$$x^d - 1 \equiv 0 \pmod{p} \tag{5.1}$$

또는

$$x^{d(k-1)} + \cdots + 1 \equiv 0 \pmod{p} \tag{5.2}$$

이다. 그러므로 $x=0$은 합동식 (5.1)이나 (5.2)의 해가 아니고 이 합동식은 모두 $p-1$개의 해를 가진다. 따라서 정리 4.7에 의하여 첫째 합동식은 많아야 d개의 해를 가지며, 두 번째 합동식도 많아야 $d(k-1)$개의 해를 가진다. 즉, 두 합동식은 합해서 많아야 $d+d(k-1)=dk=p-1$개의 해를 가진다. 이것이 성립하기 위해서는 (5.1)은 d개의 해를, (5.2)는 $d(k-1)$개의 해를 가져야 한다. ∎

정리 5.7의 도움으로 다음에는 p가 임의의 소수일 때 $p-1$의 각 약수를 위수로 가지는 정수가 존재함을 보이고자 한다.

• 정리 5.8 •

p가 소수이고 $d|p-1$이면 법 p에 대하여 위수가 d인 서로 다른 정수는 정확히 $\phi(d)$개 있다.

증명 $d|p-1$이라 하고 $\psi(d)$가 법 p에 대한 위수가 d인 정수 $a(1\le a\le p-1)$의 개수를 나타낸다고 하자. 1과 $p-1$ 사이에 있는 모든 정수는 $p-1$의 약수인 d를 위수로 가지므로

$$p-1=\sum_{d|p-1}\psi(d)$$

이다. 그리고 가우스의 정리에 의하여

$$p-1=\sum_{d|p-1}\phi(d)$$

를 함께 묶으면

$$\sum_{d|p-1}\psi(d)=\sum_{d|p-1}\phi(d) \tag{5.3}$$

이 식에서 $p-1$의 모든 약수 d에 대하여 $\psi(d)\le\phi(d)$를 보여 (5.3)에 의하여 $\psi(d)=\phi(d)$임을 보이고자 한다. $p-1$의 임의의 약수 d에 대하여 $\psi(d)=0$이거나 $\psi(d)>0$이다. 만약 $\psi(d)=0$이면 $\psi(d)\le\phi(d)$이고 만약 $\psi(d)>0$이면, 위수가 d인 정수 a가 존재한다. 그리고 d개의 정수 $a,\ a^2,\ \cdots,\ a^d$는 법 p에 대하여 서로 다른 정수들이다. 또 이 정수들은 합동식

$$x^d - 1 \equiv 0 \pmod p \qquad (5.4)$$

을 만족한다. 왜냐하면 $(a^k)^d \equiv (a^d)^k \equiv 1 \pmod p$이기 때문이다. 그리고 정리 4.7에 의하여 방정식 (5.4)는 위의 d개 이외의 해를 가지지 못한다. 따라서 법 p에 대하여 위수가 d인 임의의 정수는 a, a^2, $\cdots$, a^d 가운데 하나의 정수와 합동이 된다. 그러나 이들 정수 $a^k(1 \le k \le d)$ 가운데 위수가 d인 $\gcd(k, d) = 1$를 만족하는 정수 k만큼 있다. 즉, $\phi(d)$개 있으므로 $\psi(d) = \phi(d)$. 따라서 법 p에 대하여 위수가 d인 정수의 개수는 $\phi(d)$와 같다. ▮

이 정리에 $d = p-1$이라 놓으면 다음 따름정리를 얻는다.

• 따름정리 5.9 •

p가 소수이면 p의 서로 다른 원시근은 정확히 $\phi(p-1)$개 있다.

예컨대 $p = 13$인 경우 보기 5.1의 표에 의하면 위수가 1인 것은 1 하나이고, 위수가 2인 것도 12 하나뿐이고, 위수가 3인 것은 3과 9이고, 위수가 4인 것은 5와 8이다. 위수가 6인 것은 4와 10이고 위수가 12인 것은 2, 6, 7, 11이다. 따라서

$$\begin{aligned}\sum_{d|12}\psi(d) &= \psi(1)+\psi(2)+\psi(3)+\psi(4)+\psi(6)+\psi(12)\\ &= 1+1+2+2+2+4 = 12\end{aligned}$$

이며

$$\begin{aligned}&\psi(1) = 1 = \phi(1), \qquad \psi(4) = 2 = \phi(4)\\ &\psi(2) = 1 = \phi(2), \qquad \psi(6) = 2 = \phi(6)\\ &\psi(3) = 2 = \phi(3), \qquad \psi(12) = 4 = \phi(12)\end{aligned}$$

이다.

• 정리 5.10 •

r이 소수 p의 원시근일 때 $r^i \equiv r^j \pmod p$가 성립하기 위한 필요충분조건은 $i \equiv j \pmod{p-1}$이다.

증명 정리 5.2에 $a=r$, $n=p$, $k=p-1$을 대입하면 자명하다. ▮

정리 5.8을 이용하여 소수 p가 $4k+1$꼴의 소수이면 합동식 $x^2 \equiv -1 \pmod{p}$가 해를 가지는 것을 보일 수 있다. 왜냐하면 $4 \mid p-1$이므로 정리 5.8에 의하여 법 p에 대하여 위수가 4인 정수 a가 존재한다. 즉,

$$a^4 \equiv 1 \pmod{p}$$

또는

$$(a^2-1)(a^2+1) \equiv 0 \pmod{p}$$

가 성립하므로

$$a^2-1 \equiv 0 \pmod{p} \text{ 또는}$$
$$a^2+1 \equiv 0 \pmod{p}$$

가 성립한다. 만약 첫째 식이 성립한다면 a의 위수는 커야 2이므로 모순이다. 따라서 $a^2+1 \equiv 0 \pmod{p}$가 성립하며 이 식의 a가 합동식 $x^2 \equiv -1 \pmod{p}$의 해가 된다.

정리 5.8은 주어진 소수 p에 대한 원시근의 존재는 보장해 주지만 그 증명 과정을 따라서 원시근을 구하는 것은 대단히 번거롭고 어려운 일이다. 소수 p가 주어졌을 때 다음과 같은 방법으로 p의 원시근을 구하는 것도 하나의 방법이 된다.

$p=2$이면 임의의 홀수는 모두 2의 원시근이므로 앞으로는 p는 홀수인 소수라 하자. 그러면 $p-1>1$이므로

$$p-1 = p_1^{a_1} p_2^{a_2} \cdots p_t^{a_t}$$

여기서 p_i는 서로 다른 소수라 하자. 그리고 여기서 다음 식

$$\mathrm{ord}_p r_i = p_i^{a_i}, \quad 1 \le i \le t$$

을 만족하는 정수 r_i를 찾아서 $r = r_1 r_2 \cdots r_t$이라 놓으면

$$\mathrm{ord}_p r = p_1^{a_1} p_2^{a_2} \cdots p_t^{a_t} = p-1$$

이 되어(5.1절의 문제 9 참조) r이 p의 원시근이 된다. 이 방법은 결국 r_i가 합동식

$$x^{p_i^{a_i}} - 1 \equiv 0 \pmod{p}$$

의 해는 되고,

$$x^{p_i^{a_i - 1}} - 1 \equiv 0 \pmod{p}$$

의 해는 되지 않는 것에 착안해서 구할 수 있다.

예컨대 $p = 23$이면 $p - 1 = 22 = 2 \cdot 11$이므로 우선 $x^2 - 1 \equiv 0 \pmod{23}$의 해는 되고 $x - 1 \equiv 0 \pmod{23}$의 해는 아닌 정수를 찾고, 또 $x^{11} - 1 \equiv 0 \pmod{23}$의 해는 되고 $x - 1 \equiv 0 \pmod{23}$의 해는 아닌 정수를 찾으면 되는데, 첫째, 두 합동식을 만족하는 정수는 -1이고 둘째, 두 합동식을 만족하는 정수는 2이다. 따라서 23의 한 원시근은 $2 \cdot (-1) = -2$이다.

다음 표는 200미만의 소수에 대한 가장 작은 양의 원시근을 나타낸 것이다.

소수	원시근	소수	원시근
2	1	89	3
3	2	97	5
5	2	101	2
7	3	103	5
11	2	107	2
13	2	109	6
17	3	113	3
19	2	127	3
23	5	131	2
29	2	137	3
31	3	139	2
37	2	149	2
41	6	151	6
43	3	157	5
47	5	163	2
53	2	167	5
59	2	173	2
61	2	179	2
71	7	191	19
73	5	193	5
79	3	197	2
83	2	199	3

보기 5.3

이 절에서 공부한 여러 가지 이론으로 법 31에 대하여 위수가 6인 $2(=\phi(6))$개의 정수를 구해 보자.

$$\phi(\phi(31)) = \phi(30) = 8$$

이므로 31의 원시근은 8개 있다. 우선 $2^5 \equiv 1 \pmod{31}$이므로 2는 31의 원시근이 아니다. 3이 31의 원시근이라는 것은 그리 어렵지 않게 알 수 있다. 3의 지수승을 계산할 때, 3^{15}을 초과하여 계산할 필요는 없다. 왜냐하면 3의 위수는 $30 = \phi(31)$의 약수이기 때문이다.

$$3^{15} \equiv (27)^5 \equiv (-4)^5 \equiv (-64)(16) \equiv -2(16) \equiv -1 \not\equiv 1 \pmod{31}$$

이므로 3의 위수는 15보다 크다. 즉, 3의 위수는 $30 = \phi(31)$이므로 3은 31의 하나의 원시근이다. 31의 기약잉여계의 모든 정수는 3^k, $1 \le k \le 30$로 표시되고

$$\operatorname{ord}_{31} 3^k = \frac{30}{\gcd(k,\ 30)}$$

이므로 이 값이 6이 되기 위해서는 $\gcd(k,\ 30) = 5$가 되는 k값을 구하면 된다. 즉, $k = 5$와 $k = 25$이다. 그러므로

$$3^5 \equiv (27)9 \equiv (-4)9 \equiv -36 \equiv 26 \pmod{31},$$
$$3^{25} \equiv (3^5)^5 \equiv (26)^5 \equiv (-5)^5 \equiv (-125)(25) \equiv -1(25) \equiv 6 \pmod{31}$$

이다. 따라서 구하는 두 정수는 6과 26이다. ✣

연/습/문/제

1. p가 홀수인 소수일 때 다음을 증명하여라.
   (a) $x^2 \equiv 1 \pmod p$의 유일한 해는 1과 $p-1$이다.
   (b) 합동식 $x^{p-2} + \cdots + x^2 + x + 1 \equiv 0 \pmod p$는 정확히 $p-2$개의 해:

$2, 3, \cdots, p-1$를 가진다.

2. 합동식 $x^2 \equiv 1 \pmod{15}$, $x^2 \equiv -1 \pmod{65}$, $x^2 \equiv -2 \pmod{33}$은 각각 4개의 해를 가짐을 보이고, 법이 합성수일 때에는 라그랑주의 정리가 성립하지 않음을 증명하여라.

3. 소수 $p = 11, 19, 23$의 모든 원시근을 구하여라.

4. 3은 43의 한 원시근임을 알고 다음을 구하여라.
   (a) 법 43에 대하여 위수가 6이 되는 모든 양의 정수< 43.
   (b) 법 43에 대하여 위수가 21이 되는 모든 양의 정수< 43.

5. 법 61에 대하여 위수가 4가 되는 모든 양의 정수< 61를 구하여라.

6. r이 홀수인 소수 p의 하나의 원시근일 때 다음 사실을 밝혀라.
   (a) 합동식 $r^{\frac{p-1}{2}} \equiv -1 \pmod{p}$가 성립한다.
   (b) r'이 또 다른 하나의 p의 원시근이면, rr'은 p의 원시근이 아니다. (힌트: (a)에서 $(rr')^{\frac{p-1}{2}} \equiv 1 \pmod{p}$.)
   (c) 정수 r'이 $rr' \equiv 1 \pmod{p}$를 만족하면 r'도 p의 한 원시근이다.

7. p가 홀수인 소수이고, $p \nmid a$이면 $a^{\frac{p-1}{2}} \equiv \pm 1 \pmod{p}$임을 증명하여라.

8. r이 홀수인 소수 p의 한 원시근일 때 다음을 증명하여라.
   (a) $p \equiv 1 \pmod{4}$이면, $-r$도 p의 하나의 원시근이다.
   (b) $p \equiv 3 \pmod{4}$이면, $\mathrm{ord}_p(-r) = \dfrac{p-1}{2}$이다.

9. p가 홀수인 소수일 때, p의 $\phi(p-1)$개의 원시근의 곱은 법 p에 대하여 $(-1)^{\phi(p-1)}$과 합동임을 증명하여라. (힌트: r이 p의 원시근일 때, r^k가 p의 원시근이 되기 위해서는 $\gcd(k, p-1) = 1$이 성립해야 한다.)

10. p가 홀수인 소수일 때 다음을 증명하여라.

$$1^n + 2^n + \cdots + (p-1)^n \equiv \begin{cases} 0 \pmod{p}, & (p-1) \nmid n \text{이면} \\ -1 \pmod{p}, & (p-1) \mid n \text{이면} \end{cases}$$

(힌트: $(p-1) \nmid n$이고, r이 p의 한 원시근이면, 위의 합은 법 p에 대하여

$$1 + r^n + r^{2n} + \cdots + r^{(p-2)n} = \frac{r^{(p-1)n} - 1}{r^n - 1}$$

과 합동이다.)

5.3 원시근을 가지는 합성수

2가 법 9의 한 원시근인 것처럼 합성수도 원시근을 가질 수 있다. 이 절에서는 원시근을 가지는 모든 합성수를 구해보자.

• 정리 5.11 •

$k \geq 3$이면 정수 2^k는 원시근을 가질 수 없다.

증명 a가 홀수이고 $k \geq 3$이면

$$a^{2^{k-2}} \equiv 1 \pmod{2^k}$$

가 성립하는 것을 귀납법으로 증명할 수 있다. $k=3$이면 합동식은 $a^2 \equiv 1 \pmod 8$이 되어 성립하고, $k>3$인 k에 대해서는 $a^{2^{k-2}} \equiv 1 \pmod{2^k}$이 성립한다고 가정하자. 이 식은 적당한 정수 b에 대하여

$$a^{2^{k-2}} = 1 + b2^k$$

와 같고 양변을 제곱하면

$$\begin{aligned} a^{2^{k-1}} = (a^{2^{k-2}})^2 &= 1 + 2(b2^k) + (b2^k)^2 \\ &= 1 + 2^{k+1}(b + b^2 2^{k-1}) \\ &\equiv 1 \pmod{2^{k+1}}. \end{aligned}$$

그러므로 위 합동식은 $k+1$일 때 성립하므로 $k \geq 3$인 모든 정수에 대하여 성립한다. 그리고 $\phi(2^k) = 2^{k-1}$이며 2^k와 서로소인 정수는 홀수인데 방금 증명한 것은

$$a^{\frac{\phi(2^k)}{2}} \equiv 1 \pmod{2^k}$$

이므로 2^k는 원시근을 가지지 못한다. ∎

• 정리 5.12 •

$m > 2$, $n > 2$이고, $\gcd(m,\ n) = 1$이면 mn은 원시근을 가지지 못한다.

증명 정수 a가 $\gcd(a,\ mn) = 1$을 만족하면 $\gcd(a,\ m) = 1$이며 $\gcd(a,\ n) = 1$이다. $h = \mathrm{lcm}(\phi(m),\ \phi(n))$, $d = \gcd(\phi(m),\ \phi(n))$이라 하면 $\phi(m)$과 $\phi(n)$은 짝수이므로 $d \geq 2$이고

$$h = \frac{\phi(m)\phi(n)}{d} \leq \frac{\phi(mn)}{2}.$$

이제 오일러의 정리 $a^{\phi(m)} \equiv 1 \pmod{m}$의 양변에 $\dfrac{\phi(n)}{d}$제곱을 하면

$$a^h = \left(a^{\phi(m)}\right)^{\frac{\phi(n)}{d}} \equiv 1^{\frac{\phi(n)}{d}} \equiv \pmod{m}.$$

같은 방법으로, $a^h \equiv 1 \pmod{n}$을 얻고 $\gcd(m,\ n) = 1$이므로

$$a^h \equiv 1 \pmod{mn}.$$

즉, mn과 서로소인 어떤 정수도 그 위수가 $\dfrac{\phi(mn)}{2}$를 초과할 수 없으므로 mn의 원시근이 되지 못한다. ▮

정리 5.12의 몇 가지 특수한 경우를 열거하면 다음 따름정리와 같다.

• 따름정리 5.13 •

다음과 같은 경우에 n은 원시근을 가지지 못한다.

(1) n이 두 홀수인 소수의 배수이거나

(2) p가 홀수인 소수이고, $m \geq 2$일 때 n이 $n = 2^m p^k$꼴인 정수

이제까지 전개한 정리와 따름정리로부터 p가 홀수인 소수일 때 2, 4, p^k, $2p^k$와 같은 정수만이 원시근을 가질 수 있다는 사실을 짐작하게 된다. 이 절에서는 이상과 같은 정수가 원시근을 가진다는 사실을 증명해 보고자 한다.

• 보조정리 5.14 •

p가 홀수인 소수이면 $r^{p-1} \not\equiv 1 \pmod{p^2}$을 만족하는 p의 한 원시근 r이 존재한다.

증명 p가 소수이므로 원시근을 가진다. 그중 하나를 r이라 하자. $r^{p-1} \not\equiv 1 \pmod{p^2}$이면 정리는 증명된다. 따라서 $r^{p-1} \equiv 1 \pmod{p^2}$이라 가정하고 $r' = r+p$라 놓자. 그러면 r'도 p의 한 원시근이다. 이항전개식에 의하여

$$(r')^{p-1} \equiv (r+p)^{p-1} \equiv r^{p-1} + (p-1)pr^{p-2} \pmod{p^2}$$

이다. 그런데 $r^{p-1} \equiv 1 \pmod{p^2}$이라 하였으므로

$$(r')^{p-1} \equiv 1 - pr^{p-2} \pmod{p^2}.$$

또 r은 p의 한 원시근이므로 $\gcd(r, p) = 1$이고 $p \nmid r^{p-2}$이다. 즉, 위의 합동식은 $(r')^{p-1} \not\equiv 1 \pmod{p^2}$을 뜻하므로 정리의 증명이 된다. ▮

• 따름정리 5.15 •

p가 홀수인 소수이면 p^2은 원시근을 가진다. 즉, r이 p의 한 원시근이면 r이나 $r+p$ 중의 하나는 p^2의 한 원시근이다.

증명 r이 p의 원시근이면 법 p^2에 대한 r의 위수는 $p-1$이든지 또는 $p(p-1) = \phi(p^2)$이다. 앞 보조정리의 증명에서 보았듯이, 법 p^2에 대한 r의 위수가 $p-1$이면 $r+p$가 p^2의 한 원시근이 된다. ▮

• 보조정리 5.16 •

p가 홀수 소수이고 r이 p의 한 원시근으로 $r^{p-1} \not\equiv 1 \pmod{p^2}$이면 모든 양의 정수 $k \geq 2$에 대하여

$$r^{p^{k-2}(p-1)} \not\equiv 1 \pmod{p^k}$$

가 성립한다.

증명 (k에 대한 귀납법) 가정에 의하여 $k=2$일 때 성립한다. 이제 $k \geq 2$인 k에 대하여 성립한다고 가정하고, $k+1$일 때에도 성립하는 것을 보이자. $\gcd(r, p^{k-1}) = \gcd(r, p^k) = 1$이므로 오일러의 정리에 의하여

$$r^{p^{k-2}(p-1)} = r^{\phi(p^{k-1})} \equiv 1 \pmod{p^{k-1}}.$$

따라서 적당한 정수 a가 존재하여

$$r^{p^{k-2}(p-1)} = 1 + ap^{k-1}.$$

단, 가정에 의하여 $p \nmid a$. 이 식의 양변을 p승하여 전개하면

$$r^{p^{k-1}(p-1)} = (1+ap^{k-1})^p \equiv 1 + ap^k \pmod{p^{k+1}}.$$

여기서 $p \nmid a$이므로

$$r^{p^{k-1}(p-1)} \not\equiv 1 \pmod{p^{k+1}}.$$

즉, 이 정리는 $k+1$일 때에도 성립한다. ▮

이제 마지막으로 임의의 홀수인 소수의 제곱승은 원시근을 가진다는 것을 증명해보자.

• 정리 5.17 •

p가 홀수인 소수이고 $k \geq 1$이면, p^k의 원시근이 존재한다.

증명 앞의 두 보조정리에서 $r^{p^{k-2}(p-1)} \not\equiv 1 \pmod{p^k}$를 만족하는 p의 원시근 r을 선택할 수 있다. 사실 여기서 r은 $r^{p-1} \not\equiv 1 \pmod{p^2}$만 만족해도 된다. 이와 같이 선택한 r이 p의 모든 제곱승의 원시근이 되는 것을 보이겠다. $\mathrm{ord}_{p^k} r = n$이라 하면 정리 5.1에 의하여

$$n \mid \phi(p^k) = p^{k-1}(p-1) \text{이고}$$

또한, $r^n \equiv 1 \pmod{p^k}$에서 $r^n \equiv 1 \pmod{p}$이며 다시 정리 5.1에 의하여 $p-1 \mid n$이다. 결과적으로 n은

$$n = p^m(p-1) \ \ (0 \le m \le k-1)$$

의 꼴이 된다. 만약 $n \ne p^{k-1}(p-1)$이라면 $p^{k-2}(p-1)$은 n의 배수가 되므로

$$r^{p^{k-2}(p-1)} \equiv 1 \pmod{p^k}$$

로 되어 처음에 택한 r에 모순이 된다. 따라서 $n = p^{k-1}(p-1)$이 되고 r은 p^k의 한 원시근이다. ▮

• 따름정리 5.18 •

p가 홀수인 소수이고 $k \ge 1$이면 $2p^k$의 원시근이 존재한다.

증명 r을 p^k의 한 원시근이라 하자. r을 홀수라 가정해도 무방하다. 왜냐하면 r이 짝수이면 $r+p^k$는 홀수이며 또한 p^k의 한 원시근이기 때문이다. $\gcd(r,\ 2p^k) = 1$이고

$$n = \mathrm{ord}_{2p^k} r \,|\, \phi(2p^k) = \phi(2)\phi(p^k) = \phi(p^k).$$

$r^n \equiv 1 \pmod{2p^k}$이면 $r^n \equiv 1 \pmod{p^k}$가 성립하므로 $\phi(p^k)|n$. 즉, 위 두 식에서 $n = \phi(2p^k)$가 성립하므로 r은 $2p^k$의 한 원시근이다. ▮

예컨대 소수 5는 두 개의 원시근 2와 3을 가진다. 또한

$$2^{5-1} \equiv 16 \not\equiv 1 \pmod{25},\ \ 3^{5-1} \equiv 6 \not\equiv 1 \pmod{25}$$

이기 때문에 이들은 또한 5^2의 원시근이 될 뿐 아니라, 5의 모든 제곱의 원시근이 된다. 이 따름정리의 증명은 3이 $2 \cdot 5^k$와 같은 모든 정수의 원시근이 된다는 사실을 보여주고 있다. 이제까지 전개한 이론을 정리하면 아래 정리가 된다.

• 정리 5.19 •

5.19 p가 홀수인 소수일 때, $n>1$이 원시근을 가지기 위한 필요충분조건은 다음과 같다.

$$n=2,\ 4,\ p^k,\ \text{또는}\ 2p^k$$

1773년 오일러가 불완전하기는 하지만 임의의 소수 p의 원시근이 존재한다는 것을 증명하였고, $p \le 37$의 모든 원시근을 나열하였다. 르장드르는 라그랑주의 정리를 써서 오일러의 증명을 보완하였으며, 1785년 $d|p-1$인 각각의 d에 대하여 위수가 d인 정수가 $\phi(d)$개 있다는 것을 증명하였다. 그러나 이 원시근에 대한 이론에 가장 큰 공을 세운 학자는 역시 가우스로서 1801년에 비로소 n이 2, 4, p^k, $2p^k$일 때만 원시근을 가진다는 것을 증명하였다.

연/습/문/제

1. (a) 26의 4개의 원시근과 25의 8개의 원시근을 구하여라.
   (b) 3^2, 3^3, 3^4의 모든 원시근을 구하여라.

2. 다음 합동식을 풀어라.
   (a) $x^{17} \equiv 50 \pmod{81}$
   (b) $7x^{25} \equiv 10 \pmod{81}$

3. m, n은 양의 정수이고 m이 홀수이면 $\gcd(2^m-1,\ 2^n+1)=1$임을 보여라.

4. p가 홀수인 소수일 때 다음을 증명하여라.
   (a) $2p^n$의 원시근의 개수와 p^n의 원시근의 개수는 같다.
   (b) p^n의 임의의 원시근 r은 p의 한 원시근이다. (힌트: $\text{ord}_p r=k$라 하

고, $r^{pk} \equiv 1 \pmod{p^2}$, $\cdots$, $r^{p^{n-1}k} \equiv 1 \pmod{p^n}$임을 증명하여라. 그러면 $\phi(p^n) \mid p^{n-1}k$.

(c) p^2의 원시근은 또한 $p^n (n \geq 2)$의 한 원시근이다.

5. p가 홀수인 소수일 때 r이 p^2의 한 원시근이면 합동식 $x^{p-1} \equiv 1 \pmod{p^2}$의 해는 오직 정수; r^p, $r^{2p}, \cdots$, $r^{(p-1)p}$뿐인 것을 보여라.

6. (a) 3은 7^k 또는 $2 \cdot 7^k$와 같은 모든 정수의 원시근이 되는 것을 보여라.

(b) 17^k꼴의 정수의 원시근을 하나 구하여라.

7. 41과 82의 모든 원시근을 구하여라.

8. 50과 98의 원시근 하나를 구하여라.

9. 2와 4가 원시근을 갖는 것을 보여라.

10. (a) p가 홀수인 소수일 때, p^k의 원시근 r이 $2p^k$의 한 원시근이 되기 위한 필요충분조건은 r이 홀수라는 것을 증명하여라.

(b) 3, 3^3, 3^5, 3^9은 $578 = 2 \cdot 17^2$의 원시근이 되지만 3^4과 3^{17}은 578의 원시근이 아님을 증명하여라.

11. r이 홀수인 소수 p의 원시근이고 $(r+tp)^{p-1} \not\equiv 1 \pmod{p^2}$이라 가정하고, $k \geq 1$인 모든 k에 대하여 $r+tp$는 p^k의 한 원시근이 되는 것을 보여라.

5.4 지수

r이 n의 한 원시근이면

$$\{r,\ r^2,\ \cdots,\ r^{\phi(n)}\}$$

은 법 n의 기약잉여계이다. 이제 a가 n과 서로소인 정수이면 적당한 k $(1 \le k \le \phi(n))$에 대하여

$$a \equiv r^k \pmod{n}$$

과 같이 된다. 여기서부터 다음 정의를 얻게 된다.

> • 정의 5.3 •
>
> r이 n의 하나의 원시근이고, $\gcd(a,\ n) = 1$일 때 $a \equiv r^k \pmod{n}$을 만족시키는 가장 작은 양의 정수 k를 r에 대한 a의 지수(the index of a relative to r)라 한다.

보통 r의 대한 a의 지수를 $\mathrm{ind}_r a$로 표시한다. 그러나 혼돈의 우려가 없을 때에는 간단히 $\mathrm{ind}\, a$로 표시하기도 한다. 분명히

$$1 \le \mathrm{ind}_r\, a \le \phi(n)$$

이고

$$r^{\mathrm{ind}_r a} \equiv a \pmod{n}.$$

예컨대 2는 5의 원시근이다. 그리고

$$2^1 \equiv 2,\ 2^2 \equiv 4,\ 2^3 \equiv 3,\ 2^4 \equiv 1 \pmod{5}$$

이므로

$$\mathrm{ind}_2 1 = 4,\ \mathrm{ind}_2 2 = 1,\ \mathrm{ind}_2 3 = 3,\ \mathrm{ind}_2 4 = 2$$

이다.

법 n에 대하여 합동인 정수의 지수는 같다. 따라서 지수에 관한 표를 작성하고자 할 때에는 n의 기약잉여계에 있는 정수만을 고려의 대상으로 하면 충분하다. a, b가 n과 서로소이고 $a \equiv b \pmod{n}$이면 $r^{\operatorname{ind} a} \equiv a \pmod{n}$이고, $r^{\operatorname{ind} b} \equiv b \pmod{n}$이므로

$$r^{\operatorname{ind} a} \equiv r^{\operatorname{ind} b} \pmod{n}.$$

그리고 정리 5.2에 의하여 $\operatorname{ind} a \equiv \operatorname{ind} b \pmod{\phi(n)}$. 그러나 지수의 정의에 의하여 $1 \le \operatorname{ind} a,\ \operatorname{ind} b \le \phi(n)$이므로 $\operatorname{ind} a = \operatorname{ind} b$이다.

이 지수는 로그 함수와 아주 비슷한 성질을 가지고 있는 것을 다음 정리에서 알 수 있다.

• 정리 5.20 •

r이 n의 하나의 원시근이고 $\operatorname{ind} a$를 r에 대한 a의 지수라 하면 다음 명제가 성립한다.

(1) $\operatorname{ind}(ab) \equiv \operatorname{ind} a + \operatorname{ind} b \pmod{\phi(n)}$

(2) 임의의 $k > 0$에 대해 $\operatorname{ind} a^k \equiv k \operatorname{ind} a \pmod{\phi(n)}$

(3) $\operatorname{ind} 1 \equiv 0 \pmod{\phi(n)}$, $\operatorname{ind} r \equiv 1 \pmod{\phi(n)}$

증명 지수의 정의에서 $r^{\operatorname{ind} a} \equiv a \pmod{n}$, $r^{\operatorname{ind} b} \equiv b \pmod{n}$이고, 이 두 식을 변변 곱하면

$$r^{\operatorname{ind} a + \operatorname{ind} b} \equiv ab \pmod{n}.$$

또 $r^{\operatorname{ind}(ab)} \equiv ab \pmod{n}$이므로

$$r^{\operatorname{ind} a + \operatorname{ind} b} \equiv r^{\operatorname{ind}(ab)} \pmod{n}$$

즉,

$$\operatorname{ind} a + \operatorname{ind} b \equiv \operatorname{ind}(ab) \pmod{\phi(n)}$$

이것이 (1)의 증명이고 (2)도 비슷하게 증명된다. $r^{\operatorname{ind} a^k} \equiv a^k \pmod{n}$이며

지수의 법칙에 의하여 $r^{k \operatorname{ind} a} \equiv (r^{\operatorname{ind} a})^k \equiv a^k \pmod{n}$이므로

$$r^{\operatorname{ind} a^k} \equiv r^{k \operatorname{ind} a} \pmod{n}.$$

즉,

$$\operatorname{ind} a^k \equiv k \operatorname{ind} a \pmod{\phi(n)}.$$

(3)은 $r^{\operatorname{ind}_r 1} \equiv 1 \equiv r^0 \pmod{n}$에서 $\operatorname{ind} 1 \equiv 0 \pmod{\phi(n)}$이 되고, $r^{\operatorname{ind} r} \equiv r^1 \pmod{n}$에서 $\operatorname{ind} r \equiv 1 \pmod{\phi(n)}$이 성립한다. ▮

이 지수이론은 특히 고차합동식을 푸는 데 유용하게 이용된다. 예컨대 합동식

$$x^k \equiv a \pmod{n}, \ \ k \geq 2$$

을 생각하자. 여기서 n은 원시근을 가지는 양의 정수이고 $\gcd(a, n) = 1$이다. 정리 5.20의 (1)과 (2)에서 위의 합동식은 $\operatorname{ind} x$를 미지수로 하는 다음의 일차합동식과 동치가 된다. 즉,

$$k \operatorname{ind} x \equiv \operatorname{ind} a \pmod{\phi(n)}.$$

$d = \gcd(k, \phi(n))$이라 놓았을 때 $d \nmid \operatorname{ind} a$이면 해가 없지만 $d \mid \operatorname{ind} a$이면 정확히 d개의 $\operatorname{ind} x$의 값이 위 합동식의 해가 된다. 따라서 합동식 $x^k \equiv a \pmod{n}$도 d개의 서로 다른 해를 가진다.

특히 $k = 2$이고 n이 홀수인 소수 p이면 $\gcd(2, p-1) = 2$이므로 합동식 $x^2 \equiv a \pmod{p}$가 해를 가지기 위한 필요충분조건은 $2 \mid \operatorname{ind} a$이다. 해를 가지는 경우에는 정확하게 두 개의 해를 가진다. r이 p의 한 원시근이면 법 p에 대한 기약잉여계 $\{r, r^2, \cdots, r^{p-1}\}$ 가운데 a가 r의 짝수곱이면 합동식 $x^2 \equiv a \pmod{p}$는 해를 가지므로 a가 가질 수 있는 값은 정확하게 $\dfrac{p-1}{2}$개 있다.

보기 5.4

13의 한 원시근 2를 이용하여 합동식

$$4x^9 \equiv 7 \pmod{13}$$

의 해를 구해보자. 13의 한 원시근 2를 이용하여 법 13에 대한 2의 제곱을 차례로 계산하면

$$\begin{array}{lll} 2^1 \equiv 2, & 2^5 \equiv 6, & 2^9 \equiv 5 \\ 2^2 \equiv 4, & 2^6 \equiv 12, & 2^{10} \equiv 10 \\ 2^3 \equiv 8, & 2^7 \equiv 11, & 2^{11} \equiv 7 \\ 2^4 \equiv 3, & 2^8 \equiv 9, & 2^{12} \equiv 1 \end{array}$$

과 같으므로 지수표를 만들면 아래와 같다.

a	1	2	3	4	5	6	7	8	9	10	11	12
$\text{ind}_2\, a$	12	1	4	2	9	5	11	3	8	10	7	6

합동식 $4x^9 \equiv 7 \pmod{13}$의 양변에 지수를 취하면 이 합동식이 해를 가지는 것은 합동식

$$\text{ind}_2 4 + 9\,\text{ind}_2 x \equiv \text{ind}_2 7 \pmod{12}$$

가 해를 가지는 것과 동치이다. 표에서 $\text{ind}_2 4 = 2$이고, $\text{ind}_2 7 = 11$이므로 이 값을 대입하면 $9\,\text{ind}_2 x \equiv 11 - 2 = 9 \pmod{12}$이고, 이 식은 결국 $\text{ind}_2 x \equiv$ (mod 4)가 된다. 즉,

$$\text{ind}_2 x \equiv 1,\ 5,\ \text{또는}\ 9.$$

다시 지수표에 의하면 본래의 합동식 $4x^9 \equiv 7 \pmod{13}$의 해는

$$x \equiv 2,\ 5,\ \text{그리고}\ 6 \pmod{13}.$$

법 13의 다른 원시근을 이용하여도 같은 결과를 얻을 수 있다. 13의 원시근 $\phi(\phi(13)) = 4$개를 $2^k (1 \le k \le 12)$로부터 구할 수 있다.

$$\gcd(k,\ \phi(13)) = \gcd(k,\ 12) = 1$$

을 만족하는 k는 1, 5, 7, 11이므로

$$2^1 \equiv 2,\ 2^5 \equiv 6,\ 2^7 \equiv 11,\ 2^{11} \equiv 7 \pmod{13}$$

따라서 13의 원시근은 2 이외에 6, 7, 11이 있다. 원시근 6을 이용한 지수표는

아래와 같다.

a	1	2	3	4	5	6	7	8	9	10	11	12
$\text{ind}_6\, a$	12	5	8	10	9	1	7	3	4	2	11	6

이 표를 이용하여 합동식 $4x^9 \equiv 7 \pmod{13}$을 풀면

$$\text{ind}_6\, 4 + 9\, \text{ind}_6\, x \equiv \text{ind}_6\, 7 \pmod{12}.$$

표에서 필요한 값을 대입하면

$$9\, \text{ind}_6\, x \equiv 7 - 10 \equiv -3 \equiv 9 \pmod{12}.$$

따라서 $\text{ind}_6\, x = 1,\ 5,$ 또는 9를 얻고 다시 표에서 주어진 합동식의 해를 구하면 앞에서와 같이

$$x \equiv 2,\ 5,\ \text{그리고}\ 6 \pmod{13}$$

을 얻는다. ✣

• 정리 5.21 •

n이 원시근을 가지는 정수이고 $\gcd(a,\ n) = 1$이면 합동식 $x^k \equiv a \pmod{n}$이 해를 가지기 위한 필요충분조건은

$$a^{\frac{\phi(n)}{d}} \equiv 1 \pmod{n}$$

여기서 $d = \gcd(k,\ \phi(n))$이다. 또 이 합동식이 이 조건을 만족하여 해를 가지는 경우에는 법 n에 대하여 꼭 d개의 해를 가진다.

증명 합동식 $a^{\frac{\phi(n)}{d}} \equiv 1 \pmod{n}$에 지수를 취하면

$$\frac{\phi(n)}{d} \text{ind}\, a \equiv 0 \pmod{\phi(n)}$$

또, 이 식이 성립하기 위해서는 $d \mid \text{ind}\, a$가 성립해야 한다. 즉, 이 조건은 합동식 $x^k \equiv a \pmod{n}$이 해를 가지기 위한 필요충분조건이다. ▮

보기 5.5

합동식

$$x^3 \equiv 4 \pmod{13}$$

에서는 $d = \gcd(3,\ \phi(13)) = \gcd(3,\ 12) = 3$이므로 $\dfrac{\phi(13)}{d} = 4$이고, $4^4 \equiv 9 \not\equiv 1 \pmod{13}$이므로 주어진 합동식은 해를 가지지 않는다.

반면에 합동식

$$x^3 \equiv 5 \pmod{13}$$

은 해를 가진다. 왜냐하면 $5^4 \equiv 625 \equiv 1 \pmod{13}$이기 때문이다. 합동식 $x^3 \equiv 5 \pmod{13}$은

$$3\,\mathrm{ind}_2\, x \equiv 9 \pmod{12}$$

와 동치이고 이 식을 정돈하면

$$\mathrm{ind}_2\, x \equiv 3 \pmod{4}.$$

따라서

$$\mathrm{ind}_2\, x = 3,\ 7,\ \text{또는}\ 11$$

이고 x를 구하면 다음과 같다.

$$x \equiv 7,\ 8,\ \text{그리고}\ 11 \pmod{13}.$$ ✤

연/습/문/제

1. 법 11의 한 원시근에 대한 지수표를 만들고 그 지수표를 이용하여 다음 합동식을 풀어라.

(a) $7x^3 \equiv 3 \pmod{11}$

(b) $3x^4 \equiv 5 \pmod{11}$

(c) $x^8 \equiv 10 \pmod{11}$

2. 다음은 17의 원시근 3에 대한 지수표이다.

a	1	2	3	4	5	6	7	8
$\text{ind}_3\, a$	16	14	1	12	5	15	11	10

a	9	10	11	12	13	14	15	16
$\text{ind}_3\, a$	2	3	7	13	4	9	6	8

이 표를 이용하여 다음 합동식을 풀어라.

(a) $x^{12} \equiv 13 \pmod{17}$

(b) $8x^5 \equiv 10 \pmod{17}$

(c) $9x^8 \equiv 8 \pmod{17}$

(d) $7^x \equiv 7 \pmod{17}$

3. $3^{24} \cdot 5^{13}$을 17로 나누었을 때의 나머지를 구하여라.

4. r, r'이 홀수인 소수 p의 두 원시근이고, $\gcd(a,\ p) = 1$일 때 다음 합동식을 증명하여라.

$$\text{ind}_{r'}\, a \equiv (\text{ind}_r\, a)(\text{ind}_{r'}\, r) \pmod{p-1}$$

5. (a) 법 17의 원시근 5에 관한 지수표를 만들어라. (힌트: 앞의 문제에서 $\text{ind}_5\, a \equiv 13\, \text{ind}_3\, a \pmod{16}$)

(b) (a)의 표를 이용하여 문제 2의 합동식을 풀어라.

6. r이 홀수인 소수 p의 한 원시근일 때, 다음 식을 증명하여라.

$$\text{ind}_r(-1) = \text{ind}_r(p-1) = \frac{1}{2}(p-1)$$

7. (a) 합동식 $ax^4 \equiv b \pmod{13}$이 b의 값이 2, 5, 6일 때 해를 가지기 위해서

a는 어떤 값을 가져야 하는가?

(b) 합동식 $x^4 \equiv a \pmod{p}$가 p의 값이 7, 11, 13일 때 해를 가지기 위해서 a는 어떤 값을 가져야 하는가?

8. p가 홀수인 소수일 때 다음 식이 성립하는 것을 정리 5.21를 이용하여 증명하여라.

(a) $x^2 \equiv -1 \pmod{p}$가 성립하기 위한 필요충분조건은 $p \equiv 1 \pmod{4}$

(b) $x^4 \equiv -1 \pmod{p}$가 성립하기 위한 필요충분조건은 $p \equiv 1 \pmod{8}$

9. $p \geq 5$인 소수이고 $\gcd(a,\ p) = 1$일 때 합동식 $x^3 \equiv a \pmod{p}$에 대하여 다음을 증명하여라.

(a) $p \equiv 1 \pmod{6}$이면 주어진 합동식은 해를 가지지 않거나, 법 p에 대하여 세 개의 서로 다른 해를 가진다.

(b) $p = 5 \pmod{6}$이면 주어진 합동식은 법 p에 대하여 유일한 해를 가진다.

10. 합동식 $x^3 \equiv 3 \pmod{19}$는 해를 가지지 않고, 합동식 $x^3 \equiv 11 \pmod{19}$는 세 개의 서로 다른 해를 가지는 것을 보여라.

11. 두 합동식 $x^5 \equiv 13 \pmod{23}$과 $x^7 \equiv 15 \pmod{29}$는 해를 가지는지 결정하여라.

12. p가 소수이고 $\gcd(k,\ p-1) = 1$이면

$$\{1^k,\ 2^k,\ 3^k,\ \cdots,\ (p-1)^k\}$$

는 법 p의 하나의 기약잉여계가 되는 것을 보여라. 또한 그 역도 성립함을 보여라.

13. r이 홀수인 소수 p의 원시근이고 $d = \gcd(k,\ p-1)$일 때 합동식 $x^k \equiv a \pmod{p}$가 해를 가지기 위해서는 a의 값이 $r^d,\ r^{2d},\ \cdots,\ r^{\left(\frac{p-1}{d}\right)d}$인 것을 증명하여라.

14. r이 홀수인 소수 p의 하나의 원시근일 때 다음 식이 성립하는 것을 보이므로 하나의 지수표를 완성하기 위해서는 그 지수표의 절반만으로 충분한 것을 보여라.

$$\text{ind}_r\,(p-a) \equiv \text{ind}_r\,a + \frac{p-1}{2} \pmod{p-1}$$

15. (a) r이 홀수인 소수 p의 하나의 원시근일 때, 다음 지수합동식

$$a^x \equiv b \pmod{p}$$

가 해를 가지기 위한 필요충분조건은 $d \mid \text{ind}_r\,b$이다. 여기서 $d = \gcd(\text{ind}_r\,a,\ p-1)$이고, 이 경우 법 $p-1$에 대하여 이 지수합동식은 d개의 서로 다른 해를 가진다.

(b) 지수합동식 $4^x \equiv 13 \pmod{17}$, $5^x \equiv 4 \pmod{19}$를 풀어라.

16. 지수합동식 $9^x \equiv b \pmod{13}$이 해를 가지기 위해서 b는 어떤 값을 가져야 하는가?

제 6 장 이차 상반법칙

6.1 서론 및 기본정리

6.2 가우스 보조정리

6.3 이차 상반법칙

6.4 야코비 심벌

6.1 서론 및 기본정리

4장에서 다항합동식 $f(x) \equiv 0 \pmod{m}$에 관하여 논의하였다. m을 나누는 모든 소수 p에 대하여 합동식 $f(x) \equiv 0 \pmod{p}$를 풀 수 있다면 주어진 합동식 $f(x) \equiv 0 \pmod{m}$을 해결할 수 있다. 그러나 일반적인 합동식 $f(x) \equiv 0 \pmod{p}$의 해법은 아직까지 알려져 있지 않다. 그래서 특수한 경우의 합동식으로 일차합동식과 이차합동식의 해법에 관하여 알아보자. 일차합동식 $ax+b \equiv 0 \pmod{p}$는 $p|a$이면 $b \equiv 0 \pmod{p}$와 동치이므로 $p \nmid a$라 가정하여 유일한 해 $x \equiv -ba^{p-2} \pmod{p}$를 갖는다. 그 다음으로 복잡한 이차합동식

$$ax^2+bx+c \equiv 0 \pmod{p} \tag{6.1}$$

을 생각하여 보자. 이 이차합동식의 해법이 본 장에서 다루고자 하는 주요 내용이다. 먼저 $p|a$이면 합동식 (6.1)은 $bx+c \equiv 0 \pmod{p}$와 동치이므로 $p \nmid a$라 가정해도 좋다. 또한 $p=2$이면 합동식 (6.1)은 간단하게 해결할 수 있으므로 $p \neq 2$라 가정하자. $p \nmid a$이므로 법 p에 대한 a의 역수 a^*를 합동식 (6.1)에 곱하여 합동식

$$x^2+a^*bx+a^*c \equiv 0 \pmod{p} \tag{6.2}$$

를 얻는다. 또 p가 홀수이므로 법 p에 대한 2의 역수 2^*도 존재한다($2^* = \frac{p+1}{2}$로 택하면 $2 \cdot 2^* \equiv p+1 \equiv 1 \pmod{p}$이다). 따라서

$$x^2+a^*bx+a^*c \equiv (x+2^*a^*b)^2+(a^*c-2^{*2}a^{*2}b^2) \pmod{p}$$

이고, 합동식 (6.2)는

$$(x+2^*a^*b)^2 \equiv 2^{*2}a^{*2}b^2-a^*c \pmod{p} \tag{6.3}$$

와 동치이다. 합동식 (6.3)에

$$y=x+2^*a^*b, \qquad d=2^{*2}a^{*2}b^2-a^*c$$

라 놓으면 주어진 이차합동식 (6.1)의 해법은 합동식

$$y^2 \equiv d \pmod{p} \tag{6.4}$$

의 해법과 동치임을 알 수 있다. 이제 이차합동식 (6.4)의 해법을 알아보자. $p|d$이면 (6.4)는 $y \equiv 0 \pmod{p}$의 자명한 해만 가지고 있으므로 이제부터 $p \nmid d$라고 가정하자. 또한 합동식 $y^2 \equiv d \pmod{p}$의 해 $y = y_0$이 존재한다면 $p - y_0$도 $y_0 \neq p - y_0$인 해가 됨을 알 수 있어 주어진 합동식은 라그랑주 정리에 의하여 정확히 두 개의 해를 갖는다.

보기 6.1

합동식

$$5x^2 - 6x + 2 \equiv 0 \pmod{13} \tag{6.5}$$

의 해를 구해보자. 먼저 $8 \cdot 5 \equiv 1 \pmod{13}$이므로 $5^* = 8$을 (6.5)에 곱하여 합동식

$$x^2 - 9x + 3 \equiv 0 \pmod{13} \tag{6.6}$$

을 얻는다. 또한 $2^* = 7$이므로 합동식 (6.6)는

$$(x - 7 \cdot 9)^2 + 3 - (7 \cdot 9)^2 \equiv 0 \pmod{13}$$

또는

$$(x + 2)^2 \equiv 1 \pmod{13}$$

과 동치이므로 $y = x + 2$라 놓으면 합동식 (6.5)의 해법은 합동식

$$y^2 \equiv 1 \pmod{13} \tag{6.7}$$

의 해법과 동일하다. $y \equiv \pm 1 \pmod{13}$이 합동식 (6.7)의 두 해이므로 $x \equiv -1$, $x \equiv -3 \pmod{13}$이 주어진 합동식 (6.5)의 모든 해임을 알 수 있다. ✤

• **정의 6.1** •

p를 홀수인 소수, a를 $p \nmid a$인 정수라 하자. 합동식 $x^2 \equiv a \pmod{p}$의 해가 존재할 때 a를 법 p에 관한 이차 잉여류(a quadratic residue)라 하고 그렇지 않으면, 이차 비잉여류(a quadratic nonresidue)라 한다.

법 p에 관한 모든 이차 잉여류를 결정하는 문제를 다루어 보자. 만일 a가 법 p에 관한 모든 이차 잉여류라 하면 $p \nmid a$이고 $x^2 \equiv a \pmod{p}$의 해가 존재한다. 또한 모든 정수는 법 p에 대해 $0, 1, \cdots, p-1$ 중 하나와 합동이므로 a는 법 p에 대해 $1^2, 2^2, \cdots, (p-1)^2$ 중 하나와 합동이다. 작은 소수 p에 대해서는 이런 계산방법으로 쉽게 이차 잉여류를 구할 수 있다.

보기 6.2

$p=11$이면 이차 잉여류 a는 법 11에 대해 $1^2, 2^2, \cdots, 10^2$ 중 하나와 합동이다. 즉, a가 법 11에 대한 이차 잉여류이면

$$a \equiv 1,\ 4,\ 9,\ 5,\ 3,\ 3,\ 5,\ 9,\ 4,\ 1 \pmod{11}$$

과 같다. 따라서 법 11에 대한 이차 잉여류는 1, 3, 4, 5, 9이고 이차 비잉여류는 2, 6, 7, 8, 10이다. ✣

보기 6.2의 이차 잉여류들의 순서에는 대칭성이 있음을 쉽게 알 수 있다. 이미 언급한 바와 같이 $p-x \equiv -x \pmod{p}$이고 $(p-x)^2 \equiv x^2 \pmod{p}$이므로 a가 법 p에 대해 이차 잉여류이면 a는 법 p에 대해 $1^2, 2^2, \cdots, \left(\frac{p-1}{2}\right)^2$ 중 하나와 합동이다. 사실상 $1 \le x_0 < y_0 \le \frac{p-1}{2}$이고 $x_0^2 \equiv y_0^2 \pmod{p}$이면 합동식 $x^2 \equiv y_0^2 \pmod{p}$는 세 개의 서로 다른 해 $x = x_0, y_0, p-x_0$가 존재하므로 이들 $\frac{p-1}{2}$개의 정수 $1^2, 2^2, \cdots, \left(\frac{p-1}{2}\right)^2$ 중 어느 두 개도 합동이 아님을 알 수 있다.

• 정의 6.2 •

p를 홀수인 소수, a를 $p \nmid a$인 정수라 하자. 르장드르 심벌(Legendre symbol) $\left(\frac{a}{p}\right)$는 다음과 같이 정의한다.

$$\left(\frac{a}{p}\right) = \begin{cases} +1, & a\text{가 법 } p\text{에 관한 이차 잉여류일 때} \\ -1, & a\text{가 법 } p\text{에 관한 이차 비잉여류일 때} \end{cases}$$

$p \mid a$일 때는 $\left(\frac{a}{p}\right) = 0$으로 정의한다.

보기 6.2의 계산에서

$$\left(\frac{2}{11}\right)=-1,\quad \left(\frac{3}{11}\right)=1,\quad \left(\frac{4}{11}\right)=1,\quad \left(\frac{6}{11}\right)=-1$$

임을 알 수 있다. 또한 $17\equiv 6 \pmod{11}$이고 6은 법 11에 관해 이차 비잉여류이므로 17도 이차 비잉여류이다. 따라서 $\left(\frac{17}{11}\right)=-1$이다.

• 정리 6.1 •

p를 홀수인 소수, a와 b를 $p\nmid a$, $p\nmid b$인 정수라 하면 다음이 성립한다.

(1) $\left(\frac{a^2}{p}\right)=1$

(2) $\left(\frac{1}{p}\right)=1$

(3) $a\equiv b \pmod{p}$이면 $\left(\frac{a}{p}\right)=\left(\frac{b}{p}\right)$이다.

증명 (1) 합동식 $x^2\equiv a^2 \pmod{p}$의 해 $x=a$가 존재한다.

(2) (1)에서 $a=1$인 경우

(3) 합동식 $x^2\equiv a \pmod{p}$의 해집합과 합동식 $x^2\equiv b \pmod{p}$의 해집합이 같으므로 $\left(\frac{a}{p}\right)=\left(\frac{b}{p}\right)$이다. ▮

• 정리 6.2 • **오일러**

p를 홀수인 소수, a를 $p\nmid a$인 정수라 하면

$$\left(\frac{a}{p}\right)\equiv a^{\frac{p-1}{2}} \pmod{p}$$

이다.

증명 페르마의 작은 정리에 의해 $\left(a^{\frac{p-1}{2}}\right)^2=a^{p-1}\equiv 1 \pmod{p}$이다. 따라서 $x_0=a^{\frac{p-1}{2}}$이면 $x_0^2\equiv 1 \pmod{p}$이고 $p\mid(x_0-1)(x_0+1)$이다. 그러므로 $p\mid x_0-1$ 또는 $p\mid x_0+1$이다. 즉, $x_0=a^{\frac{p-1}{2}}\equiv \pm 1 \pmod{p}$이다. p가 홀

수이므로 정리 5.21에 의해 $\left(\frac{a}{p}\right)=+1$과 $a^{\frac{p-1}{2}} \equiv 1 \pmod{p}$는 서로 동치이다. 따라서 $\left(\frac{a}{p}\right)=+1$과 $a^{\frac{p-1}{2}} \equiv \pm 1 \pmod{p}$는 각각 동치이다. ▮

오일러 정리는 르장드르 심벌의 여러 성질들을 증명하는 데 아주 유용하게 사용되고 $\left(\frac{a}{p}\right)$를 결정하기 위해서는 $a^{\frac{p-1}{2}} \pmod{p}$를 계산하면 충분하다는 것을 의미한다.

보기 6.3

$p=11$인 경우

$$2^{\frac{11-1}{2}} = 2^5 = 32 \equiv 10 \equiv -1 \pmod{11}$$

이다. 따라서 2는 법 11에 대해 이차 비잉여류이다. 또한

$$3^{\frac{11-1}{2}} = 3^5 = 9 \cdot 9 \cdot 3 \equiv (-2) \cdot (-2) \cdot 3 \equiv 1 \pmod{11}$$

이므로 3은 법 11에 대해 이차 잉여류이며 합동식 $x^2 \equiv 3 \pmod{11}$의 해가 존재한다. ✤

• 따름정리 6.3 •

p를 홀수인 소수, a와 b를 $p \nmid a$, $p \nmid b$인 정수라 하면

$$\left(\frac{ab}{p}\right) = \left(\frac{a}{p}\right)\left(\frac{b}{p}\right)$$

이다.

증명 오일러 정리에 의해

$$\left(\frac{ab}{p}\right) \equiv (ab)^{\frac{p-1}{2}} = a^{\frac{p-1}{2}} b^{\frac{p-1}{2}} \equiv \left(\frac{a}{p}\right)\left(\frac{b}{p}\right) \pmod{p}$$

이다. 또한 $\left(\frac{ab}{p}\right)$와 $\left(\frac{a}{p}\right)\left(\frac{b}{p}\right)$는 1 또는 -1이고 $p>2$이므로

$$\left(\frac{ab}{p}\right)=\left(\frac{a}{p}\right)\left(\frac{b}{p}\right)$$

이다. ▮

• 따름정리 6.4 •

p를 홀수인 소수라 하면

$$\left(\frac{-1}{p}\right)=(-1)^{\frac{p-1}{2}}=\begin{cases}+1, & p\equiv 1 \pmod 4\text{일 때}\\ -1, & p\equiv 3 \pmod 4\text{일 때}\end{cases}$$

이다.

증명 오일러 정리에 의해

$$\left(\frac{-1}{p}\right)\equiv(-1)^{\frac{p-1}{2}} \pmod p$$

이다. 또한 $\left(\frac{-1}{p}\right)=\pm 1$이고 $p>2$이므로

$$\left(\frac{-1}{p}\right)=(-1)^{\frac{p-1}{2}}.$$

따라서 본 정리는 증명된다. ▮

보기 6.4

합동식 $x^2\equiv -a^2 \pmod n$의 해가 존재할 필요충분조건은 $p\equiv 1 \pmod 4$이다. 왜냐하면 르장드르 심벌 $\left(\frac{-a^2}{p}\right)$을 계산하면,

$$\left(\frac{-a^2}{p}\right)=\left(\frac{-1}{p}\right)\left(\frac{a^2}{p}\right)=\left(\frac{-1}{p}\right)=(-1)^{\frac{p-1}{2}}$$

이기 때문이다. ✤

보기 6.5

합동식 $x^2 \equiv -38 \pmod{11}$의 해가 존재하는가를 알아보자.

$$\left(\frac{-38}{11}\right) = \left(\frac{-1}{11}\right) \cdot \left(\frac{38}{11}\right) = -\left(\frac{38}{11}\right)$$

이고 또한 $38 \equiv 5 \pmod{11}$이므로

$$\left(\frac{38}{11}\right) = \left(\frac{5}{11}\right) \equiv 5^{\frac{11-1}{2}} \equiv 5^5 \equiv 9 \cdot 5 \equiv 1 \pmod{11}$$

이다. 따라서 $\left(\frac{-38}{11}\right) = -1$이므로 $x^2 \equiv -38 \pmod{11}$의 해는 존재하지 않는다. ✣

그러면 $p \nmid a$인 경우 어떻게 르장드르 심벌 $\left(\frac{a}{p}\right)$를 계산할 수 있는가? a를 $a = \pm p_1^{a_1} \cdots p_t^{a_t}$로 소인수 분해하면 $p \nmid a$이므로 $p \neq p_i$이다. 따라서

$$\left(\frac{a}{p}\right) = \left(\frac{\pm 1}{p}\right)\left(\frac{p_1}{p}\right)^{a_1} \cdots \left(\frac{p_t}{p}\right)^{a_t}$$

이다. 즉, 르장드르 심벌 $\left(\frac{a}{p}\right)$를 계산하기 위해서는 서로 다른 소수 p, q에 대해서 르장드르 심벌 $\left(\frac{q}{p}\right)$를 계산할 수 있으면 된다. 르장드르 심벌 $\left(\frac{q}{p}\right)$를 계산하는데 필요한 법칙, 즉 이차 상반법칙(a quadratic reciprocity law)이 바로 본 장에서 배우고자 하는 내용이다.

연/습/문/제

1. 다음 이차합동식을 풀어라.

   (a) $2x^2 + x + 3 \equiv 0 \pmod{5}$

(b) $8x^2+5x+2\equiv 0 \pmod 7$

(c) $x^2+7x+10\equiv 0 \pmod{11}$

(d) $3x^2+9x+7\equiv 0 \pmod{13}$

2. 다음의 르장드르 심벌을 구하여라.

(a) $\left(\frac{-23}{59}\right)$ (b) $\left(\frac{20}{31}\right)$ (c) $\left(\frac{18}{43}\right)$ (d) $\left(\frac{-72}{131}\right)$

3. $p=11$, 13 그리고 17, $a=-1$, 2, -2 그리고 3인 각각의 경우 르장드르 심벌 $\left(\frac{q}{p}\right)$를 구하여라.

4. 17의 원시근을 이용하여 17의 모든 이차 잉여류를 구하여라.

5. a를 홀수인 소수 p의 이차 잉여류라 할 때 다음을 증명하여라.

(a) a는 p의 원시근이 아니다.

(b) $p\equiv 1 \pmod 4$이면 $p-a$는 p의 이차 잉여류,
$p\equiv 3 \pmod 4$이면 $p-a$는 p의 이차 비잉여류이다.

(c) $p\equiv 3 \pmod 4$이면 $x\equiv \pm a^{\frac{p+1}{4}} \pmod p$는 합동식 $x^2\equiv a \pmod p$의 해이다.

6. $4k+1$형태의 소수가 무한히 많이 있음을 보여라.

7. $p=2^k+1$꼴의 소수이면 법 p의 모든 이차 비잉여류는 p의 원시근임을 보여라.

8. (a) $p>3$인 소수이면 법 p의 모든 이차 잉여류들의 합은 p의 배수임을 보여라.

(b) $p>5$인 소수이면 법 p의 모든 이차 잉여류들의 제곱의 합은 p의 배수임을 보여라.

9. (a) p가 홀수인 소수이면 p의 모든 원시근은 이차 비잉여류임을 보여라.

   (b) 홀수인 소수 p에 대하여 p의 원시근이 아니면서 법 p의 이차 비잉여류의 개수는 $\frac{p-1}{2} - \phi(p-1)$임을 보여라.

10. r을 홀수인 소수 p의 원시근이라 할 때 다음을 증명하여라.

   (a) p의 이차 잉여류의 곱은 법 p에 대해 $r^{\frac{p^2-1}{4}}$과 합동이다.

   (b) p의 이차 비잉여류의 곱은 법 p에 대해 $r^{\frac{(p-1)^2}{4}}$과 합동이다.

11. p, q가 홀수인 소수, 그리고 $p = 2q+1$이면

   (a) 법 p의 이차 비잉여류의 개수와 원시근의 개수를 구하여라.

   (b) 법 p의 이차 비잉여류이면서 원시근이 아닌 경우를 구하여라.

   (c) (b)를 이용하여 법 7, 11, 23에 대한 원시근들을 계산하여라.

6.2 가우스 보조정리

주어진 정수 a가 법 p에 대한 이차 잉여류가 되는지를 결정하는 또 다른 필요충분조건을 알아보자. 가우스 보조정리로 알려진 다음 정리는 이차 상반법칙을 간단하게 증명하는 데 주요한 역할을 한다.

• 정리 6.5 • **가우스**

p를 홀수인 소수, a를 $p \nmid a$인 정수라 하자. 집합 $S = \left\{a,\ 2a,\ 3a,\ \cdots,\ \left(\frac{p-1}{2}\right)a\right\}$의 모든 원소를 법 p에 대한 양의 최소 잉여계 S^*로 바꾸어 놓았을 때, 잉여계 S^*의 원소 중에서 $\frac{p}{2}$를 넘는 잉여류의 개수를 n이라 하면

$$\left(\frac{a}{p}\right) = (-1)^n$$

증명 $r_1,\ r_2,\ \cdots,\ r_n$을 S^*에서 $\frac{p}{2}$를 넘는 잉여류, $s_1,\ s_2,\ \cdots,\ s_k$를 그 나머지 잉여류라 하자. 분명히 r_i와 s_i들은 모두 0이 아닌 서로 다른 수이다. 또한 $n+k = \frac{p-1}{2}$이고 $0 < p - r_i < \frac{p}{2}$이며 $p - r_i$들은 모두 다르다. 그리고 만일 $p - r_i = s_j$이면 $r_i \equiv \alpha a,\ s_j \equiv \beta a \pmod p,\ 1 \le \alpha,\ \beta \le \frac{p-1}{2}$이고 따라서 $p - \alpha a \equiv \beta a \pmod p$이다. 그러면 $(\alpha+\beta)a \equiv 0 \pmod p$ 즉, $\alpha + \beta \equiv 0 \pmod p$이다. 이것은 분명히 모순이므로 $p - r_1,\ p - r_2,\ \cdots,\ p - r_n,\ s_1,\ s_2,\ \cdots,\ s_k$는 모두 다르고 1보다 크거나 같고 $\frac{p}{2}$보다 작은 정수이다. 그러므로

$$\{p - r_1,\ p - r_2,\ \cdots,\ p - r_n,\ s_1,\ s_2,\ \cdots,\ s_k\} = \left\{1,\ 2,\ \cdots,\ \frac{p-1}{2}\right\}$$

이다. 따라서

$$(p - r_1)(p - r_2)\cdots(p - r_n)s_1 s_2 \cdots s_k \equiv 1 \cdot 2 \cdots \frac{p-1}{2} \pmod p$$

$$(-1)^n r_1 r_2 \cdots r_n s_1 s_2 \cdots s_k \equiv 1 \cdot 2 \cdots \frac{p-1}{2} \pmod p$$

$$(-1)^n a \cdot 2a \cdot 3a \cdots \frac{p-1}{2}a \equiv 1 \cdot 2 \cdots \frac{p-1}{2} \pmod p$$

$$(-1)^n a^{\frac{p-1}{2}} \equiv 1 \pmod p$$

그러므로

$$(-1)^n \equiv a^{\frac{p-1}{2}} \equiv \left(\frac{a}{p}\right) \pmod p$$

이다. 따라서 p가 홀수이므로 $(-1)^n = \left(\frac{a}{p}\right)$이다. ▮

보기 6.6

정리 6.5를 이용하여 $\left(\frac{-1}{p}\right) = (-1)^{\frac{p-1}{2}}$ 임을 보이자. $a = -1$로 택하면 $\{1 \cdot (-1), 2 \cdot (-1), \cdots, \frac{p-1}{2} \cdot (-1)\}$의 양의 최소 잉여계는 $\{p-1, p-2, \cdots, \frac{p+1}{2}\}$이다. 따라서 $n = \frac{p-1}{2}$이다. ✤

보기 6.7

$p = 11$, $a = 3$이면 $\frac{p+1}{2} = 5$. 그래서 $\{1 \cdot 3, 2 \cdot 3, 3 \cdot 3, 4 \cdot 3, 5 \cdot 3\}$의 양의 최소 잉여계는 $\{3, 6, 9, 1, 4\}$이다. 따라서 $n = 2$. 즉, $\left(\frac{3}{11}\right) = (-1)^2 = 1$이다. ✤

• 정의 6.3 •

실수 x에 대하여 $[x]$를 x보다 크지 않은 최대 정수라 정의하고 이를 가우스 함수라 부른다.

• 보조정리 6.6 •

α, β가 실수, 또한 $\alpha \le \beta$이며 α는 정수가 아니라면

(1) $\alpha \le k \le \beta$인 정수 k의 개수는 $[\beta] - [\alpha]$이다.

(2) 정수 n에 대하여 $[n+\beta]=n+[\beta]$이다.

(3) $n_1 \le n_2$인 정수 n_1, n_2에 대하여 $2n_1+\alpha \le k \le 2n_2+\beta$인 정수 k의 개수와 $\alpha \le k \le \beta$인 정수 k의 개수는 법 2에 대하여 합동이다.

증명 (1) $\alpha \le k \le \beta$인 정수 k는

$$[\alpha]+1,\ [\alpha]+2,\ \cdots,\ [\beta]$$

이므로 k의 개수는 $[\beta]-[\alpha]$이다.

(2) $\beta_1=\beta-[\beta]$라 놓으면 $n+\beta=(n+[\beta])+\beta_1$이므로 $[n+\beta]=n+[\beta]$이다.

(3) (1)과 (2)에 의해서

$$[2n_2+\beta]-[2n_1+\alpha]=2n_2+[\beta]-2n_1-[\alpha].$$

따라서 (3)의 결과를 얻는다. ▮

• 정리 6.7 •

p를 홀수인 소수, a를 $\gcd(a,\ p)=1$인 2 또는 홀수라 하면

$$\left(\frac{a}{p}\right)=(-1)^t,\quad t=\sum_{j=1}^{\frac{p-1}{2}}\left[\frac{ja}{p}\right] \text{ 이며}$$

$$\left(\frac{2}{p}\right)=(-1)^{\frac{p^2-1}{8}}.$$

증명 정리 6.5의 증명에서와 같은 r_i, s_i를 생각하자. 그러면 $j=1,\ 2,\ \cdots,\ \frac{p-1}{2}$에 대하여 r_i와 s_i는 ja를 p로 나누었을 때 양의 최소 나머지가 되고 몫은 $q=\left[\frac{ja}{p}\right]$이다. 또한 $\gcd(a,\ p)=1$이므로

$$\sum_{j=1}^{\frac{p-1}{2}} ja=\sum_{j=1}^{\frac{p-1}{2}} p\left[\frac{ja}{p}\right]+\sum_{j=1}^{n} r_j+\sum_{j=1}^{k} s_j \tag{6.8}$$

이고

$$\sum_{j=1}^{\frac{p-1}{2}} j = \sum_{j=1}^{n}(p-r_j) + \sum_{j=1}^{k} s_j = np - \sum_{j=1}^{n} r_j + \sum_{j=1}^{k} s_j \tag{6.9}$$

이다. (6.8)에서 (6.9)를 빼면

$$(a-1)\sum_{j=1}^{\frac{p-1}{2}} j = p\left(\sum_{j=1}^{\frac{p-1}{2}}\left[\frac{ja}{p}\right] - n\right) + 2\sum_{j=1}^{n} r_j$$

이다. 그런데 $\sum_{j=1}^{\frac{p-1}{2}} j = \frac{p^2-1}{8}$이므로

$$(a-1)\frac{p^2-1}{8} \equiv \sum_{j=1}^{\frac{p-1}{2}}\left[\frac{ja}{p}\right] - n \pmod 2$$

이다. 만일 a가 홀수이면 $n \equiv \sum_{j=1}^{\frac{p-1}{2}}\left[\frac{ja}{p}\right] \pmod 2$이고 $a=2$이면 모든 $1 \le j \le \frac{p-1}{2}$에 대하여 $\left[\frac{2j}{p}\right]=0$이므로 $n \equiv \frac{p^2-1}{8} \pmod 2$이다. 따라서 본 정리는 증명된다. ▮

연/습/문/제

1. 가우스 보조정리를 이용하여 다음을 구하여라.

   (a) $\left(\frac{8}{11}\right)$ (b) $\left(\frac{11}{17}\right)$ (c) $\left(\frac{7}{13}\right)$ (d) $\left(\frac{5}{19}\right)$ (e) $\left(\frac{12}{23}\right)$ (f) $\left(\frac{6}{31}\right)$

2. 2가 $p=13$ 이외의 $p=3\cdot 2^n+1$형태인 어떤 소수의 원시근이 아님을 보여라.

3. (a) p, $q=2p+1$이 모두 홀수인 소수이면 -4는 q의 원시근임을 보여라.

(b) $p \equiv 1 \pmod 4$인 소수 p에 대하여 -4와 $\frac{p-1}{4}$은 모두 법 p의 이차 잉여류임을 보여라.

4. $\left(\frac{-3}{p}\right) = 1$과 $p \equiv 1 \pmod 3$은 서로 동치임을 보여라.

5. $8k-1$꼴의 소수가 무한히 많이 있음을 보여라.

6. 홀수인 소수 p에 대하여

$$\sum_{a=1}^{p-2}\left(\frac{a(a+1)}{p}\right) = -1$$

임을 보여라.

7. $p \equiv 1 \pmod 4$인 소수 p에 대하여 p의 모든 이차 잉여류의 합은 $\frac{p(p-1)}{4}$임을 보여라.

8. $p \geq 7$인 소수 p에 대하여 법 p에 대해 연속인 두 이차 잉여류가 존재함을 보여라.

9. $p \equiv 7 \pmod 8$인 소수 p에 대하여 $p \mid 2^{\frac{p-1}{2}} - 1$임을 보여라.

10. p, q는 $p = 4q+1$인 소수라 할 때, 다음을 증명하여라.

(a) p의 이차 비잉여류는 p의 원시근이거나 또는 법 p의 위수 4를 갖는다.

(b) 2는 법 p의 원시근이다.

6.3 이차 상반법칙

본 장의 목적은 합동식 $x^2 \equiv a \pmod{p}$의 해법, 즉 르장드르 심벌 $\left(\frac{a}{p}\right)$를 계산하는 데 있다. p, q를 서로 다른 홀수인 소수라 하면 르장드르 심벌 $\left(\frac{p}{q}\right)$와 $\left(\frac{q}{p}\right)$가 정의된다. $\left(\frac{q}{p}\right)$값을 알고 있을 때 $\left(\frac{p}{q}\right)$의 값을 결정할 수 있는가? 라는 질문은 자연스럽게 생각 할 수 있다. 또한 이들 두 값 사이의 관계는 어떠한가? 이 관계에서 일반적인 $\left(\frac{a}{p}\right)$의 값을 효과적으로 구할 수 있을 것이다. 1783년 오일러가 이들 두 값 사이의 관계에 대한 가설을 세우고 1785년 르장드르가 부분적인 해결을 하고 마침내 1798년 가우스가 이차 상반법칙이라고 알려진

$$\left(\frac{p}{q}\right)\left(\frac{q}{p}\right) = (-1)^{\frac{p-1}{2}\cdot\frac{q-1}{2}}$$

을 증명하였다.

• 정리 6.8 •

p와 q를 서로 다른 홀수인 소수라 할 때

$$\left(\frac{p}{q}\right)\left(\frac{q}{p}\right) = (-1)^{\frac{p-1}{2}\cdot\frac{q-1}{2}}$$

이다.

증명 T를 $1 \le x \le \frac{p-1}{2}$, $1 \le y \le \frac{q-1}{2}$인 정수쌍 $(x,\ y)$의 집합이라 하면 T의 원소의 개수는 총 $\frac{(p-1)(q-1)}{4}$개이다.

$T_1 = \{(x,\ y) \in T \mid qx > py\}$, $T_2 = \{(x,\ y) \in T \mid qx > py\}$라고 놓으면 $T = T_1 \cup T_2$이고 $T_1 \cap T_2 = \varnothing$이다. 또한

$$T_1 = \left\{(x,\ y) \in T \middle| 1 \le x \le \frac{p-1}{2},\ 1 \le y < \frac{qx}{p}\right\}$$

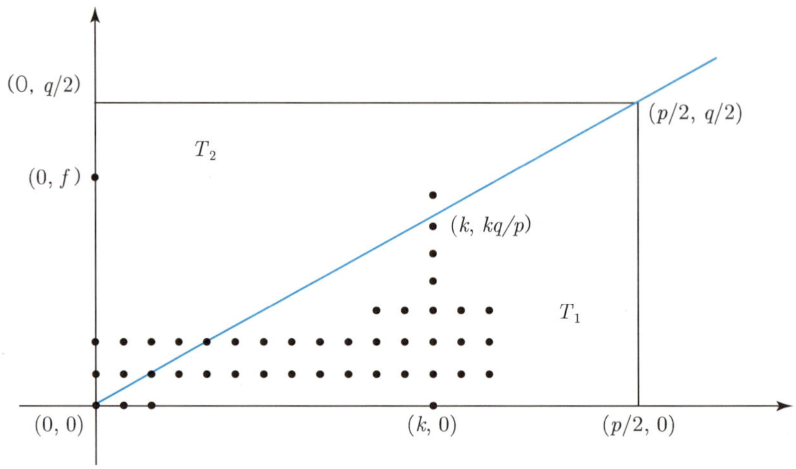

이므로 $|T_1| = \sum_{x=1}^{\frac{p-1}{2}} \left[\frac{qx}{p}\right]$이다. 마찬가지로 $|T_2| = \sum_{y=1}^{\frac{p-1}{2}} \left[\frac{py}{q}\right]$이다. 그러므로

$$\sum_{j=1}^{\frac{p-1}{2}} \left[\frac{qj}{p}\right] + \sum_{j=1}^{\frac{p-1}{2}} \left[\frac{pj}{q}\right] = \frac{p-1}{2} \cdot \frac{q-1}{2}$$

이다. 또한 정리 6.5에 의해서

$$\left(\frac{q}{p}\right) = (-1)^{\sum_{j=1}^{\frac{p-1}{2}} \left[\frac{qj}{p}\right]}, \quad \left(\frac{p}{q}\right) = (-1)^{\sum_{j=1}^{\frac{p-1}{2}} \left[\frac{pj}{q}\right]}$$

이다. 그러므로

$$\left(\frac{p}{q}\right)\left(\frac{q}{p}\right) = (-1)^{\frac{p-1}{2} \cdot \frac{q-1}{2}}$$

이다. ∎

보기 6.8

합농식 $x^2 \equiv 5 \pmod{227}$을 풀 수 있는가? 즉, $\left(\frac{5}{227}\right) = 1$인지 -1인지를 결정하여야 한다.

$$\left(\frac{5}{227}\right)=\left(\frac{227}{5}\right)(-1)^{\left(\frac{5-1}{2}\right)\cdot\left(\frac{227-1}{2}\right)}=\left(\frac{2}{5}\right)=-1$$

따라서 $x^2\equiv 5 \pmod{227}$의 해는 존재하지 않는다. ✤

보기 6.9

합동식 $x^2\equiv 21084 \pmod{1999}$를 풀 수 있는가? 1999는 소수임을 쉽게 알 수 있다. 따라서 $\left(\frac{21084}{1999}\right)=1$인지 -1인지를 결정하여야 한다. $21084\equiv 1094 \pmod{1999}$이고 $1094=2\cdot 547$이므로

$$\left(\frac{21084}{1999}\right)=\left(\frac{1094}{1999}\right)=\left(\frac{2}{1999}\right)\left(\frac{547}{1999}\right)=\left(\frac{547}{1999}\right).$$

왜냐하면 $1999\equiv 7 \pmod{8}$이므로 정리 6.7에 의하여 $\left(\frac{2}{1999}\right)=1$이기 때문이다. 이제 547은 소수이고 $547\equiv 1999\equiv -1 \pmod{4}$이므로 이차 상반법칙에 의하여

$$\left(\frac{21084}{1999}\right)=\left(\frac{547}{1999}\right)=-\left(\frac{1999}{547}\right)=-\left(\frac{358}{547}\right)=-\left(\frac{2}{547}\right)\left(\frac{179}{547}\right).$$

또한 $547\equiv 3 \pmod{8}$이고 179는 $179\equiv -1 \pmod{4}$인 소수이므로 이차 상반법칙을 계속 적용하면

$$\left(\frac{21084}{1999}\right)=\left(\frac{179}{547}\right)=-\left(\frac{547}{179}\right)=-\left(\frac{10}{179}\right)=-\left(\frac{2}{179}\right)\left(\frac{5}{179}\right).$$

또한 $179\equiv 3 \pmod{8}$이므로

$$\left(\frac{21084}{1999}\right)=\left(\frac{5}{179}\right)=\left(\frac{179}{5}\right)=\left(\frac{4}{5}\right)=1$$

그러므로 주어진 방정식은 해가 존재한다. ✤

• 따름정리 6.9 •

p는 $p\neq 3$인 홀수인 소수라면

$$\left(\frac{3}{p}\right)=\begin{cases}+1, & p\equiv \pm 1 \pmod{12}\text{일 때}\\ -1, & p\equiv \pm 5 \pmod{12}\text{일 때}\end{cases}$$

증명 이차 상반법칙에 의하여

$$\left(\frac{3}{p}\right)=\left(\frac{p}{3}\right)(-1)^{\frac{p-1}{2}}$$

이다. 또한

$$\left(\frac{p}{3}\right)=\begin{cases}\left(\frac{1}{3}\right)=+1, & p\equiv 1 \pmod{3}\text{일 때}\\ \left(\frac{2}{3}\right)=-1, & p\equiv 2 \pmod{3}\text{일 때}\end{cases}$$

이고

$$(-1)^{\frac{p-1}{2}}=\begin{cases}+1, & p\equiv 1 \pmod{4}\text{일 때}\\ -1, & p\equiv 3 \pmod{4}\text{일 때}\end{cases}$$

이다. 그러므로 $\left(\frac{3}{p}\right)=1$일 필요충분조건은 $p\equiv 1 \pmod{3}$, $p\equiv 1 \pmod{4}$ 또는 $p\equiv 2 \pmod{3}$, $p\equiv 3 \pmod{4}$, 즉 $p\equiv \pm 1 \pmod{12}$이다. 따라서 본 정리는 증명된다. ▮

• 정리 6.10 •

p는 홀수인 소수라 하자. q는 $q>p$인 홀수인 소수라 할 때 정수 r은 다음과 같이 정의된다.

(1) p가 $4n+1$형태이면 $q=kp+r$, $0<r<p$이다.

(2) p가 $4n+3$형태이면 $q=4kp\pm r$, $0<r<4p$, $r\equiv 1 \pmod{4}$인 유일한 r이 존재한다.

그러면 $\left(\frac{p}{q}\right)=\left(\frac{r}{p}\right)$이다.

증명 p가 $4n+1$형태이면 이차 상반법칙에 의해 $\left(\frac{p}{q}\right)=\left(\frac{q}{p}\right)=\left(\frac{r}{p}\right)$이다. 또한 p가 $4n+3$형태이면 q를 $4p$로 나누었을 때 양의 최소 나머지를 r_0라 하면

$0 < r_0 < 4p$이므로 $r_0 \equiv 1 \pmod 4$이면 $r = r_0$라 놓고, $r_0 \equiv 3 \pmod 4$이면 $r = 4p - r_0$라 놓으면 된다. 따라서 $q = 4kp + r$이면 $q \equiv r \equiv 1 \pmod 4$이고 $\left(\frac{p}{q}\right) = \left(\frac{q}{p}\right) = \left(\frac{r}{p}\right)$이다. 만일 $q = 4kp - r$이면 $q \equiv -r \equiv 3 \pmod 4$이므로

$$\left(\frac{p}{q}\right) = -\left(\frac{q}{p}\right) = -\left(\frac{-r}{p}\right) = -\left(\frac{-1}{p}\right)\left(\frac{r}{p}\right) = \left(\frac{r}{p}\right)$$

이다. ▮

보기 6.10

7을 이차 잉여류로 갖는 모든 소수 q를 구하자.

$0 < r < 28$과 $r \equiv 1 \pmod 4$를 만족시키는 7의 이차 잉여류 r의 집합은 $\{1,\ 9,\ 25\}$이다. 따라서 정리 6.10에 의해 7을 이차 잉여류로 갖는 소수 q는 정확히 $28k \pm 1$, $28k \pm 9$ 또는 $28k \pm 25$꼴의 소수들이다. ✣

연/습/문/제

1. 이차 상반법칙을 이용하여 다음의 합동방정식의 해가 존재하는지를 결정하여라.

(a) $x^2 \equiv 15 \pmod{31}$

(b) $x^2 \equiv 17 \pmod{31}$

(c) $x^2 \equiv 23 \pmod{59}$

(d) $x^2 \equiv 219 \pmod{419}$

(e) $x^2 \equiv 5 \pmod{229}$

(f) $x^2 \equiv -7 \pmod{1009}$

2. $\left(\frac{5}{p}\right) = -1$을 만족시키는 모든 소수 p를 구하여라.

3. $\left(\frac{10}{p}\right) = 1$을 만족시키는 모든 소수 p를 구하여라.

4. -2가 이차 잉여류가 되는 소수 p를 구하여라.

5. 3은 $2^{2n}+1$꼴 그리고 2^p-1꼴(p: 홀수인 소수)의 모든 소수의 이차 비잉여류임을 보여라.

6. (a) 6을 이차 잉여류로 갖는 소수 p를 모두 구하여라.
   (b) 11을 이차 잉여류로 갖는 소수 p를 모두 구하여라.

7. p가 소수이고 $p \equiv 2a-1 \pmod{4a}$, $a \equiv 1 \pmod 4$이면 $\left(\frac{a}{p}\right)=1$임을 보여라.

8. p가 소수이고 $p \equiv \pm 1 \pmod{4a}$이면 $\left(\frac{a}{p}\right)=1$임을 보여라.

9. (a) $p>3$이고 홀수인 소수 p에 대하여

$$\left(\frac{-3}{p}\right)=\begin{cases} +1, & p \equiv 1 \pmod 6 \text{일 때} \\ -1, & p \equiv 5 \pmod 6 \text{일 때} \end{cases}$$

   임을 보여라.
   (b) (a)를 이용하여 $6k+1$형태의 소수가 무한히 많음을 보여라.

10. 어떤 정수 k에 대하여 $p=q+4k$이고 홀수인 소수 p, q가

$$\left(\frac{k}{p}\right)=\left(\frac{k}{q}\right)$$

를 만족시킴을 보여라.

11. 7은 $2^{4n}+1$ 형태의 어떤 소수에 대하여도 원시근임을 보여라.

12. $p=2^{2^n}+1$ 형태의 소수이면 3은 법 p의 원시근임을 보여라. 또한 $n>1$이면 5와 7도 법 p의 원시근임을 보여라.

13. $19a^2 \equiv b^2 \pmod{7}$이면 $19a^2 \equiv b^2 \pmod{7^2}$임을 보여라.

14. p와 q는 $p = 4q+1$이고 $q = 13k+1$인 꼴의 소수라면 13은 법 p의 원시근임을 보여라.

15. p는 소수, $\gcd(ab,\ p) = 1$일 때 합동식 $ax^2 + by^2 \equiv 1 \pmod{p}$의 정수해 $(x,\ y)$의 개수는 $p - \left(\frac{-ab}{p}\right)$임을 보여라.

16. $a,\ b$가 양의 정수일 때

$$\sum_{i=1}^{\left[\frac{a}{2}\right]}\left[\frac{ib}{a}\right] + \sum_{j=1}^{\left[\frac{b}{2}\right]}\left[\frac{ja}{b}\right] + \left[\frac{a}{2}\right]\left[\frac{b}{2}\right] + \left[\frac{\gcd(a,\ b)}{2}\right]$$

임을 보여라.

17. p가 $4k+1$ 형태의 소수일 때

$$\sum_{i=1}^{k}[\sqrt{ip}] = \frac{p^2-1}{12}$$

임을 보여라.

6.4 야코비 심벌

야코비(Carl Jacobi)가 르장드르 심벌들로 표현된 좀 더 일반화된 심벌을 소개하였다.

• 정의 6.4 •

n은 1보다 큰 홀수이고 소수 p_i로 소인수분해하여

$$n = p_1 p_2 \cdots p_t$$

로 표현하면, 임의의 정수 a에 대하여 야코비 심벌(Jacobi symbol) $\left(\dfrac{a}{n}\right)$는

$$\left(\frac{a}{n}\right) = \prod_{j=1}^{t}\left(\frac{a}{p_j}\right)$$

로 정의한다.

만일 n이 소수이면 야코비 심벌은 바로 르장드르 심벌과 일치하고 또한 $\gcd(a,\ n) > 1$이면 $\left(\dfrac{a}{n}\right) = 0$이고 반면에 $\gcd(a,\ n) = 1$이면 $\left(\dfrac{a}{n}\right) = \pm 1$이다. a가 법 n에 대하여 이차 잉여류이면 n을 나누는 소수 p에 대하여 a는 법 p에 대하여 이차 잉여류이므로 $\left(\dfrac{a}{p_j}\right) = 1$, 즉 $\left(\dfrac{a}{n}\right) = 1$이다. 그러나 $\left(\dfrac{a}{n}\right) = 1$은 a가 n의 이차 잉여류를 의미하지는 않는다. 예를 들어 $\left(\dfrac{2}{15}\right) = 1$ 이지만 $x^2 \equiv 2 \pmod{15}$는 해가 존재하지 않는다.

• 정리 6.11 •

n과 m이 홀수인 양의 정수라면 다음이 성립한다.

(1) $\left(\dfrac{a}{n}\right)\left(\dfrac{a}{m}\right) = \left(\dfrac{a}{nm}\right)$

(2) $\left(\dfrac{a}{n}\right)\left(\dfrac{a'}{n}\right) = \left(\dfrac{aa'}{n}\right)$

(3) $\gcd(a,\ n) = 1$이면 $\left(\dfrac{a^2}{n}\right) = \left(\dfrac{a}{n^2}\right) = 1$이다.

(4) $\gcd(aa',\ nm) = 1$이면 $\left(\dfrac{a'a^2}{mn^2}\right) = \left(\dfrac{a'}{m}\right)$이다.

(5) $a' \equiv a \pmod n$이면 $\left(\dfrac{a'}{n}\right) = \left(\dfrac{a}{n}\right)$이다.

증명 정의에 의하여 (1)과 (2)는 분명히 성립하고 또한 (1)과 (2)에 의하여

$$\left(\frac{a^2}{n}\right) = \left(\frac{a}{n}\right)^2 = 1 = \left(\frac{a}{n}\right)^2 = \left(\frac{a}{n^2}\right)$$

이다. 마찬가지로 (4)도 성립함을 알 수 있고 $n = p_1 p_2 \cdots p_t$라 하면 $a' \equiv a \pmod{p_j}$이며 따라서 $\left(\dfrac{a'}{p_j}\right) = \left(\dfrac{a}{p_j}\right)$이다. 그러므로 정의에 의하여 (5)도 성립한다. ∎

• 정리 6.12 •

n이 양의 홀수이면

$$\left(\frac{-1}{n}\right) = (-1)^{\frac{n-1}{2}} \quad \text{그리고} \quad \left(\frac{2}{n}\right) = (-1)^{\frac{n^2-1}{8}}.$$

증명 $n = \prod_{j=1}^{t} p_j$라 놓으면

$$\left(\frac{-1}{n}\right) = \prod_{j=1}^{t}\left(\frac{-1}{p_j}\right) = \prod_{j=1}^{t}(-1)^{\frac{p_j-1}{2}} = (-1)^{\sum_{j=1}^{t}\frac{p_j-1}{2}}$$

이다. 또한 a, b가 홀수이면

$$\frac{ab-1}{2} - \left(\frac{a-1}{2} + \frac{b-1}{2}\right) = \frac{(a-1)(b-1)}{2} \equiv 0 \pmod 2$$

이고 따라서

$$\frac{a-1}{2} + \frac{b-1}{2} \equiv \frac{ab-1}{2} \pmod 2$$

이다. 이 관계식을 계속 적용하면

$$\sum_{j=1}^{t}\frac{p_j-1}{2}\equiv\frac{1}{2}\left(\prod_{j=1}^{t}p_j-1\right)\equiv\frac{n-1}{2}\pmod 2$$

를 얻는다. 그러므로

$$\left(\frac{-1}{n}\right)=(-1)^{\frac{n-1}{2}}$$

이다. 같은 방법으로 a와 b가 홀수이면

$$\frac{a^2b^2-1}{8}-\left(\frac{a^2-1}{8}+\frac{b^2-1}{8}\right)=\frac{(a^2-1)(b^2-1)}{8}\equiv 0\pmod 2$$

이므로

$$\frac{a^2-1}{8}+\frac{b^2-1}{8}\equiv\frac{a^2b^2-1}{8}\pmod 2,$$

$$\sum_{j=1}^{t}\frac{{p_j}^2-1}{8}\equiv\frac{n^2-1}{8}\pmod 2$$

이고, 따라서

$$\left(\frac{2}{n}\right)=\prod_{j=1}^{t}\left(\frac{2}{p_j}\right)=(-1)^{\sum_{j=1}^{t}\frac{{p_j}^2-1}{8}}=(-1)^{\frac{n^2-1}{8}}$$

이다. ▮

• 정리 6.13 •

n, m을 양의 홀수 그리고 $\gcd(n, m)=1$이면

$$\left(\frac{m}{n}\right)\left(\frac{n}{m}\right)=(-1)^{\frac{m-1}{2}\cdot\frac{n-1}{2}}.$$

증명 $m=\prod_{i=1}^{t}p_i$, $n=\prod_{j=1}^{s}q_j$라 놓으면

$$\left(\frac{m}{n}\right)=\prod_{j=1}^{s}\left(\frac{m}{q_j}\right)=\prod_{j=1}^{s}\prod_{i=1}^{t}\left(\frac{p_i}{q_j}\right)$$
$$=\prod_{j=1}^{s}\prod_{i=1}^{t}\left(\frac{q_j}{p_i}\right)(-1)^{\frac{p_i-1}{2}\cdot\frac{q_j-1}{2}}$$
$$=\left(\frac{n}{m}\right)(-1)^{\sum_{j=1}^{s}\sum_{i=1}^{t}\frac{p_i-1}{2}\cdot\frac{q_j-1}{2}}$$

이다. 그런데

$$\sum_{j=1}^{s}\sum_{i=1}^{t}\frac{p_i-1}{2}\cdot\frac{q_j-1}{2}=\sum_{i=1}^{t}\frac{p_i-1}{2}\sum_{j=1}^{s}\frac{q_j-1}{2}$$

이며, 따라서

$$\sum_{i=1}^{t}\frac{p_i-1}{2}\equiv\frac{m-1}{2},\quad \sum_{j=1}^{s}\frac{q_j-1}{2}\equiv\frac{n-1}{2}\pmod 2$$

이다. 그러므로

$$\left(\frac{m}{n}\right)=\left(\frac{n}{m}\right)(-1)^{\frac{m-1}{2}\cdot\frac{n-1}{2}}$$

이다. 따라서 본 정리의 결과를 얻는다. ∎

보기 6.11

위 정리 6.13을 이용하여 이차합동식 $x^2\equiv -22 \pmod{73}$의 해가 존재하는지를 판단하자.

$$\left(\frac{-22}{73}\right)=\left(\frac{51}{73}\right)=\left(\frac{73}{51}\right)=\left(\frac{22}{51}\right)=\left(\frac{2}{51}\right)\left(\frac{11}{51}\right)$$
$$=(-1)\cdot(-1)\left(\frac{51}{11}\right)=\left(\frac{7}{11}\right)=-\left(\frac{11}{7}\right)=-\left(\frac{4}{7}\right)=-1$$

따라서 주어진 이차합동식의 해는 존재하지 않는다. ✤

연/습/문/제

1. 다음 야코비 심벌을 계산하여라.

(a) $\left(\frac{5}{21}\right)$ (b) $\left(\frac{51}{71}\right)$ (c) $\left(\frac{-35}{97}\right)$ (d) $\left(\frac{27}{101}\right)$ (e) $\left(\frac{1326}{385}\right)$

2. 다음의 합동방정식의 해가 존재하는지를 결정하여라.

(a) $x^2 \equiv 10 \pmod{127}$ (b) $x^2 \equiv 73 \pmod{173}$

(c) $x^2 \equiv 11 \pmod{61}$ (d) $x^2 \equiv 31 \pmod{103}$

(e) $x^2 \equiv 663 \pmod{385}$ (f) $x^2 \equiv -172 \pmod{707}$

3. $4k+3$형태의 소수 p에 대하여 합동식 $x^2 + \frac{p+1}{4} \equiv 0 \pmod{p}$의 해가 존재하지 않음을 보여라.

4. n이 홀수인 양의 제곱 자유수이면 $\gcd(a,\ n) = 1$이고 $\left(\frac{a}{n}\right) = -1$인 정수 a가 존재함을 보여라.

5. $b,\ q$는 홀수이고 양수, 또한 $a = (-1)^2 2^t q$이고 $\gcd(a,\ b) = 1$이라 하면

$$\left(\frac{a}{b}\right) = (-1)^{\frac{b-1}{1} \cdot s + \frac{b^2-1}{8} \cdot t}\left(\frac{q}{b}\right)$$

임을 증명하여라.

6. n을 홀수인 양의 제곱 자유수, S를 법 n의 기약잉여계라 하면

$$\sum_{k \in S}\left(\frac{k}{n}\right) = 0$$

임을 증명하여라.

7. p는 홀수인 소수, $\gcd(a,\ p) = 1$인 정수 a에 대하여

$$\sum_{n=1}^{p}\left(\frac{an+b}{p}\right)=0$$

임을 보여라.

8. p가 홀수인 소수이면

$$\sum_{j=1}^{p-1}\left(\frac{j}{p}\right)=0$$

임을 보여라.

9. (a) 야코비 심벌 $\left(\frac{15}{n}\right)$가 1이 되는 15와 서로소인 양의 정수 n을 구하여라.

   (b) 야코비 심벌 $\left(\frac{30}{n}\right)$이 1이 되는 30과 서로소인 양의 정수 n을 구하여라.

10. a가 홀수일 때, 다음을 증명하여라.

    (a) $x^2 \equiv a \pmod 4$의 해가 존재하면 $a \equiv 1 \pmod 4$이고 그 역도 성립한다.

    (b) $x^2 \equiv a \pmod{2^n}$, $n \geq 3$의 해가 존재할 필요충분조건은 $a \equiv 1 \pmod 8$이다. 또한 이 경우 4개의 해가 존재한다.

11. p가 홀수인 소수, a는 $p \nmid a$인 정수라 하면 $x^2 \equiv a \pmod{p^n}$이 해가 존재할 필요충분조건은 $\left(\frac{a}{p}\right)=1$임을 보여라.

12. $p \equiv 1 \pmod 4$인 소수 p가 양의 홀수 a에 대하여 $p=a^2+b^2$이면 $\left(\frac{a}{p}\right)=1$임을 보여라.

13. 소수 $p=4n+1$은 n^n-1의 약수임을 증명하여라.

14. (a) $x^2 \equiv a \pmod n$이 해를 가지면 $\left(\frac{a}{n}\right)=1$인 것을 증명하여라.

    (b) (a)의 역은 성립하지 않음을 증명하여라. 즉, n이 홀수이고 $\gcd(a,\ n)=1$이며 $\left(\frac{a}{n}\right)=1$이라도 $x^2 \equiv a \pmod n$은 해를 가지지 않는 정수 a가 존 존재한다.

제 7 장 산술 함수

7.1 가우스 함수

가우스 함수 $[x]$는 6장에서 소개하였다. $[x]$는 $[x] \le x < [x]+1$을 만족시키는 유일한 정수이다. 또한 $p^k | n$이고 $p^{k+1} \nmid n$이면 $p^k \parallel n$이라고 정의하자. 다음 정리는 가우스 함수 $[x]$의 많은 기본 성질을 포함하고 있다.

• 정리 7.1 •

실수 x, y에 대하여 다음 성질을 만족한다.

(1) $[x] \le x < [x]+1$, $x-1 < [x] \le x$, $0 \le x-[x] < 1$

(2) $x \ge 0$이면 $[x] = \sum_{\substack{1 \le i \le x \\ i \text{ 정수}}} 1$이다.

(3) $[x]+[y] \le [x+y] \le [x]+[y]+1$

(4) m이 양의 정수이면 $\left[\frac{[x]}{m}\right] = \left[\frac{x}{m}\right]$이다.

(5) n과 a가 양의 정수이면 $\left[\frac{n}{a}\right]$은 1, 2, $\cdots$, n 중에서 a의 배수의 개수이다.

증명 (1), (2)는 정의에 의해 당연하다. n, m은 정수 그리고 $0 \le a$, $b < 1$에 대해 $x = n+a$, $y = m+b$라 놓으면

$$\begin{aligned}[x]+[y] &= n+m \le [n+a+m+b] = [x+y] \\ &= n+m+[a+b] \le n+m+1 = [x]+[y]+1\end{aligned}$$

이다. 그러므로 (3)이 성립하고 (4)를 증명하기 위하여

$$x = n+a,\ n = qm+r,\ 0 \le a < 1,\ 0 \le r \le m-1$$

이라 하면 $0 \le r+a < m$이므로

$$\left[\frac{x}{m}\right] = \left[\frac{qm+r+a}{m}\right] = q + \left[\frac{r+a}{m}\right] = q$$

이고

$$\left[\frac{[x]}{m}\right] = \left[\frac{n}{m}\right] = \left[q + \frac{r}{m}\right] = q$$

이다. 따라서 (4)가 성립한다. (5)를 증명하기 위하여 a, $2a$, $\cdots$, ja를 n보다 작거나 같은 a의 모든 배수라 하면 $ja \le n < (j+1)a$이다. 따라서 $j \le \dfrac{n}{a} < j+1$, 즉 $\left[\dfrac{n}{a}\right] = j$이다. ▮

• 정리 7.2 •

n은 양의 정수, p는 소수, 그리고 $p^e \parallel n!$이면

$$e = \sum_{k=1}^{\infty} \left[\frac{n}{p^k}\right]$$

이다.

증명 만일 $p^k > n$이면 $\left[\dfrac{n}{p^k}\right] = 0$이다. 따라서 사실상 $\displaystyle\sum_{k=1}^{\infty} \left[\frac{n}{p^k}\right]$은 무한급수가 아니다. 정리 7.1의 (5)에 의하여 1, 2, $\cdots$, n 중에서 p의 배수의 개수는 $\left[\dfrac{n}{p}\right]$이다. 마찬가지로 1, 2, $\cdots$, n 중에서 p^2, p^3, $\cdots$, p^k의 배수의 개수는 각각

$$\left[\frac{n}{p^2}\right],\ \left[\frac{n}{p^3}\right],\ \cdots ,\ \left[\frac{n}{p^k}\right]$$

이다. 따라서 p^e가 $n!$를 나눌 수 있는 가장 큰 e는

$$e = \sum_{k=1}^{\infty} \left[\frac{n}{p^k}\right]$$

이다. ▮

보기 7.1

30!에서 0이 아닌 수가 몇 번째 자리에서 처음 나타나는가?

e와 f를 각각 $5^e \parallel 30!$, $2^f \parallel 30!$인 정수라면

$$e = \left[\frac{30}{5}\right] + \left[\frac{30}{25}\right] = 6 + 1 = 7$$

$$f = \left[\frac{30}{2}\right] + \left[\frac{30}{4}\right] + \left[\frac{30}{8}\right] + \left[\frac{30}{16}\right]$$

$$= 15 + 7 + 3 + 1 = 26$$

따라서 $10^n \parallel 30!$인 n은 7이므로 8번째 자리에서 0이 아닌 수가 처음 나온다. ✣

• 정리 7.3 •

n과 r을 $1 \le r \le n$인 정수라 하면 이항계수

$$\binom{n}{r} = \frac{n!}{r!(n-r)!}$$

은 정수이다.

증명 임의의 소수 p에 대하여 e, f를 각각 $p^e \parallel r!(n-r)!$이고 $p^f \parallel n!$인 정수라 하면

$$e = \sum_{k=1}^{\infty}\left[\frac{r}{p^k}\right] + \sum_{k=1}^{\infty}\left[\frac{n-r}{p^k}\right] \le \sum_{k=1}^{\infty}\left[\frac{r+n-r}{p^k}\right] = f$$

이다. 따라서 이항계수 $\binom{n}{r} = \dfrac{n!}{r!(n-r)!}$은 정수이다. ∎

연/습/문/제

1. 모든 실수 α에 대해 $[\alpha] + [-\alpha] = 0$ 또는 -1임을 보여라.

2. 실수 α, β에 대해 다음 부등식을 보여라.
   (a) $[2\alpha] + [2\beta] \ge [\alpha] + [\beta] + [\alpha + \beta]$
   (b) $[3\alpha] + [3\beta] \ge [\alpha] + [\beta] + 2[\alpha + \beta]$
   (c) $[4\alpha] + [4\beta] \ge 2[\alpha] + 2[\beta] + 2[\alpha + \beta]$

3. α, β는 실수 그리고 m, n은 양의 정수일 때

$$[(m+n)\alpha]+[(m+n]\beta] \geq [m\alpha]+[m\beta]+[n\alpha+n\beta]$$

가 성립할 필요충분조건은 $m=n$임을 증명하여라.

4. 다음을 구하여라.
   (a) $2^k \parallel 533!$인 k
   (b) $7^k \parallel 2000!$인 k
   (c) $1000!$에서 0이 아닌 수가 처음으로 나오는 자릿수

5. 임의의 소수 p에 대하여 다음을 구하여라.
   (a) $p^k \parallel 2 \cdot 4 \cdot 6 \cdots (2n)$인 k
   (b) $p^k \parallel 1 \cdot 3 \cdot 5 \cdots (2n-1)$인 k

6. n개의 연속인 양의 정수의 곱은 $n!$의 배수임을 보여라.

7. 양의 정수 m, n에 대해 정수임을 보여라.
   (a) $\dfrac{(2m)!(2n)!}{m!n!(m+n)!}$
   (b) $\dfrac{(5m)!(5n)!}{m!n!(3m+n)!}(3n+m)!$

8. x가 양의 실수, n의 양의 정수일 때

$$[x]+\left[x+\frac{1}{n}\right]+\left[x+\frac{2}{n}\right]+\cdots+\left[x+\frac{n-1}{n}\right]=[nx]$$

임을 보여라.

9. m, n은 $\gcd(m, n)=1$인 정수일 때

$$\sum_{x=1}^{n-1}\left[\frac{mx}{n}\right]=\frac{(m-1)(n-1)}{2}$$

임을 보여라.

10. n이 양의 정수, p가 $n < p < 2n$인 소수일 때 $\dfrac{(2n)!}{(n!)^2}$은 p의 배수이지만 p^2의 배수는 아님을 보여라.

11. 다음을 증명하여라.

(a) $\displaystyle\sum_{k=1}^{n}\left[\frac{k}{2}\right]=\left[\frac{n^2}{4}\right]$

(b) $\displaystyle\sum_{k=1}^{n}\left[\frac{k}{3}\right]=\left[\frac{n(n-1)}{6}\right]$

7.2 산술 함수

어떤 함수들은 약수의 성질과 아주 중요한 연관성을 가지고 있다. 자연수를 정의역으로 갖는 함수를 산술 함수(arithmetic function)라 한다.

• 정의 7.1 •

주어진 자연수 n에 대하여 $\tau(n)$을 n의 양의 약수의 개수, $\sigma(n)$을 n의 약수들의 합, $\sigma_k(n)$을 n의 양의 약수들의 k제곱의 합 그리고 $\omega(n)$을 n을 나누는 서로 다른 소수의 개수라 정의한다.

예를 들어 $\tau(12)=6$, $\sigma(12)=1+2+3+4+6+12=28$, $\sigma_2(12)=1^2+2^2+3^2+4^2+6^2+12^2=210$, $\omega(12)=2$이다. 분명히 n이 소수일 필요충분조건은 $\tau(n)=2$이고 또한 이것은 $\sigma(n)=n+1$과 동치이다. 또한 위에서 정의한 산술 함수들을 합의 기호로 표현하면

$$\tau(n)=\sum_{d|n}1,\ \sigma(n)=\sum_{d|n}d,\ \sigma_k(n)=\sum_{d|n}d^k \text{ 그리고 } \omega(n)=\sum_{p|n}1 \text{이다.}$$

자연수 n의 소인수분해가 $n=p_1^{k_1}p_2^{k_2}\cdots p_r^{k_r}$이라면 n의 양의 약수 d는

$$d=p_1^{a_1}p_2^{a_2}\cdots p_r^{a_r},\ 0\le a_i\le k_i\ (i=1,\ 2,\ \cdots,\ r)$$

의 형태를 갖고 또한 이와 같은 d는 모두 n의 양의 약수임은 당연하다.

• 정리 7.4 •

자연수 $n>1$의 소인수분해가 $n=p_1^{k_1}p_2^{k_2}\cdots p_r^{k_r}$이면,

(1) $\tau(n)=(k_1+1)(k_2+1)\cdots(k_r+1)$이고,

(2) $\sigma(n)=\dfrac{p_1^{k_1+1}-1}{p_1-1}\cdot\dfrac{p_2^{k_2+1}-1}{p_2-1}\cdots\dfrac{p_r^{k_r+1}-1}{p_r-1}$이다.

증명 n의 양의 약수 d는 $d = p_1^{a_1} p_2^{a_2} \cdots p_r^{a_r}$, $0 \le a_i \le k_i$ $(i = 1, 2, \cdots, r)$이므로 a_i 각각에 대하여 $k_i + 1$ 선택의 방법이 있다. 따라서 n의 양의 약수의 총 개수는

$$(k_1 + 1)(k_2 + 1) \cdots (k_r + 1)$$

이다. $\sigma(n)$을 계산하기 위해

$$(1 + p_1 + \cdots + p_1^{k_1})(1 + p_2 + \cdots + p_2^{k_2}) \cdots (1 + p_r + \cdots + p_r^{k_r})$$

을 생각하자. n의 양의 약수는 이 곱을 전개하였을 때 정확히 하나의 합으로 나타난다. 따라서

$$\sigma(n) = (1 + p_1 + \cdots + p_1^{k_1})(1 + p_2 + \cdots + p_2^{k_2}) \cdots (1 + p_r + \cdots + p_r^{k_r})$$

이다. 즉

$$\sigma(n) = \frac{p_1^{k_1+1} - 1}{p_1 - 1} \cdot \frac{p_2^{k_2+1} - 1}{p_2 - 1} \cdots \frac{p_r^{k_r+1} - 1}{p_r - 1}$$

이다. ∎

보기 7.2

$$720 = 2^4 \cdot 3^2 \cdot 5, \qquad \tau(720) = (4+1)(2+1)(1+1) = 30$$

$$\sigma(720) = \frac{2^5 - 1}{2 - 1} \cdot \frac{3^3 - 1}{3 - 1} \cdot \frac{5^2 - 1}{5 - 1} = 31 \cdot 13 \cdot 6 = 2418.$$

$\tau(n)$의 또 다른 성질 중의 하나로 양의 정수 n의 모든 약수의 곱은 $n^{\frac{\tau(n)}{2}}$이 된다는 사실이 있다. d를 n의 임의의 양의 약수라 하면 어떤 정수 d^*에 대해 $n = dd^*$이다. d가 n의 모든 $\tau(n)$의 양의 약수에 대해서 같은 $\tau(n)$ 방정식을 얻고 이 방정식들을 모두 곱하면

$$n^{\tau(n)} = \left(\prod_{d|n} d\right) \cdot \left(\prod_{d^*|n} d^*\right)$$

를 얻는다. 그러나 $\Pi_{d|n} d = \Pi_{d^*|n} d^*$이므로

$$n^{\frac{\tau(n)}{2}} = \prod_{d|n} d \qquad (7.1)$$

이다. 예를 들어 $\prod_{d|16} d = 16^{\frac{\tau(16)}{2}} = 16^{\frac{5}{2}} = 4^5 = 1024$. $\tau(n)$은 항상 짝수는 아니다. 등식 (7.1)의 좌, 우변 모두는 정수이므로 $\tau(n)$이 홀수인 경우는 n이 완전제곱수가 된다는 사실을 알 수 있다. 일반적으로 $\tau(mn) = \tau(m)\tau(n)$과 $\sigma(mn) = \sigma(m)\sigma(n)$은 성립하지 않음을 알 수 있다. $\tau(2 \cdot 10) = \tau(20) = 6 \neq 2 \cdot 4 = \tau(2) \cdot \tau(10)$이고, $\sigma(2 \cdot 10) = \sigma(20) = 42 \neq 3 \cdot 18 = \sigma(2) \cdot \sigma(10)$이다. ✤

• 정의 7.2 •

$\gcd(m, n) = 1$일 때, $f(mn) = f(m)f(n)$인 산술 함수 f를 승법 함수 (multiplicative function)라 한다.

f가 항등적으로 0이 아닌 승법 함수이면 $f(n) \neq 0$인 정수 n이 존재하고 $f(n) = f(n \cdot 1) = f(n)f(1)$이므로 $f(1) = 1$이다.

• 정리 7.5 •

τ와 σ는 승법 함수이다.

증명 m과 n이 서로소라 하자. 먼저 m 또는 n이 1이면 자명하므로 $m > 1$, $n > 1$이라 가정하자. 만일

$$m = p_1^{k_1} p_2^{k_2} \cdots p_r^{k_r}, \qquad n = q_1^{j_1} q_2^{j_2} \cdots q_s^{j_s}$$

라 놓으면 $\gcd(m, n) = 1$이므로 $\gcd(p_i, q_j) = 1$이다. 따라서 mn의 소인수분해는

$$mn = p_1^{k_1} p_2^{k_2} \cdots p_r^{k_r} \cdot q_1^{j_1} q_2^{j_2} \cdots q_s^{j_s}$$

이다. 그러므로

$$\tau(mn) = [(k_1+1)\cdots(k_r+1)][(j_1+1)\cdots(j_s+1)] = \tau(m)\tau(n),$$

$$\sigma(mn) = \left[\frac{p_1^{k_1+1}-1}{p_1-1}\cdots\frac{p_r^{k_r+1}-1}{p_r-1}\right]\left[\frac{q_1^{j_1+1}-1}{q_1-1}\cdots\frac{q_s^{j_s+1}-1}{q_s-1}\right]$$
$$= \sigma(m)\sigma(n)$$

이다. 따라서 τ와 σ는 승법 함수이다. ∎

• 보조정리 7.6 •

$\gcd(m, n) = 1$이면 mn의 양의 약수들은 $d_1 | n$, $d_2 | m$ 그리고 $(d_1, d_2) = 1$인 $d_1 d_2$들로 이루어져 있고 이 곱 $d_1 d_2$는 모두 다르다.

증명 $m > 1$, $n > 1$이라 가정해도 충분하다. m과 n의 소인수분해를

$$m = p_1^{k_1} p_2^{k_2} \cdots p_r^{k_r}, \qquad n = q_1^{j_1} q_2^{j_2} \cdots q_s^{j_s}$$

라 놓으면 $p_1, \cdots, p_r, q_1, \cdots, q_s$들은 모두 서로 다른 소수들이므로 따라서, mn의 소인수분해는

$$mn = p_1^{k_1} p_2^{k_2} \cdots p_r^{k_r} q_1^{j_1} q_2^{j_2} \cdots q_s^{j_s}$$

이다. 그러므로 mn의 양의 약수 d는

$$d = p_1^{a_1} p_2^{a_2} \cdots p_r^{a_r} q_1^{b_1} q_2^{b_2} \cdots q_s^{b_s}, \quad 0 \le a_i \le k_i, \quad 0 \le b_i \le j_i$$

이다. 따라서 $d = d_1 d_2$, $\gcd(d_2, d_2) = 1$로 나타낼 수 있다. 여기서 $d_1 = p_1^{a_1} p_2^{a_2} \cdots p_r^{a_r}$, $d_2 = q_1^{b_1} q_2^{b_2} \cdots q_s^{b_s}$이다. ∎

• 정리 7.7 •

f가 승법 함수이면 $F(n) = \sum_{d|n} f(d)$로 정의된 함수 F도 승법 함수이다.

증명 $\gcd(m, n) = 1$이라 하자. 그러면

$$F(mn)=\sum_{d|mn} f(d)=\sum_{d_1|m,\ d_2|n} f(d_1 d_2)$$

또한, f가 승법 함수이므로 $f(d_1 d_2)=f(d_1)f(d_2)$이다. 따라서

$$\begin{aligned} F(mn) &= \sum_{d_1|m,\ d_2|n} f(d_1)f(d_2) \\ &= \left(\sum_{d_1|m} f(d_1)\right)\left(\sum_{d_2|n} f(d_2)\right)=F(m)F(n) \end{aligned}$$

이다. 즉, F도 승법 함수이다. ▮

정리 7.5는 정리 7.7을 이용하여 다음과 같이 쉽게 증명된다.

• 따름정리 7.8 •

τ와 σ는 승법 함수이다.

증명 분명히 $f(n)=1$, $g(n)=n$인 함수는 승법 함수이다. 따라서 $\tau(n)=\sum_{d|n} 1$과 $\sigma(n)=\sum_{d|n} d$도 승법 함수이다. ▮

연/습/문/제

1. 2^k-1이 소수이면 $n=2^{k-1}(2^k-1)$은 방정식 $\sigma(n)=2n$을 만족시킴을 보여라.

2. (a) $\tau(n)$이 홀수라는 사실과 n이 완전제곱수라는 사실은 동치임을 보여라.
   (b) 모든 양의 정수 k에 대해 $\sigma_k(n)$이 홀수라는 사실과 n이 완전제곱수이거나 완전제곱수의 2배라는 사실이 동치임을 보여라.

3. k는 양의 정수, $\gcd(a, b) > 1$이면 다음을 증명하여라.

(a) $\tau(ab) < \tau(a)\tau(b)$

(a) $\sigma_k(ab) < \sigma_k(a)\sigma_k(b)$

4. 양의 정수 n에 대해 다음을 증명하여라.

(a) $\tau(n) \leq 2\sqrt{n}$

(b) $n \leq \sigma(n) \leq n^2$

5. $f(n)$, $g(n)$이 승법 함수이고 모든 정수 n에 대해 $g(n) \neq 0$이면 $F(n) = f(n)g(n)$과 $G(n) = \dfrac{f(n)}{g(n)}$도 승법 함수임을 보여라.

6. 모든 양의 정수 n에 대하여 다음을 보여라.

(a) $\displaystyle\sum_{d|n}\sigma(d) = \sum_{d|n}\frac{n}{d}\tau(d)$

(b) $\displaystyle\sum_{d|n}\frac{n}{d}\sigma(d) = \sum_{d|n}d\tau(d)$

(c) $\displaystyle\sum_{d|n}\tau(d)^3 = \left(\sum_{d|n}\tau(d)\right)^2$

7. 모든 양의 정수 n에 대하여 다음을 보여라.

(a) $\displaystyle\sum_{k=1}^{n}\sigma(k) = \sum_{k=1}^{n}k \cdot \left[\frac{n}{k}\right]$

(b) $\displaystyle\sum_{k=1}^{n}\tau(k) = \sum_{k=1}^{n}\left[\frac{n}{k}\right]$

8. 양의 정수 n에 대하여 다음을 증명하라.

(a) $\sigma_0 = \tau$, $\sigma_1 = \sigma$

(b) σ_k는 승법 함수이다.

(c) $n = p_1^{a_1}p_2^{a_2}\cdots p_r^{a_r}$이면 $\displaystyle\sigma_k(n) = \prod_{i=1}^{r}\left(\frac{p_i^{k(a_i+1)}-1}{p_i^{k}-1}\right)$이다.

7.3 뫼비우스 역공식

지금까지 $\tau(n)=\sum_{d|n}1$과 $\sigma(n)=\sum_{d|n}d$에 대하여 살펴보았다. 오일러 ϕ함수 $\phi(n)$은 $\tau(n)$, $\sigma(n)$과 같은 형태의 간단한 표현방법은 없다. 따라서 $\phi(n)$을 어떤 산술 함수들의 합으로 표현할 수 있는가를 알아보자. 모든 양의 정수 n에 대하여 산술 함수 $F(n)$과 $f(n)$이

$$F(n)=\sum_{d|n}f(d)$$

와 같은 관계를 가지고 있을 때 $f(n)$을 $F(n)$의 항들의 합으로 표현할 수 있을까? 이 결과가 바로 뫼비우스 역공식(Möbius inversion formula)이다.

• 정의 7.3 •

n은 양의 정수, 뫼비우스 함수 $\mu(n)$은 다음과 같이 정의된다.

$$\mu(n)=\begin{cases}1, & n=1\text{일 때}\\ 0, & \text{어떤 소수 } p\text{에 대해 } p^2|n\text{일 때}\\ (-1)^r, & \text{어떤 소수 } p_1,\cdots,p_r\text{에 대해 } n=p_1p_2\cdots p_r\text{일 때}\end{cases}$$

예를 들어 $\mu(1)=1$, $\mu(2)=-1$, $\mu(3)=-1$, $\mu(4)=0$, $\mu(5)=-1$, $\cdots$이다. 또 p가 소수이면 당연히 $\mu(p)=-1$이고 $k\geq 2$인 정수 k에 대하여 $\mu(p^k)=0$이다.

• 정리 7.9 •

$\mu(n)$은 승법 함수이다.

증명 m과 n을 $\gcd(m, n)=1$인 양의 정수라 하자. $m=1$이면 $\mu(1)=1$이므로

$$\mu(mn)=\mu(n)=\mu(1)\cdot\mu(n)=\mu(m)\mu(n)$$

이다. 따라서 $m>1$, $n>1$이라 가정해도 좋다. 만일 $p^2|m$ 또는 $p^2|n$이면

$p^2 | mn$이므로 $\mu(mn) = 0 = \mu(m)\mu(n)$이다. 그러므로 서로 다른 소수 p_i와 q_j에 대하여 $m = p_1 p_2 \cdots p_r$, $n = q_1 q_2 \cdots q_s$라 놓으면

$$\mu(mn) = (-1)^{r+s} = (-1)^r \cdot (-1)^s = \mu(m)\mu(n).$$

따라서 $\mu(n)$은 승법 함수이다. ▮

• 정리 7.10 •

양의 정수 n에 대하여 다음 관계식이 성립한다.

$$\sum_{d|n} \mu(d) = \begin{cases} 1, & n = 1\text{일 때} \\ 0, & n > 1\text{일 때} \end{cases}$$

증명 분명히 $\sum_{d|n} \mu(d) = \mu(1) = 1$이다. $n > 1$에 대하여 다음과 같은 산술 함수 $F(n) = \sum_{d|n} \mu(d)$을 정의하자. $\mu(n)$이 승법 함수이므로 정리 7.7에 의하여 $F(n)$도 승법 함수이다. 먼저 소수 p에 대하여

$$\begin{aligned} F(p^k) &= \sum_{d|p^k} \mu(d) = \mu(1) + \mu(p) + \mu(p^2) + \cdots + \mu(p^k) \\ &= \mu(1) + \mu(p) = 1 + (-1) = 0 \end{aligned}$$

이다. 따라서 $n = p_1^{k_1} p_2^{k_2} \cdots p_r^{k_r}$이면

$$\sum_{d|n} \mu(d) = F(n) = F(p_1^{k_1}) F(p_2^{k_2}) \cdots F(p_r^{k_r}) = 0$$

이다. ▮

• 정리 7.11 • **뫼비우스 역공식**

산술 함수 F와 f가 다음과 같이 정의되어 있다.

$$F(n) = \sum_{d|n} f(d)$$

그러면 $f(n) = \sum_{d|n} \mu(d) F\left(\frac{n}{d}\right)$이다.

증명 분명히

$$\sum_{d|n}\mu(d)F\left(\frac{n}{d}\right)=\sum_{d|n}\mu(d)\left(\sum_{c|\left(\frac{n}{d}\right)}f(c)\right)$$

$$=\sum_{d|n}\sum_{c|\frac{n}{d}}\mu(d)f(c) \tag{7.2}$$

이고 (7.2)의 이중합은 $d|n$이고 $c|\frac{n}{d}$인 모든 양의 정수의 쌍 $(c,\ d)$들의 합이므로 $cd|n$인 모든 양의 정수의 쌍 $(c,\ d)$들의 합과 같다. 따라서 이 합을 $c|n$이고 $d|\frac{n}{c}$인 모든 양의 정수의 쌍 $(c,\ d)$들의 합으로 표현하면 (7.2)는

$$\sum_{d|n}\sum_{c|\frac{n}{d}}\mu(d)f(c)=\sum_{c|n}\left(\sum_{d|\frac{n}{c}}\mu(d)f(c)\right)$$

$$=\sum_{c|n}f(c)\left(\sum_{d|\frac{n}{c}}\mu(d)\right) \tag{7.3}$$

와 같이 표현된다. 따라서 정리 7.10에 의하여 $\frac{n}{c}=1$이면, $n=c$일 때 $\sum_{d|1}\mu(d)=1$이고, 그 외의 경우에는 $\sum_{d|\frac{n}{c}}\mu(d)=0$이므로 $\sum_{d|\frac{n}{c}}\mu(d)=1$이다. 그러므로

$$f(n)=\sum_{d|n}\mu(d)F\left(\frac{n}{d}\right)$$

이다. ∎

보기 7.3

$n=14$일 때 (7.3)의 이중합의 표현을 보면

$$\begin{aligned}\sum_{d|14}\sum_{c|\frac{14}{d}}\mu(d)f(c)&=\mu(1)[f(1)+f(2)+f(7)+f(14)]+\mu(14)f(1)\\&\quad+\mu(2)[f(1)+f(7)]+\mu(7)[f(1)+f(2)]\\&=f(1)[\mu(1)+\mu(2)+\mu(7)+\mu(14)]+f(14)\mu(1)\end{aligned}$$

$$+f(2)[\mu(1)+\mu(7)]+f(7)[\mu(1)+\mu(2)]$$
$$=\sum_{c|14}\left(\sum_{d|\frac{14}{c}} f(c)\mu(d)\right)$$

이다. ✤

보기 7.4

$\tau(n)=\sum_{d|n}1$이므로 $f(n)=1$, $F(n)=\tau(n)$이라 놓으면

$$\sum_{d|n}\mu(d)\tau\left(\frac{n}{d}\right)=1$$

을 얻을 수 있다. 또한 $\sigma(n)=\sum_{d|n}d$이므로 $f(n)=n$, $F(n)=\sigma(n)$이라 놓으면

$$\sum_{d|n}\mu(d)\sigma\left(\frac{n}{d}\right)=n$$

의 공식을 얻는다. ✤

• 보조정리 7.12 •

n은 양의 정수, d를 n의 약수라 하면 $1 \le k \le n$이고 $\gcd(k, n)=d$인 정수 k의 개수는 $\phi\left(\frac{n}{d}\right)$이다.

증명 $\gcd(k, n)=d$이면 $d|k$이고 $\gcd\left(\frac{k}{d}, \frac{n}{d}\right)=1$이다. 또한 $1 \le k \le n$이면 $1 \le \frac{k}{d} \le \frac{n}{d}$이므로 조건을 만족하는 정수 k는 $d|k$, $\gcd\left(\frac{k}{d}, \frac{n}{d}\right)=1$이고, $1 \le \frac{k}{d} \le \frac{n}{d}$을 만족한다. 따라서 그런 정수 k는 $k=k'd$, $\gcd\left(k', \frac{n}{d}\right)=1$이고 $1 \le k' \le \frac{n}{d}$을 만족한다. 반대로 $\gcd\left(k', \frac{n}{d}\right)=1$이고 $1 \le k' \le \frac{n}{d}$인 정수 k'에 대하여 $k=k'd$는 보조정리의 조건을 만족시킨다. 따라서 보조정리의 조건을 만족시키는 정수 k의 개수는 $1 \le k' \le \frac{n}{d}$이고

$\gcd\left(k', \dfrac{n}{d}\right) = 1$인 정수 k'의 개수, 즉 $\phi\left(\dfrac{n}{d}\right)$과 같다. ▮

• 정리 7.13 •

양의 정수 n에 대하여 다음이 성립한다.

$$n = \sum_{d|n} \phi(d)$$

증명 $1 \le k \le n$인 모든 정수 k는 n의 오직 하나의 양의 약수 d에 대하여 $\gcd(k, n) = d$를 만족하므로 보조정리 7.12에 의하여 $n = dd'$이면

$$n = \sum_{d|n} \phi\left(\frac{n}{d}\right) = \sum_{d'|n} \phi(d')$$

이다. 따라서 정리는 증명되었다. ▮

정리 7.13에 뫼비우스 역공식을 적용하면

$$\phi(n) = \sum_{d|n} \mu(d)\frac{n}{d} = n\sum_{d|n} \frac{\mu(d)}{d}$$

를 얻는다. $\mu(n)$과 $\dfrac{1}{n}$은 승법 함수이고 $\dfrac{\mu(n)}{n}$도 승법 함수이다. 따라서 $\dfrac{\phi(n)}{n}$도 승법 함수이고 $\phi(n)$도 승법 함수임을 알 수 있다. 소수 p와 정수 $k \ge 1$에 대하여

$$\begin{aligned}\phi(p^k) &= p^k \cdot \sum_{d|p^k} \frac{\mu(d)}{d} \\ &= p^k \cdot \left(\frac{\mu(1)}{1} + \frac{\mu(p)}{p} + \frac{\mu(p^2)}{p^2} + \cdots + \frac{\mu(p^k)}{p^k}\right) \\ &= p^k\left(1 - \frac{1}{p}\right)\end{aligned}$$

이므로 $n = p_1^{k_1} p_2^{k_2} \cdots p_r^{k_r}$이면

$$\phi(n) = \phi(p_1^{k_1})\phi(p_2^{k_2}) \cdots \phi(p_r^{k_r})$$

$$= p_1^{k_1}\left(1-\frac{1}{p_1}\right)p_2^{k_2}\left(1-\frac{1}{p_2}\right)\cdots p_r^{k_r}\left(1-\frac{1}{p_r}\right)$$
$$= n\left(1-\frac{1}{p_1}\right)\left(1-\frac{1}{p_2}\right)\cdots\left(1-\frac{1}{p_r}\right)$$
$$= p_1^{k_1-1}(p_1-1)p_2^{k_2-1}(p_2-1)\cdots p_r^{k_r-1}(p_r-1).$$

보기 7.5

$\phi(14400)=\phi(2^6\cdot 3^2\cdot 5^2)=2^5(2-1)\cdot 3^1(3-1)\cdot 5^1(5-1)=3840$이다. ✤

연/습/문/제

1. $\mu(n)+\mu(n+1)+\mu(n+2)=3$인 양의 정수 n을 구하라.

2. (a) $n>2$이면 $\phi(n)$은 짝수임을 보여라.
   (b) (a)를 이용하여 소수는 무한히 많음을 보여라.

3. m, k가 양의 정수이면 $\phi(m^k)=m^{k-1}\phi(m)$임을 증명하여라.

4. 모든 양의 정수 n에 대하여 $\phi(n)+\sigma(n)\geq 2n$임을 보여라. 또한 등식이 성립할 필요충분조건은 $n=1$ 또는 소수임을 보여라.

5. (a) 양의 정수 n에 대하여

$$\mu(n)\mu(n+1)\mu(n+2)\mu(n+3)=0$$

   임을 보여라.
   (b) $n\geq 3$인 정수 n에 대해

$$\sum_{k=1}^{n}\mu(k!)=1$$

임을 보여라.

6. $f(n)$을 $f(1)=1$인 승법 함수라 하면,

$$\sum_{d|n}\mu(d)f(d)=\prod_{p|n}(1-f(p)),\ p\text{는 소수}$$

임을 보여라.

7. 양의 정수 n에 대해 다음을 보여라.

(a) $\displaystyle\sum_{k=1}^{n}\mu(k)\left[\frac{n}{k}\right]=1$ (b) $\displaystyle\left|\sum_{k=1}^{n}\frac{\mu(k)}{k}\right|\le 1$

8. 양의 정수 n에 대해 다음을 보여라.

(a) $\displaystyle\sum_{d|n}\frac{1}{d}=\frac{\sigma(n)}{n}$

(b) $\displaystyle 1>\frac{n}{\sigma(n)}>\prod_{p|n}\left(1-\frac{1}{p}\right)$, p는 소수

(c) $\displaystyle\frac{\sigma(n!)}{n!}\ge 1+\frac{1}{2}+\cdots+\frac{1}{n}$

9. 정수 n을 $n=p_1^{k_1}p_2^{k_2}\cdots p_r^{k_r}$로 소인수분해 하였을 때 다음을 보여라.

(a) $\displaystyle\sum_{d|n}\mu(d)\tau(d)=(-1)^r$

(b) $\displaystyle\sum_{d|n}\mu(d)\sigma(d)=(-1)^r p_1p_2\cdots p_r$

(c) $\displaystyle\sum_{d|n}\frac{\mu(d)}{d}=\left(1-\frac{1}{p_1}\right)\left(1-\frac{1}{p_2}\right)\cdots\left(1-\frac{1}{p_r}\right)$

(d) $\displaystyle\sum_{d|n}d\mu(d)=(1-p_1)(1-p_2)\cdots(1-p_r)$

(e) $\displaystyle\sum_{d|n}\frac{\mu^2(d)}{\tau(d)}=\left(\frac{3}{2}\right)^r$

(f) $\displaystyle\sum_{d|n}\frac{\mu^2(d)}{\sigma(d)}=\prod_{i=1}^{r}\frac{p_i+2}{p_i+1}$

10. 모든 양의 정수 n에 대해 다음을 보여라.

(a) $\sigma(n)=\sum_{d|n}\phi(d)\tau\left(\frac{n}{d}\right)$

(b) $\frac{n}{\phi(n)}=\sum_{d|n}\frac{\mu(d)^2}{\phi(d)}$

(c) $\sum_{d=1}^{n}\phi(d)\left[\frac{n}{d}\right]=\frac{n(n+1)}{2}$

11. n은 $n>1$인 정수이다. n 이하이며 n과 서로소인 자연수의 합이 $\frac{n}{2}\phi(n)$임을 보여라.

12. 1보다 큰 어떤 제곱수도 n의 약수가 아닐 때 임의의 정수 $k\geq 2$에 대하여

$$\sum_{d|n}\sigma(d^{k-1})\phi(d)=n^k$$

임을 증명하여라.

13. 모든 양의 정수 n에 대하여 $F(n)=\sum_{d|n}f(d)$일 때 $F(n)$이 승법 함수이면 $f(n)$도 승법 함수임을 보여라.

14. $\omega(n)$을 n의 서로 다른 소인수의 개수라 할 때 다음을 보여라.

(a) $\sum_{d|n}|\mu(d)|=2^{\omega(n)}$

(b) $\sum_{d|n}\mu(d)\phi(d)=(-1)^{\omega(n)}\prod_{p|n}(p-2)$

15. $\sum_{d|n}\frac{\mu^2(d)}{d}=\prod_{p|n}\left(1+\frac{1}{p}\right)$임을 보여라.

7.4 완전수와 메르센 소수

산술 함수 이론의 응용으로서 완전수(perfect number)에 관하여 알아보자. 완전수에 관한 문제는 오래전부터 다루어져 왔으나 아직도 많은 미해결 문제를 가지고 있다.

• 정의 7.4 •

양의 정수 n이 n의 모든 양의 약수의 합과 같을 때, 즉 $\sigma(n)=2n$일 때 n을 완전수라 한다.

예를 들어 $\sigma(6)=1+2+3+6=2\cdot 6$

$$\sigma(28)=1+2+4+7+14+28=2\cdot 28$$

이므로 6과 28은 완전수이다. 496도 8128도 완전수가 됨을 쉽게 알 수 있다. 우리는 다음과 같은 당연한 질문을 생각할 수 있을 것이다.

(1) 어떻게 완전수를 찾을 수 있는가?
(2) 완전수는 무한히 많은가?
(3) n번째 완전수는 n자릿수인가?
(4) 짝수인 완전수의 일의 자릿수는 항상 반복적으로 6 또는 8인가?
(5) 홀수인 완전수는 존재하는가?

5번째와 6번째의 완전수는 33550336 그리고 8589869056으로 알려져 있다. 따라서 (3), (4)는 사실이 아님을 알 수 있으나 (1), (2) 그리고 (5)는 아직도 해결되지 않은 문제들이다.

• 정리 7.14 •

2^k-1이 소수이면 $n=2^{k-1}(2^k-1)$은 완전수이고 모든 짝수인 완전수는 이와 같은 형태이다.

증명 $2^k-1=p$, p를 소수라 놓으면 $n=2^{k-1}p$이고 $\gcd(2^{k-1}, p)=1$이므로

$$\begin{aligned}\sigma(n)&=\sigma(2^{k-1}p)=\sigma(2^{k-1})\sigma(p)\\&=(2^k-1)(p+1)=(2^k-1)2^k=2n\end{aligned}$$

따라서 n은 완전수이다. 반대로 n이 짝수인 완전수라고 하자. 그러면 홀수 m과 $k\ge 2$에 대해 $n=2^{k-1}m$으로 놓으면 $\gcd(2^{k-1}, m)=1$이므로

$$\sigma(n)=\sigma(2^{k-1}m)=\sigma(2^{k-1})\sigma(m)=(2^k-1)\sigma(m)$$

이다. 즉, $\sigma(n)=(2^k-1)\sigma(m)=2n=2^km$이다. 따라서

$$2^km=(2^k-1)\sigma(m)$$

이고 또한 $\gcd(2^k-1, 2^k)=1$이므로 $(2^k-1)|m$이다. $m=(2^k-1)t$라 놓으면 $\sigma(m)=2^kt$이고 t와 m은 m의 약수이므로

$$2^kt=\sigma(m)\ge m+t=2^kt$$

이다. 따라서 $\sigma(m)=m+t$. 이것은 $t=1$이고 m은 소수일 수밖에 없다. 즉, $m=(2^k-1)t=2^k-1$인 소수이다. 따라서 정리는 증명되었다. ∎

정리 7.14에 의하면 짝수인 완전수를 찾는 문제는 2^k-1의 형태의 소수를 찾는 문제와 동일함을 말한다.

• 정의 7.5 •

소수 $p=2^k-1$을 메르센 소수(Mersenne prime)라 한다.

• 보조정리 7.15 •

a^k-1 $(a>0,\ k\ge 2)$이 소수이면 $a=2$이고 k는 소수이다.

증명

$$a^k-1=(a-1)(a^{k-1}+a^{k-2}+\cdots+a+1)$$

이고 a^k-1이 소수이므로 $a-1=1$, 즉 $a=2$이다. 또한 k가 합성수이면 $k=rs$, $r>1$, $s>1$이라 놓고

$$a^k-1=(a^r)^s-1=(a^r-1)(a^{r(s-1)}+a^{r(s-2)}+\cdots+a^r+1)$$

이 됨으로 a^k-1이 소수가 아니다. 따라서 k는 소수이다. ∎

소수 $p=2,\ 3,\ 5,\ 7$에 대하여 메르센 소수 $2^p-1=3,\ 7,\ 31,\ 127$을 얻어서

$$\begin{gathered}2(2^2-1)=6,\\ 2^2(2^3-1)=28,\\ 2^4(2^5-1)=496,\\ 2^6(2^7-1)=8128\end{gathered}$$

등의 완전수가 존재한다. 모든 소수 p에 대하여 2^p-1이 소수가 되는 것은 아니다. 예를 들어 $2^{11}-1=2047=23\cdot 89$이다. 메르센 소수가 무한히 많이 존재하는가? 즉, 짝수인 완전수가 무한히 많이 존재하는가라는 문제는 아직도 미해결 문제이다.

• 정리 7.16 •

짝수인 완전수의 일의 자릿수는 항상 6 또는 8이다.

증명 n을 짝수인 완전수라 하면 2^k-1인 메르센 소수에 대하여 $n=2^{k-1}(2^k-1)$의 형태를 갖는다. 또한 k는 소수이다. 따라서 $k=2$이면 $n=6$이고, $k>2$라 가정하면 $k\equiv 1\ (\mathrm{mod}\ 4)$ 또는 $k\equiv 3\ (\mathrm{mod}\ 4)$이다.
$k=4m+1$형태이면

$$n=2^{4m}(2^{4m+1}-1)=2^{8m+1}-2^{4m}=2\cdot 16^{2m}-16^m$$

이고 또한 어떤 양의 정수 t에 대하여 $16^t\equiv 6\ (\mathrm{mod}\ 10)$이므로 $n\equiv 2\cdot 6-6\equiv 6\ (\mathrm{mod}\ 10)$이다. $k=4m+3$형태이면

$$n=2^{4m+2}(2^{4m+3}-1)=2^{8m+5}-2^{4m+2}=2\cdot 16^{2m+1}-4\cdot 16^m$$

이다. 따라서 $n \equiv 2 \cdot 4 \cdot 6 \equiv -12 \equiv 8 \pmod{10}$이다. 그러므로 모든 짝수인 완전수는 일의 자릿수가 6 또는 8이다. ▮

메르센 소수 $M_p = 2^p - 1$이 짝수인 완전수 $2^{p-1}M_p$와 일대일 대응관계가 있음을 알아 보았다. $M_p = 2^p - 1$이 어떤 경우에 소수 또는 합성수가 되는지 알아 보는 것은 중요한 문제이다.

• 정리 7.17 •

만일 p와 $q = 2p+1$이 소수이면 q는 M_p와 M_p+2 중 오직 하나의 약수이다.

증명 페르마의 작은 정리에 의하여

$$2^{q-1} - 1 \equiv 0 \pmod{q}$$

이다. 따라서

$$\left(2^{\frac{q-1}{2}} - 1\right)\left(2^{\frac{q-1}{2}} + 1\right) \equiv (2^p - 1)(2^p + 1) \equiv 0 \pmod{q}$$

즉, $M_p(M_p+2) \equiv 0 \pmod{q}$이다. 따라서 $q \mid M_p$ 또는 $q \mid M_p + 2$이다. 그러나 q가 M_p와 M_p+2를 동시에 나눌 수는 없다. 왜냐하면 동시에 나누는 경우에 $q \mid 2$이므로 모순이다. ▮

보기 7.6

$p = 23$과 $q = 2p+1 = 47$은 소수이므로 $47 \mid M_{23}$ 또는 $47 \mid M_{23}+2$이다. 그런데

$$2^{23} \equiv 2^3(2^5)^4 \equiv 2^3 \cdot (-15)^4 \pmod{47}$$

이고 $(-15)^4 = (225)^2 \equiv (-10)^2 \equiv 6 \pmod{47}$이므로

$$2^{23} \equiv 2^3 \cdot 6 \equiv 48 \equiv 1 \pmod{47}$$

이다. 따라서 M_{23}이 합성수임을 알 수 있다. ✤

• 정리 7.18 •

$q=2n+1$가 소수이면 다음을 만족한다.

(1) $q \equiv \pm 1 \pmod 8$이면 $q \mid M_n$

(2) $q \equiv \pm 3 \pmod 8$이면 $q \mid M_n+2$

증명 $q \mid M_n$이라는 사실은

$$2^{\frac{q-1}{2}} = 2^n \equiv 1 \pmod q$$

와 동치이므로 르장드르 심벌로 나타내면 $\left(\frac{2}{q}\right)=1$과 동치이다. 따라서 $q \equiv \pm 1 \pmod 8$이면 $\left(\frac{2}{q}\right)=1$, 즉 $q \mid M_n$이다. 마찬가지로 (2)의 결과를 얻을 수 있다. ∎

• 따름정리 7.19 •

p와 $q=2p+1$가 소수라 하자. $p \equiv 3 \pmod 4$이면 $q \mid M_p$ 그리고 $p \equiv 1 \pmod 4$이면 $q \nmid M_p$이다.

증명 $p=4k+3$이면 $q=8k+7$이고 $p=4k+1$이면 $q=8k+3$이므로 정리 7.18에 의하여 그 결과를 얻는다. ∎

• 정리 7.20 •

p가 홀수인 소수이면 M_p의 모든 소수인 약수는 $2kp+1$의 형태를 갖는다.

증명 q를 M_p의 임의의 소수인 약수라 하면 $2^p \equiv 1 \pmod q$이다. l을 $2^l \equiv 1 \pmod q$인 가장 작은 양의 정수, 즉 법 q에 관한 2의 위수라 하면 $l \mid p$이다. 분명히 $l \neq 1$이므로 $l=p$이다. 또한 페르마의 작은 정리에 의하여 $2^{q-1} \equiv 1 \pmod q$이므로 $p \mid q-1$이다. 즉, $q=pt+1$이다. 그런데 q는 홀수이므로 t는 짝수이다. 따라서 $q=2kp+1$의 형태를 갖는다. ∎

• 정리 7.21 •

p가 홀수인 소수이면 M_p의 모든 소수인 약수는 q는 $q \equiv \pm 1 \pmod 8$의 형태를 갖는다.

증명 $q = 2n+1$을 M_p의 소수인 약수라 하자. $a = 2^{\frac{p+1}{2}}$이면

$$a^2 - 2 = 2^{p+1} - 2 = 2M_p \equiv 0 \pmod q$$

이다. 따라서 $a^2 \equiv 2 \pmod q$이고 여기에 n제곱을 하면

$$a^{q-1} = a^{2n} \equiv 2^n \pmod q$$

를 얻는다. 또한 q가 홀수이고 $\gcd(a,\ q) = 1$이므로 $a^{q-1} \equiv 1 \pmod q$이다. 따라서 $2^n \equiv 1 \pmod q$, 즉 $q \equiv \pm 1 \pmod 8$이다. ▮

지금까지 짝수인 완전수에 관하여 알아 보았다. 그러면 홀수인 완전수는 존재하는가? 이 문제는 아직도 해결되지 않은 문제이다. 이제 홀수인 완전수가 될 필요조건에 대하여 알아보자.

• 정리 7.22 •

n이 홀수인 완전수이면 서로 다른 홀수인 소수 p_i와 $p_1 \equiv k_1 \equiv 1 \pmod 4$에 대하여

$$n = p_1^{k_1} p_2^{2j_2} \cdots p_r^{2j_r}$$

의 형태를 갖는다.

증명 $n = p_1^{k_1} p_2^{k_2} \cdots p_r^{k_r}$인 완전수라 하면

$$2n = \sigma(n) = \sigma(p_1^{k_1})\sigma(p_2^{k_2}) \cdots \sigma(p_r^{k_r})$$

이다. n이 홀수이므로 $2n \equiv 2 \pmod 4$이다. 따라서 $2 | \sigma(n)$이고 $4 \nmid \sigma(n)$이다. 그러므로 $\sigma(p_i^{k_i})$ 중 하나만, 이를테면 $\sigma(p_1^{k_1})$은 짝수이고 4의 배수가

아니다. 그리고 다른 $\sigma(p_i^{k_i})$는 모두 홀수이다. p_i는 모두 홀수이므로 $p_i \equiv 1 \pmod 4$ 또는 $p_i \equiv 3 \pmod 4$이다. $p_i \equiv 3 \equiv -1 \pmod 4$이면

$$\begin{aligned}\sigma(p_i^{k_i}) &= 1 + p_i + p_i^2 + \cdots + p_i^{k_i} \\ &\equiv 1 + (-1) + (-1)^2 + \cdots + (-1)^{k_i} \pmod 4\end{aligned}$$

이다. 따라서

$$\sigma(p_i^{k_i}) = \begin{cases} 0 \pmod 4, & k_i\text{가 홀수일 때} \\ 1 \pmod 4, & k_i\text{가 짝수일 때} \end{cases}$$

이다. 그리고 $\sigma(p_1^{k_1}) \equiv 2 \pmod 4$이므로 $p_1 \equiv 1 \pmod 4$이다. 또한 $p_i \equiv 3 \pmod 4$이면 모든 지수 k_i는 짝수여야만 한다. 만일 $p_i \equiv 1 \pmod 4$이면

$$\begin{aligned}\sigma(p_i^{k_i}) &= 1 + p_i + p_i^2 + \cdots + p_i^{k_i} \\ &\equiv 1 + 1^1 + 1^2 + \cdots + 1^{k_i} \pmod 4 \\ &\equiv k_i + 1 \pmod 4\end{aligned}$$

이다. 그리고 $\sigma(p_1^{k_1}) \equiv 2 \pmod 4$이므로 $k_1 \equiv 1 \pmod 4$이다. $i \neq 1$인 $\sigma(p_i^{k_i})$는 $\equiv 1$ 또는 $3 \pmod 4$이므로 $k_i \equiv 0$ 또는 $2 \pmod 4$이다. 따라서 $i \neq 1$인 어떤 경우도 k_i는 짝수이고 $p_1 \equiv k_1 \equiv 1 \pmod 4$이다. ▮

위 정리에 의하여 홀수인 완전수 n은

$$n = p_1^{k_1} p_2^{2j_2} \cdots p_{k_r}^{2j_r} = p_1^{k_1}(p_2^{j_2} \cdots p_r^{j_r})^2 = p_1^{k_1} m^2$$

으로 나타낼 수 있다.

따름정리 7.23

n이 홀수인 완전수이면 p는 $p \nmid m$인 소수이며 $p \equiv k \equiv 1 \pmod 4$에 대하여 $n = p^k m^2$인 형태로 나타낼 수 있다. 특히 $n \equiv 1 \pmod 4$이다.

증명 $n \equiv 1 \pmod 4$만 보이면 된다. $p \equiv k \equiv 1 \pmod 4$이므로 $p^k \equiv 1 \pmod 4$

이고 $m \equiv 1$ 또는 3 (mod 4)이므로 $m^2 \equiv 1 \pmod 4$이다. 따라서 $n = p^k m^2 \equiv 1 \cdot 1 \equiv 1 \pmod 4$이다. ▮

오래전부터 정수론 학자들이 관심을 가져온 또 다른 종류의 정수들, 친근한 수 (amicable numbers)가 있다.

• 정의 7.6 •

한 쌍의 정수 m, n을 친근한 수라 함은 m, n을 제외한 각각의 양의 약수들의 합이 각각 n과 m이 될 때를 말한다.

σ함수를 써서 친근한 수를 표현하면

$$\sigma(m) - m = n \text{이고 } \sigma(n) - n = m$$

이다. 따라서 $\sigma(m) = m + n = \sigma(n)$이다. 예를 들어 $m = 220$, $n = 284$는 친근한 수이다. 즉

$$\sigma(m) = \sigma(n) = 504 = 284 + 220$$

그 외에 $m = 17296$과 $n = 18416$도 친근한 수이고 많은 친근한 수의 쌍이 알려져 있지만 무한히 많은 쌍이 있는지는 아직도 해결되지 않았다.

연/습/문/제

1. 2000보다 작은 모든 짝수의 완전수를 구하여라.

2. n이 완전수이면 $\sum_{d|n} \frac{1}{d} = 2$임을 보여라.

3. (a) 어떤 소수의 k제곱수도 완전수가 아님을 보여라.
   (b) 두 홀수인 소수의 곱은 완전수가 아님을 보여라.

4. 완전수의 자신 이외의 어떤 약수도 완전수가 아님을 보여라.

5. n이 짝수인 완전수이면 어떤 정수 k에 대하여

$$\prod_{d \mid n} d = n^k$$

임을 보여라.

6. (a) $n > 6$인 짝수인 완전수이면 $n \equiv 4 \pmod{6}$임을 보여라.
   (b) $n \neq 28$인 짝수인 완전수이면 $n \equiv \pm 1 \pmod{7}$임을 보여라.

7. 짝수인 완전수 $n = 2^{k-1}(2^k - 1)$에 대하여 다음을 증명하여라.
   (a) $n = 1 + 2 + \cdots + (2^k - 1)$
   (b) $\phi(n) = n - 2^{2k-2}$
   (c) $2^k \mid \sigma(n^2) + 1$

8. $\sigma(\sigma(n)) = 2n$인 정수 n을 초완전수(superperfect number)라 한다.
   (a) $2^{k+1} - 1$이 소수이면 $n = 2^k$는 초완전수임을 보여라.
   (b) $n = p^2$, p는 홀수 소수이면 n은 초완전수가 아님을 보여라.

9. 한 쌍의 친근한 수 m, n에 대하여

$$\left(\sum_{d \mid n} \frac{1}{d}\right)^{-1} + \left(\sum_{d \mid n} \frac{1}{d}\right)^{-1} = 1$$

임을 보여라.

10. $n \geq 2$에 대하여 $p = 3 \cdot 2^{n-1} - 1$, $q = 3 \cdot 2^n - 1$ 그리고 $r = 9 \cdot 2^{2n-1} - 1$이 모두 소수이면 $2^n pq$와 $2^n r$은 친근한 수임을 보여라. (주: $n \leq 20{,}000$ 중

$n=2,\ 4$ 그리고 7만이 $p,\ q,\ r$의 소수이다)

11. 정수 n이 서로 다른 메르센 소수의 곱이면 $\sigma(n)=2^k$ 형태임을 보여라.

제 8 장 디오판토스 방정식

우리는 때로 여러 변수의 정수 계수 혹은 유리수 계수를 갖는 방정식의 정수해(때로는 양의 정수해)를 구하고자 하는 경우가 생긴다. 이와 같은 방정식을 디오판토스 방정식이라 한다. 디오판토스 방정식의 해의 존재성을 판단하는 방법 혹은 해가 존재하는 경우에 모든 해를 구하는 일반적인 방법은 없다. 그러나 적은 변수와 작은 차수의 경우는 잘 해결할 수 있다. 2장에서 선형방정식 $ax+by=c$의 일반해를 구하는 방법을 다룬 바 있다. 본 장에서는 선형방정식 이외의 디오판토스 방정식을 다루기로 한다.

8.1 두 제곱수의 합

1770년 라그랑주는 모든 양의 정수는 네 개의 제곱수의 합으로 나타낼 수 있다는 사실을 증명하였다. 예를 들어 $7=2^2+1^2+1^2+1^2$이다. 또한 7은 세 개 이하의 제곱수의 합으로 나타낼 수 없음을 쉽게 알 수 있다. 이 절에서 우리는 어떤 양의 정수를 두 제곱수의 합으로 나타낼 수 있는 필요충분조건을 알아볼 것이다.

• 보조정리 8.1 •

m과 n이 두 제곱수의 합이면 mn도 두 제곱수의 합이다. 따라서 m_i가 두 제곱수의 합이면, $m_1m_2\cdots m_s$도 두 제곱수의 합이다.

증명 $m=a^2+b^2$, $n=c^2+d^2$이라 하면

$$mn=(a^2+b^2)(c^2+d^2)=(ac+bd)^2+(ad-bc)^2.$$

그러므로 정리는 증명되고 그 다음 주장도 당연함을 알 수 있다. ∎

보기 8.1

$5=2^2+1^2$, $13=3^2+2^2$이다. 따라서

$$\begin{aligned}65 = 5 \cdot 13 &= (2^2+1^2)(3^2+2^2) \\ &= (2\cdot 3+1\cdot 2)^2+(2\cdot 2-1\cdot 3)^2 = 8^2+1^2.\end{aligned}$$

보조정리 8.1에 의해 자연수 n을 두 제곱수의 합으로 나타낼 수 있는지를 판단하기 위해 두 제곱수의 합으로 나타낼 수 있는 소수를 결정하는 것이 중요함을 알 수 있다.

일반적으로 $x^2+y^2=3$은 정수해가 존재하지 않는다. ✤

• 정리 8.2 •

$4k+3$꼴의 소수 p는 두 제곱수의 합으로 나타낼 수 없다.

증명 임의의 정수 a에 대하여 $a^2 \equiv 0$ 또는 $1 \pmod 4$이다. 따라서 임의의 정수 a, b에 대하여

$$a^2+b^2 \equiv 0,\ 1,\ \text{또는}\ 2 \pmod 4$$

이다. 따라서 $p \equiv 3 \pmod 4$인 경우, 방정식

$$x^2+y^2=p$$

는 해가 존재하지 않는다. ▮

반면에 $4k+1$꼴의 소수 p는 두 제곱수의 합으로 나타낼 수 있다. 이 증명은 노르웨이 수학자 악셀 튜에(Axel Thue)의 일차합동식에 관한 정리로부터 얻을 수 있다. 이 또한 비둘기집 원리(pigeonhole principle)로부터 해결할 수 있다.

▸▸▸ 비둘기집 원리

m개의 상자에 n개의 물건을 넣을 때 $n>m$이면 어떤 상자에는 적어도 2개의 물건이 들어간다.

• 보조정리 8.3 • (튜에)

p는 소수, a는 $\gcd(a, p)=1$인 정수이면 합동식

$$ax \equiv y \pmod p$$

는 $0 < |x_0| < \sqrt{p}$ 이고 $0 < |y_0| < \sqrt{p}$ 인 정수해 x_0, y_0가 존재한다.

증명 $k = [\sqrt{p}] + 1$ 그리고 집합 S를

$$S = \{ax - y \mid 0 \leq x \leq k-1,\ 0 \leq y \leq k-1\}$$

이라 놓으면 집합 S의 원소의 가능한 총 개수는 $k^2 > p$이므로 비둘기집 원리에 의하여 적어도 S의 두 개의 원소는 법 p에 관해 합동이다. 따라서 $x_1 \neq x_2$ 또는 $y_1 \neq y_2$에 대하여

$$ax_1 - y_1 \equiv ax_2 - y_2 \pmod p$$

이다. 즉 $a(x_1 - x_2) \equiv y_1 - y_2 \pmod p$이다. $x_0 = x_1 - x_2$, $y_0 = y_1 - x_2$ 라 놓으면 x_0, y_0는 $ax \equiv y \pmod p$의 해가 된다. 또한 $\gcd(a,\ p) = 1$이므로 $x_0 = 0$과 $y_0 = 0$은 동치이다. 따라서

$$0 < |x_0| \leq k-1 < \sqrt{p} \text{ 이고 } 0 < |y_0| \leq k-1 < \sqrt{p}$$

이다. ▮

• 정리 8.4 •

$4k+1$꼴의 소수 p는 두 제곱수의 합으로 나타낼 수 있다.

증명 p를 $p \equiv 1 \pmod 4$인 소수라 하면 $\left(\frac{-1}{p}\right) = 1$, 즉 $a^2 \equiv -1 \pmod p$인 정수 a가 존재한다. $\gcd(a,\ p) = 1$이므로 보조정리 8.3에 의하여 합동식

$$ax \equiv y \pmod p$$

의 해 x_0, y_0가 존재한다. 여기서 x_0와 y_0는

$$0 < |x_0| < \sqrt{p}, \quad 0 < |y_0| < \sqrt{p}$$

를 만족한다. 따라서

$$y_0^2 \equiv (ax_0)^2 \equiv a^2x_0^2 \equiv -x_0^2 \pmod{p}$$

이다. 또한 $0 < |x_0| < \sqrt{p}$ 이고 $0 < |y_0| < \sqrt{p}$ 이므로 $0 < x_0^2 + y_0^2 < 2p$ 이다. 그러므로 $x_0^2 + y_0^2 = p$이다. ▮

• 정리 8.5 •

양의 정수 n이 제곱 자유수 m을 인수로 갖는, 즉 $n = l^2m$이라 하자. 그러면 n이 두 제곱수의 합으로 나타낼 수 있는 필요충분조건은 m이 $4k+3$꼴의 소인수를 가질 수 없는 경우이다.

증명 m이 $4k+3$꼴의 소인수를 가지지 않는다고 가정하면 m은 2 또는 $4k+1$꼴의 소인수를 가지고 있다. $2 = 1^2 + 1^2$이고 정리 8.4에 의해 $4k+1$꼴의 소수는 두 제곱수의 합이고 보조정리 8.1에 의해 n은 두 제곱수의 합이다. 역으로 n이 두 제곱수의 합이라 하면

$$n = l^2m = a^2 + b^2$$

이라 놓고 p를 m의 홀수인 임의의 소인수라 하자. $d = \gcd(a,\ b)$라 하면 $a = rd,\ b = sd$ 그리고 $\gcd(r,\ s) = 1$이고 $d^2(r^2 + s^2) = l^2m$을 얻고 m이 제곱 자유수이므로 $d^2 | l^2$. 따라서

$$r^2 + s^2 = \left(\frac{l^2}{d^2}\right)m = tp, \quad (t \in \mathbb{Z})$$

그러므로

$$r^2 + s^2 \equiv 0 \pmod{p} \tag{8.1}$$

이다. 그런데 $\gcd(r,\ s) = 1$이므로 $\gcd(r,\ p) = 1$ 또는 $\gcd(s,\ p) = 1$, 일반성을 잃지 않고 $\gcd(r,\ p) = 1$이라 하면

$$rr' \equiv 1 \pmod{p}$$

인 r'이 존재한다. (8.1)에 $(r')^2$을 곱하면

$$1 + (r's)^2 \equiv 0 \pmod{p}$$

를 얻어 $\left(\frac{-1}{p}\right)=1$, 즉 -1이 법 p에 관해 이차 잉여류이다. 따라서 $p \equiv 1 \pmod 4$이다. 그러므로 m은 $4k+3$꼴의 소인수를 가지고 있지 않다. ∎

보기 8.2

$459=3^2(3 \cdot 17)$이므로 459는 두 제곱수의 합으로 나타낼 수 없다. 반면에 $332514=2 \cdot 3^2 \cdot 7^2 \cdot 13 \cdot 29=(3 \cdot 7)^2(2 \cdot 13 \cdot 29)$이고 $13 \equiv 29 \equiv 1 \pmod 4$이므로 332514는 두 제곱수의 합으로 나타낼 수 있다. ✤

연/습/문/제

1. 다음 정수들을 두 제곱수의 합으로 나타내어라.

   (a) 34 (b) 90 (c) 113

   (d) 229 (e) 490 (f) 21658

2. $n \equiv 3$ 또는 $6 \pmod 9$이면 n은 두 제곱수의 합으로 나타낼 수 없음을 보여라.

3. 모든 홀수인 완전수는 두 제곱수의 합으로 나타낼 수 있음을 보여라.

4. p를 a^2+b^2의 소인수라 하자. $p \equiv 3 \pmod 4$이면 $p|a$ 그리고 $p|b$임을 보여라.

5. p를 홀수인 소수, $\gcd(a, b)=1$이고 $p|a^2+b^2$이면 $p \equiv 1 \pmod 4$임을 보여라.

6. $\gcd(a, b)=1$이라 할 때 a가 두 제곱수의 합이 아니면 ab는 두 제곱수의 합이 안 됨을 보여라.

7. 양의 정수 n이 두 개의 제곱수의 합이 아니면 두 개의 유리수의 제곱수의 합이 아님을 보여라.

8. $4k+1$꼴의 소수 p는 두 제곱수의 합으로 유일하게(덧셈의 순서는 무시) 나타낼 수 있음을 보여라.

9. 양의 정수 n과 $2n$은 같은 개수의 두 제곱의 합의 표현방법이 있음을 보여라.

10. $8k+1$ 또는 $8k+3$꼴의 모든 소수 p는 어떤 정수 a, b에 대해 $p=a^2+2b^2$으로 나타낼 수 있음을 보여라.

11. 양의 정수 n에 대해 디오판토스 방정식 $5x^2+14xy+10y^2=n$의 해가 존재할 필요충분조건으로 n이 두 제곱수의 합인 것을 증명하여라.

12. p가 $4k+1$꼴의 소수이면, $a, b>3$이고 $\gcd(a, b)=1$인 어떤 정수 a, b에 대하여 $p \mid a^2+b^2$임을 보여라.

8.2 세 개 이상의 제곱수의 합

모든 정수가 두 제곱수의 합으로 나타낼 수 있는 것은 아니다. 예를 들어 $3 = 1^2 + 1^2 + 1^2$ 그리고 $43 = 3^2 + 3^2 + 5^2$이다. 그러나 3과 43은 두 제곱수의 합으로 나타낼 수 없다. 따라서 모든 양의 정수를 두 제곱수의 합으로 나타낼 수 없음을 알고 있다. 이 절에서 모든 양의 정수는 네 개의 제곱수의 합으로 나타낼 수 있음을 보인다.

• 정리 8.6 •

$4^n(8m+7)$꼴의 어떤 정수도 세 개의 제곱수의 합으로 나타낼 수 없다.

증명 어떤 정수 a에 대해 $a^2 \equiv 0,\ 1$ 또는 $4 \pmod 8$이므로 임의의 정수 $a,\ b,\ c$에 대하여

$$a^2 + b^2 + c^2 \equiv 0,\ 1,\ 2,\ 3,\ 4,\ 5 \text{ 또는 } 6 \pmod 8$$

이다. 따라서 $8m+7$꼴의 정수는 세 개의 제곱수의 합이 아니다. $n \ge 1$일 때

$$4^n(8m+7) = a^2 + b^2 + c^2$$

과 같이 나타낼 수 있으면 $a,\ b,\ c$는 모두 짝수여야 한다. 따라서

$$4^{n-1}(8m+7) = \left(\frac{a}{2}\right)^2 + \left(\frac{b}{2}\right)^2 + \left(\frac{c}{2}\right)^2$$

을 얻어 만일 $n-1 \ge 1$이면 $\frac{a}{2},\ \frac{b}{2},\ \frac{c}{2}$도 모두 짝수이므로 같은 방법을 반복하면 $8m+7$이 세 개의 제곱수의 합이 되어 모순이다. ▮

(주: 정리 8.6은 사실상 필요충분조건이나 충분조건의 증명이 어려워 여기서 생략한다.)

1772년 라그랑주는 모든 양의 정수는 네 개의 제곱수의 합으로 나타낼 수 있다는 정리를 증명하였다. 이듬해 오일러는 이 정리를 좀 더 쉽게 증명하였다.

• 보조정리 8.7 • **오일러**

m과 n이 네 개의 제곱수의 합이면 mn도 네 개의 제곱수의 합이다.

증명

$$m = a_1^2 + a_2^2 + a_3^2 + a_4^2, \quad n = b_1^2 + b_2^2 + b_3^2 + b_4^2 \ (a_i,\ b_i \in \mathbb{Z})$$

이라 하면

$$\begin{aligned} mn &= (a_1^2 + a_2^2 + a_3^2 + a_4^2) \cdot (b_1^2 + b_2^2 + b_3^2 + b_4^2) \\ &= (a_1b_1 + a_2b_2 + a_3b_3 + a_4b_4)^2 \\ &\quad + (a_1b_2 - a_2b_1 + a_3b_4 - a_4b_3)^2 \\ &\quad + (a_1b_3 - a_2b_4 - a_3b_1 + a_4b_2)^2 \\ &\quad + (a_1b_4 + a_2b_3 - a_3b_2 - a_4b_1)^2 \end{aligned}$$

이 항등식은 다음 복소수들의 행렬식의 계산으로 얻을 수 있다.

$$\det\begin{pmatrix} a_1 + ia_2 & -(a_3 + ia_4) \\ a_3 - ia_4 & a_1 - ia_2 \end{pmatrix} \cdot \det\begin{pmatrix} b_1 - ib_2 & b_3 + ia_4 \\ -(b_3 - ia_4) & b_1 + ib_2 \end{pmatrix}$$

$$= \det\begin{pmatrix} c_1 - ic_2 & c_3 + ic_4 \\ -(c_3 - ic_4) & c_1 + ic_2 \end{pmatrix}$$

여기서 $c_1 = a_1b_1 + a_2b_2 + a_3b_3 + a_4b_4$

$c_2 = a_1b_3 - a_2b_1 + a_3b_4 - a_4b_3$

$c_3 = a_1b_3 - a_2b_4 - a_3b_1 + a_4b_2$

$c_4 = a_1b_4 + a_2b_3 - a_3b_2 - a_4b_1$ ∎

• 보조정리 8.8 •

p가 홀수인 소수이면 합동식

$$x^2 + y^2 + 1 \equiv 0 \pmod{p}$$

는 $0 \le x_0 \le \dfrac{p-1}{2}$, $0 \le y_0 \le \dfrac{p-1}{2}$인 해 x_0, y_0가 존재한다.

증명 집합 S, T를 다음과 같이 정의하자.

$$S = \left\{1+0^2,\ 1+1^2,\ \cdots,\ 1+\left(\frac{p-1}{2}\right)^2\right\}$$

$$T = \left\{-0^2,\ -1^2,\ -2^2,\ \cdots,\ -\left(\frac{p-1}{2}\right)^2\right\}$$

분명히 S의 어떤 두 원소도 법 p에 관해 합동이 아니다. 왜냐하면

$$1+{x_1}^2 \equiv 1+{x_2}^2 \pmod{p}$$

이면

$$x_1 \equiv x_2 \pmod{p} \text{ 또는 } x_1 \equiv -x_2 \pmod{p}$$

이며 $0 < x_1 + x_2 < p$이므로 $x_1 \equiv x_2 \pmod{p}$이고 따라서 $x_1 \equiv x_2$이다. 같은 이유로 T의 어떤 두 원소도 법 p에 관해 합동이 아니다. S와 T는 모두 합해 $2\left(1+\frac{1}{2}(p-1)\right) = p+1$ 정수를 포함한다. 따라서 비둘기집 원리에 의하여 S의 어떤 원소와 T의 어떤 원소는 법 p에 관해 합동이다. 즉

$$1+{x_0}^2 \equiv -{y_0}^2 \pmod{p}$$

인 정수 x_0, y_0가 존재하여

$$0 \le x_0 \le \frac{p-1}{2},\ 0 \le y_0 \le \frac{p-1}{2}$$

을 만족한다. ∎

• 따름정리 8.9 •

p가 홀수인 소수이면 정수 $k < p$가 존재하여 kp는 네 개의 제곱수의 합이 된다.

증명 보조정리 8.8에 의해 어떤 정수 k에 대하여

$$x_0{}^2 + y_0{}^2 + 1^2 + 0^2 = kp$$

인 정수 x_0, y_0가 $0 \le x_0 \le \frac{p}{2}$, $0 \le y_0 \le \frac{p}{2}$를 만족시킨다. 따라서

$$kp = {x_0}^2 + {y_0}^2 + 1 < \frac{p^2}{4} + \frac{p^2}{4} + 1 < p^2$$

이므로 $k < p$이다. ▮

보기 8.3

보조정리 8.8에서 $p = 11$이라 놓으면

$$S = \{1+0^2,\ 1+1^2,\ 1+2^2,\ 1+3^2,\ 1+4^2,\ 1+5^2\}$$
$$T = \{-0^2,\ -1^2,\ -2^2,\ -3^2,\ -4^2,\ -5^2\}$$

법 11에 관해 $S = \{1, 2, 5, 10, 6, 4\}$이고 $T = \{0, 10, 7, 2, 6, 8\}$이다. 보조정리 8.8에 의해

$$1 + 1^2 \equiv 2 \equiv -3^2 \pmod{11},$$
$$1 + 4^2 \equiv 6 \equiv -4^2 \pmod{11}$$

을 얻는다. 따라서

$$1 \cdot 11 = 1^2 + 1^2 + 3^2 \text{이고 } 3 \cdot 11 = 1^2 + 4^2 + 4^2 \text{이다.}$$

보조정리 8.8은 우리가 보이고자 하는 정리에 필수적이다. 여기서 이차 잉여류 이론에 의한 다른 증명방법을 알아보는 것도 의미가 있을 것이다. $p \equiv 1 \pmod 4$이면 어떤 정수 x_0가 존재하여 ${x_0}^2 \equiv -1 \pmod p$를 만족하므로 $y_0 = 0$으로 하여

$${x_0}^2 + {y_0}^2 + 1 \equiv 0 \pmod p$$

이다. $p \equiv 3 \pmod 4$이면 법 p에 관해 이차 비잉여류가 되는 가장 작은 양의 정수를 $a(a \geq 2)$라 하면

$$\left(\frac{-a}{p}\right) = \left(\frac{-1}{p}\right)\left(\frac{a}{p}\right) = (-1)(-1) = 1$$

이므로 $-a$는 법 p에 관해 이차 잉여류다. 따라서 합동식

$$x^2 \equiv -a \pmod p$$

의 해 x_0가 $0 < x_0 \leq \dfrac{p-1}{2}$에 존재한다. 또한 $a-1$은 양수이고 법 p에 관해 이차 잉여류이다. 따라서 합동식

$$y^2 \equiv a-1 \pmod{p}$$

를 만족하는 해 y_0가 $0 < y_0 \leq \dfrac{p-1}{2}$에 존재한다. 그러므로

$$x_0^2 + y_0^2 + 1 \equiv -a + (a-1) + 1 \equiv 0 \pmod{p}$$ ✤

이제 보다 일반적인 사실을 알아보자.

• 정리 8.10 •

모든 소수 p는 네 개의 제곱수의 합으로 나타낼 수 있다.

증명 $p = 2$인 경우 $2 = 1^2 + 1^2 + 0^2 + 0^2$이므로 당연하다. 따라서 p가 홀수라 가정해도 좋다. kp를 네 개의 제곱수의 합, 즉

$$kp = x^2 + y^2 + z^2 + w^2$$

으로 나타낼 수 있는 가장 작은 양의 정수를 k라 놓자. 따름정리 8.9에 의해서 $k < p$가 존재한다. 먼저 k가 짝수라 가정하자. 그러면 x, y, z, w는 모두 짝수, 또는 모두 홀수, 또는 2개는 짝수, 2개는 홀수이다. 어떤 경우든 일반성을 잃지 않고

$$x \equiv y \pmod{2}, \qquad z \equiv w \pmod{2}$$

라 할 수 있다. 그러면

$$\frac{1}{2}(x-y), \quad \frac{1}{2}(x+y), \quad \frac{1}{2}(z-w), \quad \frac{1}{2}(z+w)$$

는 모두 정수이다. 따라서

$$\frac{1}{2}(kp) = \left(\frac{x-y}{2}\right)^2 + \left(\frac{x+y}{2}\right)^2 + \left(\frac{z-w}{2}\right)^2 + \left(\frac{z+w}{2}\right)^2$$

이다. 즉 $\left(\frac{1}{2}k\right)p$는 네 개의 제곱의 합이므로 k가 그 조건을 만족하는 가장 작은 정수라는 데 모순이다. 그러므로 k는 홀수이다. $k \geq 3$이라 가정하자. 나눗셈 정리에 의해

$$a \equiv x \pmod{k}, \quad b \equiv y \pmod{k}, \quad c \equiv z \pmod{k}, \quad d \equiv w \pmod{k}$$

이고

$$|a| < \frac{k}{2}, \qquad |b| < \frac{k}{2}, \qquad |c| < \frac{k}{2}, \qquad |d| < \frac{k}{2}$$

인 정수 a, b, c, d가 존재한다. 따라서

$$a^2 + b^2 + c^2 + d^2 \equiv x^2 + y^2 + z^2 + w^2 \equiv 0 \pmod{k}.$$

그러면 어떤 양의 정수 n에 대해

$$a^2 + b^2 + c^2 + d^2 = nk$$

이다. 그러므로

$$0 \leq nk = a^2 + b^2 + c^2 + d^2 < 4\left(\frac{k}{2}\right)^2 = k^2.$$

만일 $n = 0$이면 $a = b = c = d = 0$이고 따라서 $k|x$, $k|y$, $k|z$, 그리고 $k|w$이므로 $k^2|kp$, 즉 $k|p$ 이것은 $1 < k < p$에 모순이다. 그래서 $n > 0$이고 $0 < n < k$이다. 그러면

$$\begin{aligned} k^2np &= (kp)(kn) = (x^2 + y^2 + z^2 + w^2)(a^2 + b^2 + c^2 + d^2) \\ &= r^2 + s^2 + t^2 + u^2 \end{aligned}$$

여기서

$$\begin{aligned} r &= xa + yb + zc + wd \\ s &= xb - ya + zd - wc \\ t &= xc - yd - za + wb \\ u &= xd + yc - zb - wa \end{aligned}$$

이다. 또한 $r = xa + yb + zc + wd \equiv a^2 + b^2 + c^2 + d^2 \equiv 0 \pmod{k}$이고 마찬가지로 $s \equiv t \equiv u \equiv 0 \pmod{k}$이다. 따라서

$$np = \left(\frac{r}{k}\right)^2 + \left(\frac{s}{k}\right)^2 + \left(\frac{t}{k}\right)^2 + \left(\frac{u}{k}\right)^2.$$

그런데 $0 < n < k$이므로 k가 이런 조건을 만족하는 가장 작은 양의 정수라는 데 모순이다. 그러므로 $k=1$. 따라서 정리는 증명되었다. ▮

• 정리 8.11 • **라그랑주**

모든 양의 정수 n은 네 개의 제곱수의 합이다.

증명 $n=1$인 경우 $1 = 1^2 + 0^2 + 0^2 + 0^2$이므로 당연하다. $n > 1$인 경우 $n = p_1 p_2 \cdots p_k$ (p_i는 소수)로 나타내면 모든 소수 p_i는 네 개의 제곱수의 합이고 또한 그 곱도 네 개의 제곱수의 합이므로 n도 그렇다. ▮

연/습/문/제

1. 5, 7 그리고 11을 네 개의 제곱수의 합으로 나타내라. 또한 $5 \cdot 7$ 그리고 $7 \cdot 11$을 네 개의 제곱수의 합으로 나타내라.

2. 방정식 $x^2 + y^2 + z^2 + x + y + z = 1$은 정수해가 존재하지 않음을 보여라.

3. (a) 양의 정수 n이 두 제곱수의 차라는 사실과 필요충분조건은 n은 $4k+2$꼴이 아님을 보여라.
   (b) 모든 홀수인 소수는 두 연속인 수들의 제곱수의 차임을 보여라.

4. (a) 모든 양의 홀수는 $x^2 + y^2 + 2z^2$의 형태를 가짐을 보여라.
   (b) 모든 양수는 $x^2 + y^2 + z^2$이거나 $x^2 + y^2 + 2z^2$의 형태를 가짐을 보여라.
   (c) 모든 양수는 $x^2 + y^2 - z^2$의 형태를 가짐을 보여라.

5. 주어진 양의 정수 n에 대하여 n 또는 $2n$이 세 개의 제곱수의 합임을 보여라.

6. $9k+4$ 또는 $9k+5$꼴의 정수는 세 개의 세 제곱수의 합으로 나타낼 수 없음을 보여라.

7. 두 개의 세 제곱수의 합으로 나타낼 수 있는 소수는 2뿐임을 증명하여라.

8. 두 개의 세 제곱수의 차로 나타낼 수 있는 소수 p는 $3k(k+1)+1$꼴임을 증명하여라.

8.3 피타고라스 세 수

디오판토스 방정식에 관한 문제 중의 하나는 정수변을 갖는 직각삼각형을 결정하는 문제다. 즉 방정식

$$x^2 + y^2 = z^2 \tag{8.2}$$

의 정수해를 구하는 문제이다. 이 절에서 방정식 (8.2)의 모든 해를 구해보자.

• 정의 8.1 •
식 (8.2)의 정수해 $(x,\ y,\ z)$를 피타고라스 세 수(pythagorean triple)라 하고 특히 $\gcd(x,\ y,\ z) = 1$이면 이 해를 원시적 피타고라스 세 수(primitive pythagorean triple)라 한다.

예를 들어 $(3,\ 4,\ 5)$, $(5,\ 12,\ 13)$, $(12,\ 35,\ 37)$ 등은 원시적 피타고라스 세 수이다. $(x,\ y,\ z)$가 (8.2)의 해이고 $d = \gcd(x,\ y,\ z)$이면

$$\left(\frac{x}{d}\right)^2 + \left(\frac{y}{d}\right)^2 = \left(\frac{z}{d}\right)^2 \text{이며 } \gcd\left(\frac{x}{d},\ \frac{y}{d},\ \frac{z}{d}\right) = 1$$

이므로 원시적 피타고라스 세 수를 얻고 반면에, $(x,\ y,\ z)$가 (8.2)의 해이면 임의의 정수 T에 대해 $(tx,\ ty,\ tz)$도 (8.2)의 해임은 당연하다. 따라서 (8.2)의 해를 모두 구하기 위해서는 $x,\ y,\ z > 0$인 원시적 피타고라스 세 수를 모두 구하면 된다. 또한 $(x,\ y,\ z)$가 (8.2)의 원시적 피타고라스 세 수면 $\gcd(x,\ y) = \gcd(y,\ z) = \gcd(x,\ z) = 1$임을 쉽게 보일 수 있고 $x,\ y$는 반대 패리티를 갖고 따라서 z는 홀수이다. 만약 $x,\ y$가 짝수이면 z도 짝수이므로 $\gcd(x,\ y,\ z) = 2$여서 모순이고 $x,\ y$가 모두 홀수이면 $z^2 = x^2 + y^2 \equiv 2 \pmod 4$여서 또한 모순이다.

• 정리 8.12 •
방정식 (8.2)의 $x,\ y,\ z > 0$인 모든 원시적 피타고라스 세 수는

$$x=a^2-b^2,\ y=2ab,\ z=a^2+b^2 \tag{8.3}$$

이며 $a>b>0$, $\gcd(a,\ b)=1$, $a\not\equiv b\pmod 2$인 형태를 갖는다.

증명 $(x,\ y,\ z)$를 원시적 피타고라스 세 수라 하자. 또한 y를 짝수, x, z를 홀수라 가정해도 좋다. 따라서 $z-x$, $z+x$는 모두 짝수이므로

$$z-x=2u, \qquad z+x=2v$$

라 놓자. 그러면 (8.2)를

$$y^2=z^2-x^2=(z-x)(z+x)$$

와 같이 쓰면

$$\left(\frac{y}{2}\right)^2=\left(\frac{z-x}{2}\right)\left(\frac{z+x}{2}\right)=uv$$

로 된다. 또한 $\gcd(u,\ v)=d>1$이면 $d|u-v$이고 $d|u+v$이다. 따라서 $d|x$ 그리고 $d|z$ 이것은 $\gcd(x,\ z)=1$에 모순이므로 $d=1$이다. 그러므로 $u=b^2$, $v=a^2$ (a, b는 정수)라 놓으면

$$z=u+v=a^2+b^2,$$
$$x=u-v=a^2-b^2,$$
$$y^2=4uv=4a^2b^2 \ \text{즉}\ y=2ab.$$

분명히 $\gcd(a,\ b)=1$이고 u, v가 같은 패리티를 가지면 z, x는 모두 짝수이므로 u와 v는 반대 패리티를 갖는다. 즉 $a\not\equiv b\pmod 2$이다. 역으로 (8.3)은 (8.2)의 해가 됨을 쉽게 알 수 있고 이것이 원시적 피타고라스 세 수임을 보이기 위하여 $\gcd(x,\ y,\ z)=d>1$이라 하면 $p\neq 2$인 d의 소인수 p가 존재하여 $p|x$ 그리고 $p|z$이다. 따라서 $p|z+x$, $p|z-x$이다. 즉 $p|2a^2$이고 $p|2b^2$이다. 그러면 $p|a$이고 $p|b$이다. 이것은 $\gcd(a,\ b)=1$에 모순이다. 따라서 정리는 증명되었다. ∎

보기 8.4

$a=5$, $b=2$이면 $\gcd(a,\ b)=1$이고 $a\not\equiv b\pmod 2$이다. 따라서 (8.2)의 원시

적 피타고라스 세 수

$$x = 5^2 - 2^2 = 21, \quad y = 2 \cdot 5 \cdot 2 = 20, \quad z = 5^2 + 2^2 = 29$$

를 얻는다. ✣

여기서 정리 8.12의 새로운 증명 방법을 알아보자. 방정식 (8.2)의 정수해를 구하는 문제는 $X = \frac{x}{z}$, $Y = \frac{y}{z}$라 놓으면 방정식

$$X^2 + Y^2 = 1 \tag{8.4}$$

의 유리수해를 구하는 것과 동치이다. 따라서 단위원 (8.4) 위의 X, Y가 모두 유리수인 점을 구하면 된다. 기울기가 t이고 $(-1, 0)$을 통과하는 직선 $Y = t(X+1)$은 단위원 (8.4)와 두 점 $(-1, 0)$, (m, n)에서 만난다. 이 직선과 단위원 (8.4)를 연립하여 해를 구하면

$$m = \frac{1-t^2}{1+t^2} \text{ 그리고 } n = \frac{2t}{1+t^2}$$

이다. 그런데 "단위원 (8.4) 위의 점 (m, n)이 유리수점일 필요충분조건은 t가 유리수이다."라는 사실은 쉽게 알 수 있다. 그러므로 $t = \frac{b}{a}$, 기약분수라 놓고 m, n을 구하면

$$m = \frac{a^2 - b^2}{a^2 + b^2}, \qquad n = \frac{2ab}{a^2 + b^2}$$

따라서 (8.2)의 정수해 (x, y, z)의 비를 구하면

$$x : y : z = a^2 - b^2 : 2ab : a^2 + b^2$$

이다. 따라서 정리 8.12의 결과를 얻을 수 있다.

연/습/문/제

1. $z \leq 40$인 원시적 피타고라스 세 수 x, y, z를 모두 구하여라.

2. 디오판토스 방정식 $x^2 + y^2 = z^4$의 모든 해를 구하여라.

3. p가 소수일 때 $x^2 + py^2 = z^2$의 모든 해를 구하여라.

4. 각 변이 정수인 직각삼각형에 내접하는 원의 반지름이 정수임을 보여라.

5. 각 변의 정수인 직각삼각형의 면적은 6의 배수임을 보여라.

6. $\sin\theta$과 $\cos\theta$가 유리수가 되는 θ를 모두 찾아라.

7. 짝수인 y가 제곱수인 원시적 피타고라스 세 수 (x, y, z)가 무한히 많이 있음을 보여라.

8. x, y, z가 원시적 피타고라스 세 수면 x, y, z 중 정확히 하나만 5의 배수임을 보여라. 또한 xyz는 60의 배수임을 보여라.

9. 단위원 (8.4)와 직선 $Y = t(X+1)$은 두 점 $(-1, 0)$, (m, n)에서 만난다. m, n이 모두 유리수일 필요충분조건은 t가 유리수임을 증명하여라.

10. x, y, z가 원시적 피타고라스 세 수일 때 다음을 증명하여라.
    (a) $z = y + 1$인 경우

    $$x = 2t+1,\ y = 2t(t+1),\ z = 2t(t+1)+1;\ t \in \mathbb{Z}$$

    이다.

    (b) $z = x + 2$인 경우

$$x = t^2 - 1,\ y = 2t,\ z = t^2 + 1;\ t \in \mathbb{Z}$$

이다.

11. $x^2 + 4y^2 = z^2$, $xyz \neq 0$을 만족하는 정수해를 구하여라.

12. $x^2 + y^2 = 2z^2$, $xyz \neq 0$을 만족하는 정수해를 구하여라.

13. $x^2 + 2y^2 = 3z^2$, $xyz \neq 0$을 만족하는 정수해를 구하여라.

14. 주어진 m에 대하여 디오판토스 방정식 $x^2 - y^2 = m^3$은 항상 해가 존재함을 증명하여라.

15. 디오판토스 방정식 $x^2 - y^2 = m^2$이 항상 해가 존재할 필요조건 m을 구하여라.

8.4 페르마 정리

오랫동안 해결되지 못하다 1995년에 영국의 와일스(Andrew Wiles) 교수가 증명한 페르마 정리, 즉

$$x^n + y^n = z^n;\ n \geq 3 \tag{8.5}$$

은 양의 정수해가 존재하지 않는다. 이 절에서 우리는 $n = 4$인 경우의 증명을 알아보자. 이 증명 방법은 페르마가 생각한 무한내림법칙(infinite descent procedure)의 연역적 형태를 사용하고 있다 예를 들어 $(x_1,\ y_1,\ z_1)$이 (8.5)의 해라 하고 이 해로부터 새로운 (8.5)의 해 $(x_2,\ y_2,\ z_2)$를 찾을 수 있고 $z_2 < z_1$이라고 하면 같은 방법으로 계속하여 무한히 많은 해를 찾을 수 있는데 이것은 양의 정수의 정렬성의 원리에 모순되므로 (8.5)의 해가 존재하지 않는다는 것이다.

• 정리 8.13 •

$x^4 + y^4 = z^2$은 양의 정수해가 존재하지 않는다.

증명 $(x_0,\ y_0,\ z_0)$가

$$x^4 + y^4 = z^2 \tag{8.6}$$

의 양의 정수해라 가정하자. 일반성을 잃지 않고 $\gcd(x_0,\ y_0) = 1$이라 가정해도 좋다. 따라서 $({x_0}^2,\ {y_0}^2,\ z_0)$는 (8.6)의 원시적 피타고라스 세 수이다. 그러므로 정리 8.12에 의하여 정수 $a,\ b$가 존재하여

$$\begin{aligned} {x_0}^2 &= a^2 - b^2 \\ {y_0}^2 &= 2ab \\ z_0 &= a^2 + b^2 \end{aligned}$$

이며 $a > b > 0$, $\gcd(a,\ b) = 1$ 그리고 $a \not\equiv b \pmod 2$이다. 그런데 a가 짝수이면 ${x_0}^2 \equiv -1 \pmod 4$이므로 모순이다. 따라서 b가 짝수이다. $b = 2c(c$

는 정수)라 놓으면 $y_0^{\ 2} = 4ac$, 즉 $\left(\dfrac{y_0}{2}\right)^2 = ac$이다. $\gcd(a,\ c) = 1$이므로 $a = z_1^{\ 2}$, $c = w_1^{\ 2}$ (z_1, w_1 : 정수). 또한 $b^2 + x_0^{\ 2} = a^2$에서 $\gcd(a,\ b) = 1$이므로 $(b,\ x_0,\ a)$는 원시적 피타고라스 세 수이다. b가 짝수이므로 정수 s, t가 존재하여

$$b = 2st$$
$$x_0 = s^2 - t^2$$
$$a = s^2 + t^2$$

이며 따라서

$$s > t > 0,\ \gcd(s,\ t) = 1 \ \text{그리고}\ s \not\equiv t \pmod 2$$

이다. 그런데 $st = \dfrac{b}{2} = c = w_1^{\ 2}$이므로

$$s = x_1^{\ 2},\ t = y_1^{\ 2}$$

을 만족하는 정수 x_1, y_1이 존재한다. 따라서

$$z_1^{\ 2} = a = s^2 + t^2 = x_1^{\ 4} + y_1^{\ 4}$$

이고

$$0 < z_1 \le z_1^{\ 2} = a \le a^2 < a^2 + b^2 = z_0$$

이다. 따라서 (8.6)의 해 $(x_0,\ y_0,\ z_0)$로부터 $0 < z_1 < z_0$의 조건을 갖는 (8.6)의 또 다른 해 $(x_1,\ y_1,\ z_1)$을 얻었다. 같은 방법으로 $0 < z_2 < z_1$의 조건을 갖는 (8.6)의 또 다른 해 $(x_2,\ y_2,\ z_2)$를 얻을 수 있고 이와 같은 방법을 무한히 계속할 수 있다. 그러나 z_0보다 작은 양의 정수는 유한개 있으므로 모순이다. 그러므로 $x^4 + y^4 = z^2$은 양의 정수해가 존재하지 않는다. ▮

따름정리 8.14

방정식

$$x^4 + y^4 = z^4 \tag{8.7}$$

은 양의 정수해가 존재하지 않는다.

증명 $(x_0,\ y_0,\ z_0)$가 (8.7)의 양의 정수해라고 하면 $(x_0,\ y_0,\ {z_0}^2)$은 (8.6)의 양의 정수해가 되므로 모순이다. ∎

만일 $n > 2$이면 n은 4의 배수이거나 홀수인 소수 p의 배수이다. 따라서 페르마 방정식 $x^n + y^n = z^n$은

$$(x^k)^4 + (y^k)^4 = (z^k)^4 \text{ 또는}$$
$$(x^k)^p + (y^k)^p = (z^k)^p$$

의 형태로 쓸 수 있다. 그러므로 페르마 정리는 "모든 홀수인 소수 p에 대해

$$x^p + y^p = z^p$$

은 양의 정수해가 존재하지 않는다."라는 정리로 제한시킬 수 있다.

연/습/문/제

1. 디오판토스 방정식 $x^4 - y^4 = z^2$은 양의 정수해가 존재하지 않음을 보여라.

2. $(x^2+1)^4 + (y^2+2)^4 = (z+4)^2$은 정수해가 존재하지 않음을 보여라.

3. $\dfrac{1}{x^4} + \dfrac{1}{y^4} = \dfrac{1}{z^4}$은 양의 정수해가 존재하지 않음을 보여라.

4. 디오판토스 방정식 $(x^4+1)^4 + y^{12} = (z^2+1)^4$의 모든 정수해를 구하여라.

5. 디오판토스 방정식 $(x^2+y^2-4)^4 + 16 = z^2$의 모든 정수해를 구하여라.

6. $x^4 + 16 = (y^2+z^2-2)^2$은 정수해가 존재하지 않음을 보여라.

7. 각 변의 정수인 직각삼각형의 면적이 완전제곱수가 아님을 보여라.

8. 디오판토스 방정식 $x^2 + 2y^2 = z^2$의 $\gcd(x,\ y,\ z) = 1$인 모든 정수해를 구하여라.

9. 디오판토스 방정식 $x^4 - y^4 = 2z^2$의 양의 정수해가 존재하지 않음을 보여라.

10. 디오판토스 방정식 $x^4 - 4y^4 = z^2$의 양의 정수해가 존재하지 않음을 보여라.

11. 디오판토스 방정식 $x^4 + 2y^4 = z^2$의 양의 정수해가 존재하지 않음을 보여라.

12. 디오판토스 방정식 $x^4 + 5y^4 = z^2$의 양의 정수해가 존재하지 않음을 보여라.

제 9 장 피보나치 수열

9.1 피보나치 수열

중세 피사의 수학자 피보나치(다른 이름은 레오나르도)는 한 쌍의 토끼로부터 불어나는 토끼들의 수에 관한 문제를 생각하였다. 한 쌍의 토끼가 한 달에 한 쌍의 토끼를 낳고 새로 태어난 토끼들은 한 달 만에 성장하여 그 다음 달부터 한 달에 한 쌍의 토끼를 낳는다면 일 년 후에 토끼의 수는 얼마일까? 단, 한 마리의 토끼도 그 해 동안 죽지 않는다고 가정한다.

처음 한 쌍으로부터 시작하여 첫 달에 한 쌍의 새로운 토끼가 태어나고 전체 토끼는 두 쌍으로 늘어난다. 두 번째 달 동안 처음 토끼의 쌍에 의해 새로운 토끼 한 쌍이 태어난다. 그 다음 달, 첫 쌍과 두 번째 쌍의 토끼들 각각 한 쌍의 토끼를 낳고 전체적으로 세 쌍의 어른 토끼와 두 쌍의 어린 토끼들이 존재한다.

이 과정이 무한히 계속되었을 때 나타나는 다음과 같은 수열을 생각할 수 있다.

$$1, 1, 2, 3, 5, 8, 13, 21, 34, 55, 89, 144, 233, 377, \ldots$$

이 수열을 **피보나치 수열**이라 부르고 예를 들면, $f_1 = 1$, $f_2 = 1$, $f_3 = 2$ 등이다.

피보나치 수열을 점화식으로 표시하면 다음과 같다.

$$f_1 = f_2 = 1, \quad f_n = f_{n-1} + f_{n-2} \ (n \geq 3)$$

즉, 세 번째 항 이후로 각 항은 그 바로 전의 두 항의 합과 일치한다.

• 정리 9.1 •

모든 자연수 $n \geq 1$에 대해 $\gcd(f_n, f_{n+1}) = 1$이다.

증명 정수 $d \geq 1$가 f_n과 f_{n+1}을 나눈다고 가정하면, d는 그 차이 $f_{n+1} - f_n = f_{n-1}$를 나눈다. 또한 $f_n - f_{n-1} = f_{n-2}$이므로 d는 f_{n-2}를 나눈다. 이 과정을 반복하면 d는 계속해서 f_{n-3}, f_{n-4}, ... 을 나누고 결국 $f_1 = 1$을 나눈다. 따라서 $d = 1$이다. ∎

초기의 피보나치 수들 $f_3 = 2$, $f_5 = 5$, $f_7 = 13$, $f_{11} = 89$를 보면 일반적으로 $n \geq 3$이 소수일 때 피보나치 수 f_n이 소수일까 하고 추측을 하게도 되지만, 그렇지 않다. 예를 들어

$$f_{19} = 4181 = 37 \cdot 113.$$

일반적으로, 어떤 n에 대해 f_n이 소수가 되는지에 대해 알려진 사실 없을 뿐 아니라 소수인 피보나치수가 무한히 많이 존재하는지조차 알려지지 않았다. 관계있는 알려진 사실은 다음과 같은 것이 있다. 임의의 소수 p에 대해 p의 배수인 피보나치 수가 무한히 많이 존재하고 이 수들이 피보나치 수들 중에 일정한 간격으로 분포되어있다. 예를 들면 3은 n이 4의 배수인 f_n을 나누고, 5는 n이 5의 배수인 f_n을, 7은 n이 8의 배수인 f_n을 나눈다.

두 양의 정수의 최대공약수는 유클리드 호제법을 이용하여 유한 번의 나눗셈을 통해 구할 수 있다. 피보나치 수를 이용하여 두 수를 적절히 선택함으로써 필요한 나눗셈의 횟수가 원하는 만큼 많아지게 할 수 있다. 좀 더 엄밀하게 말하자면, 주어진 자연수 n에 대하여 두 양의 정수 a와 b가 존재하여 유클리드 호제법을 이용하여 최대공약수 $\gcd(a, b)$를 계산하는데 정확히 n번의 나눗셈이 필요하게 된다. 이것을 보이기 위해서 $a = f_{n+2}$, $b = f_{n+1}$로 선택하면 된다. 유클리드 호제법을 이용하기 위해 계산을 하면,

$$\begin{aligned} f_{n+2} &= 1 \cdot f_{n+1} + f_n, \\ f_{n+1} &= 1 \cdot f_n + f_{n-1}, \\ &\vdots \\ f_4 &= 1 \cdot f_3 + f_2, \\ f_3 &= 1 \cdot f_2 + 0 \end{aligned}$$

이므로 필요한 나눗셈의 횟수는 n이고 $\gcd(f_{n+2}, f_{n+1}) = f_2 = 1$이다. 따라서 연속된 두 피보나치 수는 서로소라는 사실의 또 다른 증명을 얻게 된다.

피보나치 수들의 특징들 중에 놀라운 것 하나는 두 피보나치 수의 최대공약수도 역시 피보나치 수라는 것이다. 이를 보이는 데 있어서 항등식

$$f_{m+n} = f_{m-1} f_n + f_m f_{n+1} \tag{9.1}$$

이 중요한데, 수학적 귀납법을 이용해 증명해보자. 먼저 $n = 1$이면

$$f_{m+1} = f_{m-1} + f_m = f_{m-1} f_1 + f_m f_2$$

이므로 성립한다. 이제 n이 k 이하인 수일 때 성립한다고 가정하면,

$$f_{m+k} = f_{m-1} f_k + f_m f_{k+1},$$
$$f_{m+(k-1)} = f_{m-1} f_{k-1} + f_m f_k$$

이고, 이 두 식을 더하면

$$f_{m+k} + f_{m+(k-1)} = f_{m-1}(f_k + f_{k-1}) + f_m(f_{k+1} + f_k)$$

즉

$$f_{m+k+1} = f_{m-1} f_{k+1} + f_m f_{k+2}$$

을 얻는다.

우리가 원하는 결과를 얻기 위해 다음 정리가 필요한데, 이것은 그 자체로도 흥미로운 결과이다.

• 정리 9.2 •

임의의 자연수 m, n에 대하여 f_{mn}은 f_m의 배수다.

증명 귀납법. $n = 1$일 때 $f_m = f_{m \cdot 1}$이므로 성립한다. $n \leq k$일 때 성립한다고 가정하면

항등식 (9.1)에 의하여

$$f_{m(k+1)} = f_{mk+m} = f_{mk-1} f_m + f_{mk} f_{m+1}$$

이고 가정에 의해 f_{mk}가 f_m의 배수이므로 $f_{m(k+1)}$는 f_m의 배수이다. ▮

• 보조정리 9.3 •

만일 $m = qn + r$이면, $\gcd(f_m, f_n) = \gcd(f_r, f_n)$이다.

증명 항등식 (9.1)에 의하여

$$\begin{aligned}\gcd(f_m, f_n) &= \gcd(f_{qn+r}, f_n) = \gcd(f_{qn-1}f_r + f_{qn}f_{r+1}, f_n) \\ &= \gcd(f_{qn-1}f_r, f_n)\end{aligned}$$

이 성립한다.

$\gcd(f_{qn-1}, f_n) = 1$임을 보이기 위해 $d = \gcd(f_{qn-1}, f_n)$라고 두면, $d \mid f_n$, $f_n \mid f_{qn}$이므로 $d \mid f_{qn}$이다. 즉 d는 두 연속된 피보나치 수 f_{qn-1}, f_{qn}의 공약수이고 따라서 $d = 1$이다. 쉽게 증명할 수 있는, $\gcd(a, c) = 1$이면 $\gcd(a, bc) = \gcd(a, b)$이라는 사실을 이용하면

$$\gcd(f_m, f_n) = \gcd(f_{qn-1}f_r, f_n) = \gcd(f_r, f_n)$$

임을 알 수 있다. ∎

• 정리 9.4 •

두 피보나치 수의 최대공약수는 역시 피보나치 수이다. 구체적으로

$$\gcd(f_m, f_n) = f_{\gcd(m, n)}$$

이다.

증명 일반성을 잃지 않고 $m \geq n$라고 가정할 수 있다. 유클리드 호제법을 이용하면

$$\begin{aligned}
m &= q_1 n + r_1, & 0 &< r_1 < n \\
n &= q_2 r_1 + r_2, & 0 &< r_2 < r_1 \\
r_1 &= q_3 r_2 + r_3, & 0 &< r_3 < r_2 \\
&\vdots \\
r_{n-2} &= q_n r_{n-1} + r_n, & 0 &< r_n < r_{n-1} \\
r_{n-1} &= q_{n+1} r_n + 0.
\end{aligned}$$

보조정리 9.3을 이용하면

$$\gcd(f_m, f_n) = \gcd(f_{r_1}, f_n) = \gcd(f_{r_1}, f_{r_2}) = \cdots = \gcd(f_{r_{n-1}}, f_{r_n})$$

이고, $r_n \mid r_{n-1}$ 이면 $f_{r_n} \mid f_{r_{n-1}}$ 이므로, $\gcd(f_{r_{n-1}}, f_{r_n}) = f_{r_n}$ 이다. 그런데 r_n 이 유클리드 호제법에서 양수인 마지막 나머지이므로 $r_n = \gcd(m, n)$ 이다. ∎

흥미 있는 사실은 위 정리를 이용하여 그 역을 증명할 수 있다는 것이다.

• 따름정리 9.5 •

두 피보나치 수 f_m, f_n $(m \geq 2)$에 대해 $f_m \mid f_n$ 일 필요충분조건은 $m \mid n$ 이다.

증명 보여야 할 것은 만일 f_n 이 f_m 의 배수이면, n 이 m 의 배수이다. 실제로 $f_m \mid f_n$ 이면 $\gcd(f_m, f_n) = f_m$ 이다. 위의 정리에 의해, $\gcd(f_m, f_n) = f_{\gcd(m, n)}$ 이다. 따라서 $\gcd(m, n) = m$ 이고, 그러므로 n 은 m 의 배수이다. ∎

정리 9.4의 예로서 $\gcd(f_{15}, f_{12}) = \gcd(610, 144)$을 알아보자. 유클리드 알고리듬으로부터

$$\begin{aligned}
610 &= 4 \cdot 144 + 34, \\
144 &= 4 \cdot 34 + 8, \\
34 &= 4 \cdot 8 + 2, \\
8 &= 4 \cdot 2 + 0.
\end{aligned}$$

을 얻어 $\gcd(610, 144) = 2$이다. 따라서 정리 9.4의 결과

$$\gcd(f_{15}, f_{12}) = 2 = f_3 = f_{\gcd(15,12)}$$

를 확인할 수 있다.

연/습/문/제

1. 다음을 보여라.

   (a) f_n이 2의 배수이면, $4 \mid (f_{n+1}{}^2 - f_{n-1}{}^2)$이다.

   (b) f_n이 3의 배수이면, $9 \mid (f_{n+1}{}^3 - f_{n-1}{}^3)$이다.

2. 처음 n개의 피보나치 수들이 다음을 만족함을 보여라.

$$f_1^2 + f_2^2 + \cdots + f_n^2 = f_n f_{n+1}$$

   [힌트: $n \geq 2$이면 $f_n^2 = f_n f_{n+1} - f_n f_{n-1}$이다.]

3. (a) $\gcd(f_{24}, f_{36})$을 구하여라.

   (b) f_{24}와 f_{36}을 나누는 피보나치 수를 구하여라.

4. (a) $4 \mid f_n$일 필요충분조건은 $6 \mid n$임을 보여라.

   (b) (a)에서와 같이 $2 \mid f_n$, $3 \mid f_n$, 그리고 $5 \mid f_n$일 필요충분조건을 각각 구하여라.

5. 모든 자연수 m, n에 대해 $\gcd(m, n) = 1$이면 f_{mn}이 $f_m f_n$의 배수임을 증명하여라.

6. 자연수 n에 대해 $2^{n-1} f_n \equiv n \pmod 5$임을 증명하여라.

   [힌트: 귀납법을 이용하고 $2^n f_{n+1} = 2(2^{n-1} f_n) + 4(2^{n-1} f_{n-2})$을 적용]

7. 모든 소수 p는 어떤 피보나치 수의 약수임을 보여라.

9.2 피보나치 항등식

우리는 피보나치 수에 관한 기본적인 항등식들에 관하여 알아보자. 이 항등식들은 이 절의 끝부분에 있는 문제를 풀 때 유용할 것이다. 그중 한 가지가 처음 n개의 피보나치 수들의 합이 $f_{n+2}-1$과 같다는 것이다.

예를 들어 처음 여덟 개의 피보나치 수들을 보면 다음을 얻을 수 있다.

$$1+1+2+3+5+8+13+21=54=55-1=f_{10}-1.$$

일반화된 식은 다음의 관계식들의 통해서 얻을 수 있다.

$$\begin{aligned} f_1 &= f_3 - f_2 \\ f_2 &= f_4 - f_3 \\ f_3 &= f_5 - f_4 \\ &\vdots \\ f_{n-1} &= f_{n+1} - f_n \\ f_n &= f_{n+2} - f_{n+1} \end{aligned}$$

왼편의 식을 모두 더한 것이 처음 n개의 피보나치 수들의 합이고 오른편에 식을 더한 것이 $f_{n+2}-f_2$이다. 여기서 $f_2=1$이므로 다음 결론을 얻을 수 있다.

$$f_1+f_2+\cdots+f_n=f_{n+2}-1.$$

또 다른 피보나치 항등식으로 다음 식이 있다.

$$f_n^2=f_{n+1}f_{n-1}+(-1)^{n-1},\ n\ge 2.$$

예를 들어 $n=6$인 경우와 $n=7$인 경우를 알아보자.

$$f_6^2=8^2=13\cdot 5-1=f_7f_5-1,$$

$$f_7^2=13^2=21\cdot 8+1=f_8f_6+1.$$

• 정리 9.6 •

피보나치 수들은 다음 항등식을 만족한다.

$$f_n^2 = f_{n+1}f_{n-1} + (-1)^{n-1}, \ n \geq 2.$$

증명 피보나치 수의 정의에 의해 다음을 얻을 수 있다.

$$\begin{aligned} f_n^2 - f_{n+1}f_{n-1} &= f_n(f_{n-1} + f_{n-2}) - f_{n+1}f_{n-1} \\ &= (f_n - f_{n+1})f_{n-1} + f_nf_{n-2.} \end{aligned}$$

우리는 피보나치수열의 성질로부터 $f_{n-1} = f_{n+1} - f_n$임을 알고 있고 $-f_{n-1}$항으로 정리해주면 위 식은 다음과 같이 표현되어 진다.

$$f_n^2 - f_{n+1}f_{n-1} = (-1)(f_{n-1}^2 - f_nf_{n-2}).$$

여기에서 주목할 점은 왼편의 식과 오른편의 식과 비교하면 각 항의 첨자가 1차이 나는 것과 부호를 제외하고 같다는 것이다. 이를 반복해서 $f_{n-1}^2 - f_nf_{n-2}$은 $(-1)(f_{n-2}^2 - f_{n-1}f_{n-3})$과 같다는 것을 보일 수 있다. 따라서 다음 식을 얻는다.

$$f_n^2 - f_{n+1}f_{n-1} = (-1)^2(f_{n-2}^2 - f_{n-1}f_{n-3}).$$

이 과정을 $n-2$번 반복하여 다음 결론을 얻을 수 있다.

$$\begin{aligned} f_n^2 - f_{n+1}f_{n-1} &= (-1)^{n-2}(f_2^2 - f_3f_1) \\ &= (-1)^{n-2}(1^2 - 2 \cdot 1) \\ &= (-1)^{n-1}. \end{aligned}$$

$n = 2k$인 경우에 대하여 식은 다음이 된다.

$$f_{2k}^2 = f_{2k+1}f_{2k-1} - 1.$$

∎

우리는 정리 9.6으로부터 기하학에서 잘 알려진 나음 내용을 생각해 보자. 한 변의 길이가 8인 정사각형을 쪼개서 한 변의 길이가 13이고 나머지 변의 길이가 5인 직사각형을 만들 수 있다는 속임을 볼 수 있다. 이를 보이기 위해 정사각형을 아래 왼편의 그림과 같이 4개의 조각으로 나누고 아래 오른편과 같이 다시 배열한다.

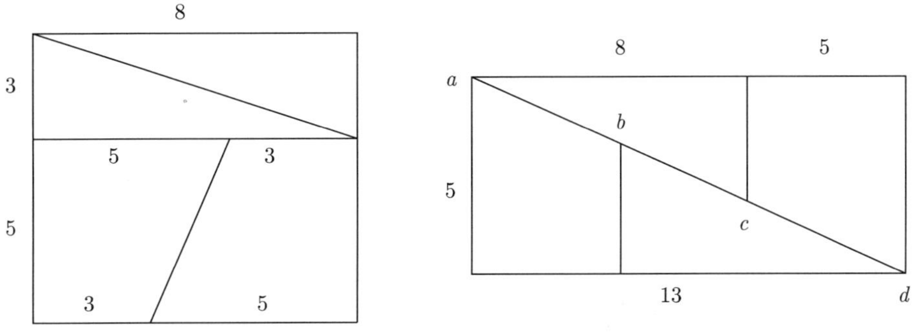

정사각형의 면적은 64이고 직사각형의 면적은 $5 \cdot 13 = 65$이다. 따라서 면적은 1만큼 차이가 생긴다. 이 퍼즐은 쉽게 설명할 수 있다. 점 a, b, c, d는 직사각형의 대각선위에 위치하지 않는다. 대신 이 점들은 면적이 1인 평행사변형 위의 점들이다.

위에서 말한 구성은 한 변의 길이가 피보나치 수 f_{2k}인 임의의 정사각형에 대하여 생각할 수 있다. 정사각형을 아래와 같이 나누자.

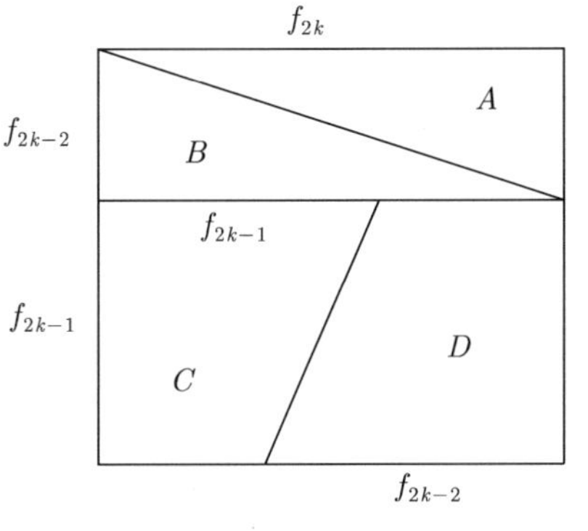

이 조각들로 아래와 같이 얇은 평행사변형 모양의 구멍을 품은 직사각형을 만들 수 있다.

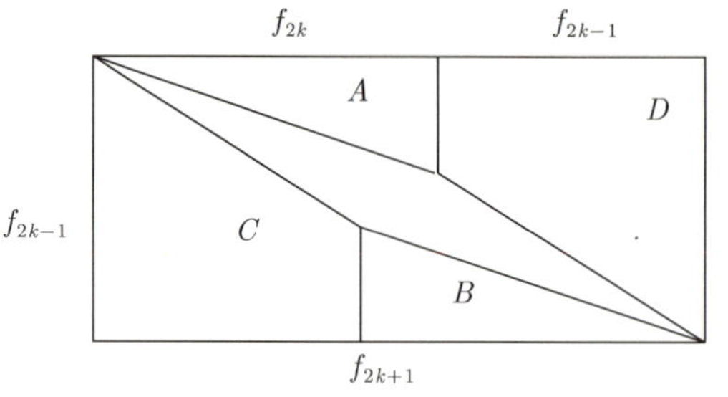

등식 $f_{2k-1}f_{2k+1} - 1 = f_{2k}^2$은 정사각형의 면적이 직사각형의 면적에서 평행사변형의 면적을 뺀 값과 같다는 사실로 설명되어 질 수 있다. 여기에서 평행사변형의 높이는 아래와 같아진다는 것을 알 수 있다.

$$\frac{1}{\sqrt{f_{2k}^2 + f_{2k-2}^2}}.$$

f_{2k}가 큰 값을 가질 때(예를 들어 $f_{2k} = 144, f_{2k-2} = 55$), 평행사변형 모양의 홈은 눈에 거의 보이지 않을 정도로 좁아진다.

다음은 모든 양의 정수는 서로 다른 피보나치 수들의 합으로 표현되어짐을 보인다. 예를 들어 몇 개의 양의 정수들을 살펴보자.

$$\begin{aligned}
&1 = f_1\\
&2 = f_3\\
&3 = f_4\\
&4 = f_1 + f_4\\
&5 = f_5 = f_3 + f_4\\
&6 = f_1 + f_5 = f_1 + f_3 + f_4\\
&7 = f_3 + f_5 = f_1 + f_2 + f_3 + f_4\\
&8 = f_6 = f_4 + f_5.
\end{aligned}$$

• 정리 9.7 •

임의의 양의 정수는 서로 다른 피보나치 수들의 합으로 표현되어질 수 있다.

증명 수학적 귀납법을 이용하여 각 정수 1, 2, 3, ... , $f_n - 1$이 피보나치 수들의 집합 $f_1, f_2, \ldots, f_{n-2}$의 서로 다른 원소들의 합으로 표현됨을 증명한다. 우선 $n = k$인 경우 위 내용이 성립한다고 가정하고 $f_{k-1} < N < f_{k+1}$

인 N을 선택하자. $N-f_{k-1} < f_{k+1} - f_{k-1} = f_k$이므로 정수 $N-f_{k-1}$은 집합 f_1, f_2, ..., f_{k-2}의 서로 다른 원소들의 합으로 나타내어진다. 여기에서 N은 집합 f_1, f_2, ..., f_{k-2}의 서로 다른 원소들과 f_{k-1}의 합으로 표현됨을 알 수 있다. 따라서 정수 1, 2, 3, ..., $f_{k+1}-1$들은 집합 f_1, f_2, ..., f_{k-2}, f_{k-1}의 서로 다른 원소들의 합으로 나타내어질 수 있다. 수학적 귀납법에 의해 정리를 얻는다. ▮

1843년 비네(Binet)는 f_n을 구하는 공식을 찾았다. 즉

$$f_n = \frac{1}{\sqrt{5}}\left[\left(\frac{1+\sqrt{5}}{2}\right)^n - \left(\frac{1-\sqrt{5}}{2}\right)^n\right]$$

이다. 이 식은 이차방정식 $x^2 - x + 1 = 0$의 두 근

$$\alpha = \frac{1+\sqrt{5}}{2},\ \beta = \frac{1-\sqrt{5}}{2}$$

로부터 얻어진다.

α, β가 $\alpha^2 = \alpha + 1$, $\beta^2 = \beta + 1$을 만족하므로 모든 자연수 n에 대하여

$$\alpha^{n+2} = \alpha^{n+1} + \alpha^n,\ \beta^{n+2} = \beta^{n+1} + \beta^n$$

을 만족한다. 두 식의 차를 $\alpha - \beta$로 나누면

$$\frac{\alpha^{n+2} - \beta^{n+2}}{\alpha - \beta} = \frac{\alpha^{n+1} - \beta^{n+1}}{\alpha - \beta} + \frac{\alpha^n - \beta^n}{\alpha - \beta}$$

을 얻는다. 따라서, $A_n = \dfrac{\alpha^n - \beta^n}{\alpha - \beta}$이라 놓으면 위 식은

$$A_{n+2} = A_{n+1} + A_{n,}\ n \geq 1$$

이 된다. 여기서 $\alpha + \beta = 1$, $\alpha\beta = -1$, $\alpha - \beta = \sqrt{5}$이므로

$$A_1 = 1,\ A_2 = 1,\ A_n = \frac{\alpha^n - \beta^n}{\alpha - \beta},\ n \geq 1$$

이 되어 A_n이 바로 피보나치 수열이 됨을 알 수 있다. 따라서 $f_n = \dfrac{\alpha^n - \beta^n}{\alpha - \beta}$, $n \geq 1$이다. 이와 같은 공식으로 우리는 다음 항등식을 얻을 수 있다.

• 정리 9.8 •

모든 자연수 n에 대해

$$f_{n+2}{}^2 - f_n{}^2 = f_{2n+2}$$

증명 우선 $\alpha\beta = -1$로부터 $(\alpha\beta)^n = (-1)^n$을 얻는다. 그러면

$$\begin{aligned} f_{n+2}{}^2 - f_n{}^2 &= \left(\frac{\alpha^{n+2} - \beta^{n+2}}{\alpha - \beta}\right)^2 - \left(\frac{\alpha^n - \beta^n}{\alpha - \beta}\right)^2 \\ &= \frac{\alpha^{2(n+2)} + \beta^{2(n+2)} - 2(\alpha\beta)^n}{(\alpha - \beta)^2} - \frac{\alpha^{2n} + \beta^{2n} - 2(\alpha\beta)^n}{(\alpha - \beta)^2} \\ &= \frac{\alpha^{2(n+2)} + \beta^{2(n+2)} - \alpha^{2n} - \beta^{2n}}{(\alpha - \beta)^2} \end{aligned}$$

에서 분자를 정돈하면

$$\begin{aligned} &\alpha^{2(n+2)} + \beta^{2(n+2)} - \alpha^{2n} - \beta^{2n} \\ &\quad = \alpha^{2(n+2)} - (\alpha\beta)^2\alpha^{2n} - (\alpha\beta)^2\beta^{2n} + \beta^{2(n+2)} \\ &\quad = (\alpha^2 - \beta^2)(\alpha^{2n+2} - \beta^{2n+2}) \end{aligned}$$

을 얻는다. 그러므로

$$\begin{aligned} f_{n+2}{}^2 - f_n{}^2 &= (\alpha + \beta)\left(\frac{\alpha^{2n+2} - \beta^{2n+2}}{\alpha - \beta}\right) \\ &= f_{2n+2} \end{aligned}$$

∎

비네 공식은 피보나치 수의 값을 얻는데 도움이 된다.

참고로 $\left|f_n - \dfrac{\alpha^n}{\sqrt{5}}\right| = \left|\dfrac{\alpha^n - \beta^n}{\sqrt{5}} - \dfrac{\alpha^n}{\sqrt{5}}\right| = \left|\dfrac{\beta^n}{\sqrt{5}}\right| < \dfrac{1}{\sqrt{5}} < \dfrac{1}{2}$이므로 f_n은

$\dfrac{\alpha^n}{\sqrt{5}}$에 가장 가까운 정수임을 알 수 있다. 즉, $f_n = \left[\dfrac{\alpha^n}{\sqrt{5}} + \dfrac{1}{2}\right]$이다

• 정리 9.9 •

모든 소수 $p > 5$에 대하여 $p \mid f_{p-1}$이거나 $p \mid f_{p+1}$이다. 그러나 둘이 동시에 성립하지 않는다.

증명

$$\begin{aligned} f_p &= \frac{\alpha^p - \beta^p}{\sqrt{5}} \\ &= \frac{1}{2^p \cdot \sqrt{5}}\left[1 + \binom{p}{1}\sqrt{5} + \binom{p}{2}5 + \cdots + \binom{p}{p}5^{\frac{p-1}{2}}\sqrt{5}\right] \\ &\quad - \frac{1}{2^p \cdot \sqrt{5}}\left[1 - \binom{p}{1}\sqrt{5} + \binom{p}{2}5 - \cdots - \binom{p}{p}5^{\frac{p-1}{2}}\sqrt{5}\right] \\ &= \frac{1}{2^{p-1}}\left[\binom{p}{1} + \binom{p}{3}5 + \binom{p}{5}5^2 + \cdots + \binom{p}{p}5^{\frac{p-1}{2}}\right] \end{aligned}$$

$1 \le k \le p-1$에 대하여, $\binom{p}{k} \equiv 0 \pmod{p}$이고 $2^{p-1} \equiv 1 \pmod{p}$이므로

$$f_p \equiv 2^{p-1} f_p \equiv \binom{p}{p} 5^{\frac{p-1}{2}} = 5^{\frac{p-1}{2}} \pmod{p}$$

이다. 따라서 $f_p \equiv \left(\dfrac{5}{p}\right) \equiv \pm 1 \pmod{p}$이므로 $f_p{}^2 \equiv 1 \pmod{p}$이다. 그런데 $f_p{}^2 = f_{p-1}f_{p+1} + (-1)^{p-1}$에서 $f_{p-1}f_{p+1} \equiv 0 \pmod{p}$를 얻는다. 정리 9.2에 의해서 $\gcd(f_{p-1},\ f_{p+1}) = f_2 = 1$을 알 수 있어 정리의 결론을 얻는다. ∎

$f_5 = 5$와 $f_7 = 13$처럼 f_p 자신이 소수일 수 있지만 f_p가 합성수인 경우에 대해 알아보자.

• 정리 9.10 •

소수 $p \geq 7$는 $p \equiv 2 \pmod 5$ 또는 $p \equiv 4 \pmod 5$라 하자. 만일 $2p-1$이 소수이면 $2p-1 \mid f_p$이다.

증명 어떤 정수 k에 대해 $p = 5k+2$라 하자. $f_p = \dfrac{\alpha^p - \beta^p}{\sqrt{5}}$에서

$$5f_p^2 = \frac{1}{2^{2p-1}}\left[1 + \binom{2p}{2}5 + \binom{2p}{4}5^2 + \cdots + \binom{2p}{2p}5^p\right] + 2$$

를 얻고 $2 \leq k \leq 2p-1$에 대해 $\dbinom{2p}{k} \equiv 0 \pmod{2p-1}$이고 $2^{2p-1} \equiv 2 \pmod{2p-1}$이므로 $2 \cdot 5 \cdot f_p^2 \equiv (1+5^p)+4 \pmod{2p-1}$ 또는 $2f_p^2 \equiv 1+5^{p-1} \pmod{2p-1}$이다.

그런데 $5^{p-1} = 5^{2p-2/2} \equiv \left(\dfrac{5}{2p-1}\right) \pmod{2p-1}$이고 또한 $\left(\dfrac{5}{2p-1}\right) = \left(\dfrac{2p-1}{5}\right) = \left(\dfrac{10k+3}{5}\right) = \left(\dfrac{3}{5}\right) = -1$이므로 $2f_p^2 \equiv 0 \pmod{2p-1}$이다. 따라서 $2p-1 \mid f_p$이다. $p \equiv 4 \pmod 5$인 경우는 똑같은 방법으로 보일 수 있다. ∎

연/습/문/제

1. 수학적 귀납법을 이용하여 다음 식이 성립함을 보여라.

$$f_1 + 2f_2 + 3f_3 + \cdots + nf_n = (n+1)f_{n+2} - f_{n+4} + 2.$$

2. (9.1)식으로부터 다음을 유도하여라.

$$f_{2n-1} = f_n^2 + f_{n-1}^2, \quad f_{2n} = f_{n+1}^2 - f_{n-1}^2, \quad n \geq 2.$$

3. 정수 50, 75, 100, 그리고 125를 서로 다른 피보나치 수들의 합으로 나타내시오.

4. $n \geq 1$일 때 다음 식이 성립함을 보여라.

(a) $\binom{n}{1}f_1+\binom{n}{2}f_2+\binom{n}{3}f_3+\cdots+\binom{n}{n}f_n=f_{2n}$,

(b) $-\binom{n}{1}f_1+\binom{n}{2}f_2-\binom{n}{3}f_3+\cdots+(-1)^n\binom{n}{n}f_n=-f_n$.

5. 다음 식을 유도하여라.

$$f_n=\binom{n-1}{0}+\binom{n-2}{1}+\binom{n-3}{2}+\cdots+\binom{n-j}{j-1}+\binom{n-j-1}{j}.$$

여기서 j는 $(n-1)/2$을 넘지 않는 최대 정수이다.

[힌트: $\binom{m}{k}=\binom{m-1}{k}+\binom{m-1}{k-1}$.]

9.3 피보나치 수열의 주기성

수열 $\{a_n\}$에 대해 임의의 양의 정수 i에 대해 $a_i = a_{i+h}$를 만족하는 최소의 양의 정수 h가 존재하면, $\{a_n\}$을 주기 h를 갖는 주기수열(periodic sequence)이라 한다. 피보나치 수열 $\{f_n\}$은 증가 수열이므로 주기수열이 될 수 없다. 하지만 f_n의 값을 법 m에 대해 제한하면 주기성을 가지게 된다.

$a \pmod m$을 a와 법 m에 대해 합동인 m보다 작은 음수가 아닌 정수라고 하고, $h = h(m)$을 법 m에 대한 피보나치 수열 $f_n \pmod m$의 주기라 하자. 이 절에서는 $f_n \pmod m$과 h의 특징에 대해 알아보기로 한다.

• 정리 9.11 •

$f_n \pmod m$은 주기 수열이다.

증명 피보나치 수열의 법 m에 대한 연속한 두 수의 순서쌍 (f_i, f_{i+1})을 생각하자. 가능한 모든 순서쌍의 개수가 m^2을 넘지 못하므로 $(f_i, f_{i+1}) = (f_1, f_2)$를 만족하는 양의 정수 i가 존재한다. ∎

예제

법 8에 대한 피보나치 수열은 1, 1, 2, 3, 5, 0, 5, 5, 2, 7, 1, 0, 1, 1, ⋯이다. 그러므로 $h(8) = 12$이다.

$f_n \pmod m$의 주기를 h라 할 때, $f_{h+1} \equiv f_{h+2} \equiv 1 \pmod m$이므로 $f_h \equiv 0 \pmod m$이 된다. 이 사실로부터 n이 h의 배수이면 $f_n \equiv 0 \pmod m$임을 알 수 있다. 반대로 $f_n \equiv 0 \pmod m$을 만족하는 n을 모두 찾아보면 어떤 양의 약수의 배수들의 집합이 됨을 다음 정리를 통해 알 수 있다.

• 정리 9.12 •

$f_n \equiv 0 \pmod{m}$을 만족하는 모든 자연수 n의 집합이 d의 배수의 집합이 되는 자연수 d가 존재한다.

증명 정리 9.1과 항등식 (9.1)에 의해 $\gcd(f_n, f_{n+1})=1$이고 $f_{n+t}=f_{n+1}f_t+f_nf_{t-1}$이므로, $i>j$일 때 $f_i\equiv f_j\equiv 0 \pmod{m}$이면 $f_{i+j}\equiv f_{i-j}\equiv 0 \pmod{m}$이다. ($n=i,\ t=j$라 두면 $f_{i+j}\equiv f_{i+1}f_j+f_if_{j-1}\equiv 0 \pmod{m}$. $n+t=i,\ n=j$이면 $f_i\equiv f_{j+1}f_{i-j}+f_jf_{i-j-1} \pmod{m}$이므로 $f_{j+1}f_{i-j}\equiv 0 \pmod{m}$. $\gcd(f_j, f_{j+1})=1$이므로 $f_{i-j}\equiv 0 \pmod{m}$.) 법 m에 대해 0이 되는 가장 작은 양의 정수를 d라 하고 $f_e\equiv 0 \pmod{m}$을 만족하는 d의 배수가 아닌 양의 정수 e가 존재한다고 가정하면, $e>d$이므로 $e=qd+r,\ 0<r<d$를 만족하는 정수 $q,\ r$이 존재하고 $f_r\equiv 0 \pmod{m}$이므로 모순이다. 즉, $f_n\equiv 0 \pmod{m}$이면 n은 d의 배수이다. 그리고 $f_i\equiv f_j\equiv 0 \pmod{m}$이면 $f_{i+j}\equiv 0 \pmod{m}$이므로, 모든 d의 배수 n에 대해 $f_n\equiv 0 \pmod{m}$이다. ∎

참고 정리 9.12의 d는 항상 h의 약수이다.

• 정리 9.13 •

$m>2$이면 h는 짝수이다.

증명 $f_i\equiv f_{i+2}-f_{i+1}$이므로 $f_{h+1}\equiv 1,\ f_{h+2}\equiv 1$에서 $f_h\equiv 0$임을 알 수 있다. h를 홀수라 가정하자. $x=\dfrac{h-1}{2}$라 두면,

$$f_{h-1}\equiv 1=f_1,\ -f_{h-2}\equiv -f_h+f_{h-1}\equiv 0+f_1=f_2,$$
$$\cdots$$
$$(-1)^{t-1}f_{h-t}\equiv(-1)^{t-1}f_{h-t+2}+(-1)^t f_{h-t+1}\equiv f_{t-2}+f_{t-1}\equiv f_t,$$
$$\cdots$$
$$(-1)^{x-2}f_{x+2}\equiv f_{x-1},\ (-1)^{x-1}f_{x+1}\equiv f_x.$$

위 합동식으로부터 x가 홀수이면 $f_{x-1} \equiv 0$, x가 짝수이면 $f_{x+2} \equiv 0$이 된다. 그런데 $(-1)^{x-2} f_{x+2} \equiv f_{x-1}$에 의해 x의 패러티에 상관없이 $f_{x-1} \equiv 0$이다.

정리 9.12의 d에 대해 $d \mid x-1$에서 $d \mid 2x-2$이고, $d \mid h = 2x+1$.

그러므로 $d \mid (2x+1-(2x-2))$. 즉 $d=3$이다. $f_d = f_3 = 2 \equiv 0$이므로 $m=2$일 때만 h가 홀수이다. ▮

• 정리 9.14 •

m이 $\prod p_i^{e_i}$으로 소인수분해 되고 $f_n \pmod{p_i^{e_i}}$의 주기가 h_i이면, $h = \mathrm{lcm}[h_i]$이다.

정리 9.14의 증명은 연습문제로 남기기로 한다. 위 정리에 의해 법 p^e꼴에 대한 f_n의 주기만 구하면 모든 양의 정수 m에 대한 $f_n \pmod{m}$의 주기를 구할 수 있음을 알 수 있다. 마지막으로 몇 가지 유형의 소수 p를 법으로 하는 피보나치 수열의 주기 $h(p)$의 성질을 알아보고 이 절을 끝내기로 한다.

• 정리 9.15 •

$p = 10x \pm 1$이면 $h(p) | (p-1)$이다.

증명 5는 $10x \pm 1$꼴의 소수 p에 대한 이차 잉여류이므로 합동식 $(2x-1)^2 \equiv 5 \pmod{p}$는 서로 다른 두 해 α, β를 갖는다. 법 p에 대해 $(2x-1)^2 - 5$와 $x^2 - x - 1$이 합동이므로 $x^2 - x - 1 \equiv 0 \pmod{p}$역시 두 해 α, β를 갖는다. 9.2절의 내용에서 $f_n \equiv \dfrac{\alpha^n - \beta^n}{\alpha - \beta} \pmod{p}$가 된다.

r을 $\alpha \pmod{p}$의 위수, s를 $\beta \pmod{p}$의 위수, $l = \mathrm{lcm}(r, s)$라 하자. $\alpha\beta \equiv -1 \pmod{p}$이므로, r이 짝수일 때는 $l = r$이고 r이 홀수일 때는 $l = 2r$이다. l은 r과 s의 공배수이므로 $\alpha^{l+1} \equiv \alpha \pmod{p}$, $\beta^{l+1} \equiv \beta \pmod{p}$. 즉, $f_{l+1} = 1 \pmod{p}$. 그리고 $f_{l+2} \equiv \alpha + \beta \equiv 1 \pmod{p}$이므로 $h(p) | l$이고, 페르마의 정리에 의해 $l | p-1$이므로 $h(p) | p-1$이다. ▮

• 정리 9.16 •

$p = 10x \pm 3$이면 $h(p) \mid (2p+2)$이다.

증명 5는 법 $p = 10x \pm 3$에 대해 이차 비잉여류이므로 $5^{\frac{p-1}{2}} \equiv -1 \pmod{p}$ 이다. 정리 9.9의 증명에서

$$f_n = \frac{1}{2^{n-1}}\left[\binom{n}{1} + 5\binom{n}{3} + 5^2\binom{n}{5} + \cdots + 5^{\frac{n-1}{2}}\binom{n}{n}\right]$$

이므로 이 식에 $n = p$를 대입하면

$$f_p \equiv 5^{\frac{p-1}{2}}\binom{p}{p} \equiv -1 \pmod{p}$$

이고, $n = p+1$을 대입하면

$$f_{p+1} \equiv \frac{1}{2}\left[\binom{p+1}{1} - \binom{p+1}{p}\right] \equiv 0 \pmod{p}.$$

위 합동식에서 $f_{p+2} \equiv -f_1$, $f_{p+3} \equiv -f_2$이므로 이 과정을 반복하면 $f_{2p+1} \equiv -f_p \equiv 1$, $f_{2p+2} \equiv -f_{p+1} \equiv 0 \pmod{p}$를 얻을 수 있다. 그러므로 $h(p) \mid (2p+2)$이다. ∎

연/습/문/제

1. 법 7에 대한 피보나치 수열의 주기 $h(7)$을 구하고, $\{f_1, \cdots f_h\}$를 나열하라.

2. 정리 9.14를 증명하여라.

3. $p = 10x \pm 3$이면 $h(p) \equiv 0 \pmod{4}$임을 보여라.

제 10 장 연분수와 펠 방정식

10.1 유한 연분수

유클리드 호제법을 이용하여 유리수를 연분수(continued fraction)로 나타낼 수 있다. 예를 들어 32와 19를 유클리드 호제법에 적용하면

$$32 = 1 \cdot 19 + 13$$
$$19 = 1 \cdot 13 + 6$$
$$13 = 2 \cdot 6 + 1$$

을 얻어 다음과 같이 $\frac{32}{19}$의 연분수를 얻는다.

$$\begin{aligned}\frac{32}{19} &= 1 + \cfrac{1}{\cfrac{19}{13}} \\ &= 1 + \cfrac{1}{1 + \cfrac{1}{\cfrac{13}{6}}} \\ &= 1 + \cfrac{1}{1 + \cfrac{1}{2 + \cfrac{1}{6}}}\end{aligned}$$

• 정의 10.1 •

다음과 같은 분수를 유한 연분수(finite continued fraction)라 한다.

$$a_0 + \cfrac{1}{a_1 + \cfrac{1}{a_2 + \cfrac{1}{a_3 + \ddots + \cfrac{1}{a_{n-1} + \cfrac{1}{a_n}}}}} \tag{10.1}$$

여기서 a_0는 실수, $a_1, \cdots, a_n$은 양의 실수이다. 또한 $a_1, \cdots, a_n$을 이 연

분수의 부분몫(partial quotient)이라 하고 모든 a_i가 정수가 되면 이 연분수를 유한 단순 연분수(finite simple continued fraction)라 한다.

• 정리 10.1 •

모든 유리수는 유한 단순 연분수로 나타낼 수 있다.

증명 임의의 유리수를 $\frac{u_0}{u_1}$ $(u_1 > 0)$라 놓으면 유클리드 호제법에 의해

$$\begin{aligned} u_0 &= u_1 a_0 + u_2, \quad 0 < u_2 < u_1 \\ u_1 &= u_2 a_1 + u_3, \quad 0 < u_3 < u_2 \\ u_2 &= u_3 a_2 + u_4, \quad 0 < u_4 < u_3 \\ &\vdots \\ u_{n-1} &= u_n a_{n-1} + u_{n+1}, \quad 0 < u_{n+1} < u_n \\ u_n &= u_{n+1} a_n \end{aligned} \tag{10.2}$$

을 얻는다. 모든 나머지 $u_2, \cdots, u_{n+1}$은 양의 정수이므로 $a_1, a_2, \cdots, a_n$은 모두 양수이다. 모든 $0 \le i \le n$에 대해 $\alpha_i = \frac{u_i}{u_{i+1}}$이라 놓으면 (10.2)는

$$\alpha_i = a_i + \frac{1}{\alpha_{i+1}}, \quad 0 \le i \le n-1 \, ; \alpha_n = a_n \tag{10.3}$$

으로 표현된다. $i=0$, $i=1$인 경우의 두 방정식으로부터

$$\alpha_0 = a_0 + \cfrac{1}{a_1 + \cfrac{1}{\alpha_2}}$$

을 얻고 $i=2$인 경우의 방정식을 여기에 대입하면

$$\alpha_0 = a_0 + \cfrac{1}{a_1 + \cfrac{1}{a_2 + \cfrac{1}{\alpha_3}}}$$

을 얻는다. 이와 같이 계속 반복하여

$$\frac{u_0}{u_1} = \alpha_0 = a_0 + \cfrac{1}{a_1 + \cfrac{1}{a_2 + \cfrac{1}{a_3 + \ddots + \cfrac{1}{a_{n-1} + \cfrac{1}{a_n}}}}} \tag{10.4}$$

을 얻어 정리는 증명된다. ▮

편의상 유한 단순 연분수 (10.4)를 $[a_0 ; a_1, a_2, \cdots, a_n]$으로 쓰기로 하자. 예를 들어 $\frac{32}{19} = [1 ; 1, 2, 6]$ 그리고 $\frac{19}{51} = [0 ; 2, 1, 2, 6]$이다.

• 정리 10.2 •

모든 유한 단순 연분수는 유리수이다.

증명 $[a_0 ; a_1, \cdots, a_n]$을 주어진 유한 단순 연분수라 하자. n에 대한 수학적 귀납법을 쓰면 $n = 1$인 경우

$$[a_0 ; a_1] = a_0 + \frac{1}{a_1} = \frac{a_0 a_1 + 1}{a_1}$$

은 유리수이다. a_0는 정수 $a_1, \cdots, a_k$는 양의 정수일 때 $[a_0;a_1, \cdots, a_k]$가 유리수라 가정하자. 그러면 다음 관계식

$$[a_0 ; a_1, \cdots, a_{k+1}] = a_0 + \frac{1}{[a_1 ; a_2, \cdots, a_{k+1}]}$$

에서 $[a_1 ; a_2, \cdots, a_{k+1}]$이 유리수이므로 $[a_0 ; a_1, \cdots, a_{k+1}]$은 유리수임을 알 수 있다. ▮

유리수를 유한 단순 연분수로 표현하는 방법은 유일하지 않음을 알 수 있다. $[a_0 ; a_1, \cdots, a_n]$이 한 유리수의 유한 단순 연분수라 하자. 만일 $a_n > 1$이면

$$a_n = (a_n - 1) + 1 = (a_n - 1) + \frac{1}{1}, \quad a_n - 1 > 0$$

이므로

$$[a_0; a_1, \cdots, a_n] = [a_0; a_1, \cdots, a_{n-1}, a_n - 1, 1]$$

이고 반면에 $a_n = 1$이면

$$a_{n-1} + \frac{1}{a_n} = a_{n-1} + \frac{1}{1} = a_{n-1} + 1,$$

이므로 $[a_0; a_1, \cdots, a_n] = [a_0; a_1, \cdots, a_{n-2}, a_{n-1} + 1]$이다. 더욱이 우리는 다음 정리를 얻는다.

• 정리 10.3 •

두 유한 단순 연분수가 $[a_0; a_1, \cdots, a_n] = [b_0; b_1, \cdots, b_j]$이고 $a_n > 1$, $b_j > 1$이면 $n = j$이고 모든 $i = 0, 1, \cdots, n$에 대해 $a_i = b_i$이다.

증명 $y_i = [b_i; b_{i+1}, \cdots, b_j]$이라 놓으면

$$y_i = [b_i; b_{i+1}, \cdots, b_j] = b_i + \frac{1}{[b_{i+1}; b_{i+2}, \cdots, b_j]} = b_i + \frac{1}{y_{i+1}} \quad (10.5)$$

이다. 따라서 $y_i > b_i$이고 모든 $i = 1, 2, \cdots, j-1$에 대해 $y_i > 1$이며 $y_j = b_j > 1$이다. 따라서 모든 $1 \le i \le j$에 대해 $b_i = [y_i]$이다. 두 유한 단순 연분수가 같으므로 방정식 (10.4)의 용어를 사용하면 $y_0 = \alpha_0$가 되고, $\alpha_i = \dfrac{u_i}{u_{i+1}}$의 정의로부터 모든 $i \ge 0$에 대해 $\alpha_{i+1} > 1$이므로 방정식 (10.3)에 의해 $0 \le i \le j$에 대해 $a_i = [\alpha_i]$이다. 따라서 $b_0 = [y_0] = [\alpha_0] = a_0$이다. 방정식 (10.3)과 (10.5)로부터

$$\frac{1}{\alpha_1} = \alpha_0 - a_0 = y_0 - b_0 = \frac{1}{y_1}, \quad \alpha_1 = y_1, \quad a_1 = [\alpha_1] = [y_1] = b_1$$

을 얻는다. 이제 수학적 귀납법을 적용하기 위해 $\alpha_i = y_i$, $a_i = b_i$라 놓으면 식 (10.3)과 (10.5)로부터

$$\frac{1}{\alpha_{i+1}} = \alpha_i - a_i = y_i - b_i = \frac{1}{y_{i+1}},$$

$$\alpha_{i+1} = y_{i+1}, \quad a_{i+1} = [\alpha_{i+1}] = [y_{i+1}] = b_{i+1}$$

을 얻는다. 또한 $n = j$임을 보이기 위해 $n < j$라 가정하면 위에서 본 바와 같이 $\alpha_n = y_n$, $a_n = b_n$이다. 그러나 (10.3)에 의해 $\alpha_n = a_n$이고 (10.5)에 의해 $y_n > b_n$이어서 모순을 얻고 $n > j$인 경우도 같은 방법으로 모순을 얻어 정리가 증명된다. ∎

• 정의 10.2 •

주어진 유한 연분수 $[a_0; a_1, \cdots, a_n]$에서 임의의 $1 \le k \le n$에 대하여 $[a_0; a_1, \cdots, a_k]$를 그 연분수의 k번째 수렴(kth convergent)이라 하고 $c_k = [a_0; a_1, \cdots, a_k]$라 쓰자.

• 정리 10.4 •

a_0는 실수 $a_1, \cdots, a_n$은 양의 실수라 하자. $0 \le k \le n$에 대해 p_k와 q_k는 다음과 같이 점화식으로 정의되어 있다.

$$\begin{aligned} p_0 &= a_0 & q_0 &= 1 \\ p_1 &= a_1 a_0 + 1 & q_1 &= a_1 \\ p_k &= a_k p_{k-1} + p_{k-2} & q_k &= a_k q_{k-1} + q_{k-2}; \quad 2 \le k \le n \end{aligned}$$

그러면 k번째 수렴 c_k는 $c_k = \dfrac{p_k}{q_k}$이다.

증명 수학적 귀납법을 이용하자. $k = 0$이면

$$c_0 = a_0 = \frac{a_0}{1} = \frac{p_0}{q_0}$$

$k = 1$이면

$$c_1 = [a_0 ; a_1] = a_0 + \frac{1}{a_1} = \frac{a_0 a_1 + 1}{a_1} = \frac{p_1}{q_1}$$

따라서 $k=0$, $k=1$인 경우 정리는 타당하다. $2 \le k < n$인 정수 k에 대하여 정리가 성립한다고 가정하면, 즉

$$c_k = [a_0 ; a_1, \cdots, a_k] = \frac{p_k}{q_k} = \frac{a_k p_{k-1} + p_{k-2}}{a_k q_{k-1} + q_{k-2}} \tag{10.6}$$

이면 p_{k-1}, q_{k-1}, p_{k-2} 그리고 q_{k-2}는 부분몫 a_0, a_1, $\cdots$, a_{k-1}에 의존하고 a_k에 독립이므로 (10.6)에서 a_k를 $a_k + \dfrac{1}{a_{k+1}}$로 바꾸면

$$\begin{aligned} c_{k+1} &= [a_0 ; a_1, \cdots, a_k, a_{k+1}] = \left[a_0 ; a_1, \cdots, a_{k-1}, a_k + \frac{1}{a_{k+1}}\right] \\ &= \frac{\left(a_k + \dfrac{1}{a_{k+1}}\right) p_{k-1} + p_{k-2}}{\left(a_k + \dfrac{1}{a_{k+1}}\right) q_{k-1} + q_{k-2}} = \frac{a_{k+1}(a_k p_{k-1} + p_{k-2}) + p_{k-1}}{a_{k+1}(a_k q_{k-1} + q_{k-2}) + q_{k-1}} \\ &= \frac{a_{k+1} p_k + p_{k-1}}{a_{k+1} q_k + q_{k-1}} = \frac{p_{k+1}}{q_{k+1}} \end{aligned}$$

을 얻어 정리는 증명된다. ∎

보기 10.1

$$\frac{79}{103} = [0;1, 3, 3, 2, 3]$$

$j = 0, 1, \cdots, 5$에 대해 p_j와 q_j를 계산하면

$$\begin{aligned} p_0 &= 0 & q_0 &= 1 \\ p_1 &= 1 \cdot 0 + 1 = 1 & q_1 &= 1 \\ p_2 &= 3 \cdot 1 + 0 = 3 & q_2 &= 3 \cdot 1 + 1 = 4 \\ p_3 &= 3 \cdot 3 + 1 = 10 & q_3 &= 3 \cdot 4 + 1 = 13 \\ p_4 &= 2 \cdot 10 + 3 = 23 & q_4 &= 2 \cdot 13 + 4 = 30 \\ p_5 &= 3 \cdot 23 + 10 = 79 & q_5 &= 3 \cdot 30 + 13 = 103 \end{aligned}$$

따라서

$$c_0 = \frac{0}{1} = 0,\ c_1 = \frac{1}{1} = 1,\ c_2 = \frac{3}{4},\ c_3 = \frac{10}{13},\ c_4 = \frac{23}{30},\ c_5 = \frac{79}{103}.$$

• 정리 10.5 •

k를 양의 정수라 하자. 유한 연분수 $[a_0; a_1, \cdots, a_n]$의 k번째 수렴을 c_k라 하면, 즉 정리 10.4에서 정의한 p_k, q_k를 써서 $c_k = \dfrac{p_k}{q_k}$라 하면

$$p_k q_{k-1} - p_{k-1} q_k = (-1)^{k-1}.$$

증명 수학적 귀납법. $k=1$이면

$$p_1 q_0 - p_0 q_1 = (a_0 a_1 + 1) \cdot 1 - a_0 a_1 = 1$$

이고 $1 \le k < n$인 k에 대해

$$p_k q_{k-1} - p_{k-1} q_k = (-1)^{k-1}$$

이라 가정하면

$$\begin{aligned} p_{k+1} q_k - p_k q_{k+1} &= (a_{k+1} p_k + p_{k-1}) q_k - p_k (a_{k+1} q_k + q_{k-1}) \\ &= p_{k-1} q_k - p_k q_{k-1} = -(-1)^{k-1} = (-1)^k \end{aligned}$$

이다. 따라서 정리는 증명되었다.

유한 단순 연분수는 일차합동식의 해법에도 이용된다.

보기 10.2

일차합동식 $79x \equiv 3 \pmod{103}$을 푸는 문제를 생각하자. 이 합동식은 디오판토스 방정식

$$79x + 103y = 3 \tag{10.7}$$

의 해법과 동일하다. (10.7)의 해를 구하기 위하여 먼저 방정식

$$79x + 103y = 1 \tag{10.8}$$

의 해를 구하자. 보기 10.1에서 $\dfrac{79}{103}$를 유한 단순 연분수로 표현하여 p_j와 q_j $(0 \le j \le 5)$를 구하였다. 따라서

$$p_5 q_4 - p_4 q_5 = 79 \cdot 30 - 23 \cdot 103 = 1$$

이다. 그러므로 $x = 30$, $y = -23$은 (10.8)의 해이고 $x = 90$, $y = -69$는 (10.7)의 해이다. 따라서 (10.7)의 모든 해는 $x = 90 + 103t$, $y = -69 - 79t$(t는 정수)이므로 주어진 일차합동식 $79x \equiv 3 \pmod{103}$의 해는 $x \equiv 90 \pmod{103}$이다. ✤

따름정리 10.6

$1 \le k \le n$에 대하여 $\gcd(p_k,\ q_k) = 1$이다.

증명 $d = \gcd(p_k,\ q_k)$라 하면 정리 10.5에 의하여 $d \mid (-1)^{k-1}$이므로 $d = 1$이다. ∎

따름정리 10.7

유한 단순 연분수의 k번째 수렴이 $c_k = \dfrac{p_k}{q_k}$이면

$$c_k - c_{k-1} = \frac{(-1)^{k-1}}{q_k q_{k-1}}, \qquad 1 \le k \le n$$

이고 또한

$$c_k - c_{k-2} = \frac{a_k(-1)^k}{q_k q_{k-2}}, \qquad 2 \le k \le n$$

이다.

증명 정리 10.5에 의하여 $p_k q_{k-1} - q_k p_{k-1} = (-1)^{k-1}$이다. 따라서

$$c_k - c_{k-1} = \frac{p_k}{q_k} - \frac{p_{k-1}}{q_{k-1}} = \frac{(-1)^{k-1}}{q_k q_{k-1}}$$

이고

$$c_k - c_{k-2} = \frac{p_k}{q_k} - \frac{p_{k-2}}{q_{k-2}} = \frac{p_k q_{k-2} - p_{k-2} q_k}{q_k q_{k-2}}$$

이다. 또한

$$\begin{aligned} p_k q_{k-2} - p_{k-2} q_k &= (a_k p_{k-1} + p_{k-2}) q_{k-2} - p_{k-2}(a_k q_{k-1} + q_{k-2}) \\ &= a_k (p_{k-1} q_{k-2} - p_{k-2} q_{k-1}) \\ &= a_k (-1)^{k-2} \end{aligned}$$

이므로

$$c_k - c_{k-2} = \frac{a_k (-1)^{k-2}}{q_k q_{k-2}}$$

이다. ∎

• 정리 10.8 •

c_k를 유한 단순 연분수 $[a_0; a_1, \cdots, a_n]$의 k번째 수렴이라 하면

$$c_1 > c_3 > c_5 > \cdots,$$
$$c_0 < c_2 < c_4 < \cdots$$

이고 임의의 $j = 1, 2, \cdots$ 에 대해 $c_{2j-1} > c_{2k}$ $(k = 0, 1, 2, \cdots)$.

증명 따름정리 10.7에 의해 $k = 2, 3, \cdots, n$에 대해

$$c_k - c_{k-2} = \frac{a_k (-1)^k}{q_k q_{k-2}}$$

이다. 따라서 k가 홀수이면 $c_k < c_{k-2}$이고 k가 짝수이면 $c_k > c_{k-2}$이다. 그러므로

$$c_1 > c_3 > c_5 > \cdots$$

이고

$$c_0 < c_2 < c_4 < \cdots$$

또한 따름정리 10.7에 의해

$$c_{2m} - c_{2m-1} = \frac{(-1)^{2m-1}}{q_{2m}q_{2m-1}} < 0$$

이므로 $c_{2m-1} > c_{2m}$이다. 임의의 k, j에 대하여 c_{2k}와 c_{2j-1}을 비교하면

$$c_{2j-1} > c_{2j+2k-1} > c_{2j+2k} > c_{2k}$$

이다. ■

연/습/문/제

1. 다음 유리수를 유한 단순 연분수로 나타내라.

(a) $\frac{17}{3}$ (b) $\frac{6}{5}$ (c) $\frac{71}{55}$

2. 다음과 같은 유한 단순 연분수로 표현된 유리수를 구하여라.

(a) $[0; 5, 1, 6]$ (b) $[-2; 2, 4, 6]$

(c) $[0; 1, 1, 1]$ (d) $[-3; 2, 1, 2]$

3. $r = [a_0; a_1, a_2, \cdots, a_n]$, $r > 1$이면

$$\frac{1}{r} = [0; a_0, a_1, \cdots, a_n]$$

임을 증명하여라.

4. $c_k = \dfrac{p_k}{q_k}$를 유한 단순 연분수 $[a_0; a_1, \cdots, a_n]$의 k번째 수렴이라 하면

$$q_k \geq 2^{\frac{k-1}{2}}, \quad (2 \leq k \leq n)$$

임을 증명하여라.

5. 유한 단순 연분수 $[a_0; a_1, \cdots, a_n]$의 k번째 수렴을 $c_k = \dfrac{p_k}{q_k}$라 하고, $a_0 > 0$ 이면

$$\frac{p_k}{p_{k-1}} = [a_k; a_{k-1}, \cdots, a_1, a_0] \text{이고 } \frac{q_k}{q_{k-1}} = [a_k; a_{k-1}, \cdots, a_2, a_1]$$

임을 증명하여라.

6. 유한 단순 연분수를 이용하여 다음 합동식의 해를 구하여라.

(a) $71x \equiv 4 \pmod{55}$ (b) $182x \equiv 7 \pmod{203}$

(c) $158x \equiv 1 \pmod{57}$ (d) $79x \equiv 2 \pmod{153}$

10.2 무한 연분수

본 절에서 무한 단순 연분수, 즉

$$a_0 + \cfrac{1}{a_1 + \cfrac{1}{a_2 + \cfrac{1}{a_3 + \ddots}}}$$

와 같은 무한 연분수이면서 a_0는 정수, a_1, a_2, $\cdots$ 는 양의 정수인 연분수에 관한 소개를 하고자 한다. 이와 같은 무한 단순 연분수를 유한 단순 연분수에서와 같이 간단히 $[a_0; a_1, a_2, \cdots]$와 같이 표현하자. 이와 같은 무한 연분수가 의미가 있기 위해서는 $n \geq 0$에 대해 유한 연분수

$$c_n = [a_0; a_1, a_2, \cdots \ a_n]$$

이 정의되고 $\lim_{n\to\infty} c_n$의 값이 존재할 때

$$[a_0; a_1, a_2, \cdots] = \lim_{n\to\infty} c_n$$

으로 정의하는 것이 자연스러울 것이다.

• 정리 10.9 •

a_0는 정수 그리고 a_1, a_2, $\cdots$ 는 양의 정수라 하자. $c_n = [a_0; a_1, a_2, \cdots \ a_n]$이라 하면 $\lim_{n\to\infty} c_n$이 존재한다.

증명 정리 10.8에 의해서 다음과 같이 무한개의 부등식

$$c_0 < c_2 < c_4 < \cdots < c_{2n} < \cdots < c_{2n+1} < \cdots < c_5 < c_3 < c_1$$

을 얻을 수 있다. c_0, c_2, c_4, $\cdots$ 는 단조 증가 수열이며 상한 c_1을 가진다. 따라서 극한값 α가 존재하고 모든 n에 대해 $\alpha > c_{2n}$이다. c_1, c_3, c_5, $\cdots$ 는

단조 감소 수열이며 하한 c_0를 가진다. 따라서 극한값 β가 존재하고 모든 n에 대해 $\beta < c_{2n+1}$이다. 따름정리 10.7에 의해

$$c_{2n+1} - c_{2n} = \frac{p_{2n+1}}{q_{2n+1}} - \frac{p_{2n}}{q_{2n}} = \frac{(-1)^{(2n+1)-1}}{q_{2n+1}q_{2n}} = \frac{1}{q_{2n+1}q_{2n}}$$

을 얻고 또한 모든 양의 정수 k에 대해 $q_k \geq k$ (증명!)이므로

$$\frac{1}{q_{2n+1}q_{2n}} < \frac{1}{(2n+1)(2n)}$$

이다. 따라서

$$\lim_{n\to\infty}(c_{2n+1} - c_{2n}) = 0.$$

그러므로

$$\beta = \lim_{n\to\infty} c_{2n+1} = \lim_{n\to\infty} c_{2n} = \alpha.$$

따라서 $\lim_{n\to\infty} c_n$이 존재한다. ∎

모든 유리수는 유한 단순 연분수를 가진다는 것을 보였다. 다음으로 우리는 모든 무한 단순 연분수는 무리수임을 보이자.

• 정리 10.10 •

a_0는 정수 $a_1, a_2, \cdots$ 는 양의 정수이면 $[a_0; a_1, a_2, \cdots]$는 무리수이다.

증명 $\alpha = [a_0; a_1, a_2, \cdots]$라 놓고

$$c_k = \frac{p_k}{q_k} = [a_0; a_1, \cdots, a_k]$$

를 α의 k번째 수렴이라 하자. 모든 양의 정수 n에 대하여 정리 10.9에 의해서

$$c_{2n} < \alpha < c_{2n+1}$$

을 얻고 이것은

$$0 < \alpha - c_{2n} < c_{2n+1} - c_{2n}$$

이다. 따라서 따름정리 10.7에 의해

$$c_{2n+1} - c_{2n} = \frac{1}{q_{2n+1}q_{2n}}$$

이고 이것은

$$0 < \alpha - c_{2n} = \alpha - \frac{p_{2n}}{q_{2n}} < \frac{1}{q_{2n+1}q_{2n}}$$

을 의미하므로

$$0 < \alpha q_{2n} - p_{2n} < \frac{1}{q_{2n+1}}$$

을 얻는다. α를 유리수, 즉 $\alpha = \dfrac{a}{b}$ $(a,\ b \neq 0$는 정수)라 하면

$$0 < \frac{aq_{2n}}{b} - p_{2n} < \frac{1}{q_{2n+1}}$$

이고 여기에 b를 곱하면

$$0 < aq_{2n} - bp_{2n} < \frac{b}{q_{2n+1}}$$

를 얻는다. 모든 양의 정수 n에 대해 $q_{2n+1} > 2n+1$이므로 어떤 양의 정수 n_0가 존재하여 $q_{2n_0+1} > b$를 만족한다. 그런데 $aq_{2n} - bp_{2n}$은 양의 정수이므로

$$0 < aq_{2n_0} - bp_{2n_0} < \frac{b}{q_{2n_0+1}} < 1$$

은 모순이다. 따라서 α는 무리수이다. ∎

모든 유한 단순 연분수가 무리수를 나타낸다는 것을 보았다. 이제 모든 무리수는 무한 단순 연분수로 유일하게 표현됨을 보이자.

• 정리 10.11 •

$\alpha = \alpha_0$을 무리수라고 하고 수열 $\alpha_0,\ \alpha_1,\ \alpha_2,\ \cdots$ 를

$$a_k = [\alpha_k],\ \ \alpha_{k+1} = \frac{1}{\alpha_k - a_k};\ k = 0,\ 1,\ 2,\ \cdots$$

와 같이 정의하자. 그러면 α는 무한 단수 연분수 $[a_0\,;a_1,\ a_2,\ \cdots\ ]$이다.

증명 수열 $< a_k >$의 정의에 의해 모든 k에 대해 a_k는 정수이다. 또한 수학적 귀납법에 의해 모든 k에 대해 α_k는 무리수이다. 따라서 $\alpha_k \neq a_k$이다. 그리고

$$a_k < \alpha_k < a_k + 1$$

이므로

$$0 < \alpha_k - a_k < 1$$

이다. 따라서 $\alpha_{k+1} = \dfrac{1}{\alpha_k - a_k} > 1$이므로 모든 $k \geq 0$에 대해 $a_{k+1} = [\alpha_{k+1}] \geq 1$. 따라서 $a_1,\ a_2,\ \cdots$는 모두 양의 정수이다. 그런데 $k \geq 0$에 대해

$$\alpha_k = a_k + \frac{1}{\alpha_{k+1}}$$

이므로

$$\begin{aligned}
\alpha = \alpha_0 &= a_0 + \frac{1}{\alpha_1} = [a_0;\alpha_1] \\
&= a_0 + \cfrac{1}{a_1 + \cfrac{1}{\alpha_2}} = [a_0\,;a_1,\ \alpha_2] \\
&\ \ \vdots
\end{aligned}$$

$$= a_0 + \cfrac{1}{a_1 + \cfrac{1}{a_2 + \cfrac{\ddots}{+ \cfrac{1}{a_k + \cfrac{1}{\alpha_{k+1}}}}}} = [a_0 ; a_1, \cdots, a_k, \alpha_{k+1}]$$

이다. k가 무한대로 접근함에 따라 $[a_0 ; a_1, a_2, \cdots, a_k, \alpha_{k+1}]$이 α로 접근함을 보여야 한다. 정리 10.4에 의해

$$\alpha = \alpha_0 = [a_0 ; a_1, \cdots, a_k, \alpha_{k+1}] = \frac{\alpha_{k+1} p_k + p_{k-1}}{\alpha_{k+1} q_k + q_{k-1}}$$

$c_j = \dfrac{p_j}{q_j}$는 $[a_0 ; a_1, a_2, \cdots]$의 j번째 수렴이므로

$$\begin{aligned} \alpha - c_k &= \frac{\alpha_{k+1} p_k + p_{k-1}}{\alpha_{k+1} q_k + q_{k-1}} - \frac{p_k}{q_k} \\ &= \frac{-(p_k q_{k-1} - p_{k-1} q_k)}{(\alpha_{k+1} q_k + q_{k-1}) q_k} \\ &= \frac{(-1)^k}{(\alpha_{k+1} q_k + q_{k-1}) q_k} \end{aligned}$$

이고 또한

$$\alpha_{k+1} q_k + q_{k-1} > a_{k+1} q_k + q_{k-1} = q_{k+1}$$

이므로

$$|\alpha - c_k| < \frac{1}{q_{k+1} q_k}$$

이다. 또한 $q_k > k$이므로 k가 무한대로 접근함에 따라 c_k는 α에 접근한다. 즉,

$$\alpha = \lim_{k \to \infty} c_k = [a_0 ; a_1, a_2, \cdots]$$

이다. ▮

• 정리 10.12 •

한 무리수가 두 개의 무한 단순 연분수 $[a_0; a_1, a_2, \cdots]$와 $[b_0; b_1, b_2, \cdots]$로 표현되면 모든 $n \geq 0$에 대하여 $a_n = b_n$이다.

증명 $\alpha = [a_0; a_1, a_2, \cdots]$라 하면 $c_0 = a_0$ 그리고 $c_1 = a_0 + \dfrac{1}{a_1}$이므로 정리 10.8에 의해서

$$a_0 < \alpha < a_0 + \frac{1}{a_1}$$

이다. 따라서 $a_0 = [\alpha]$이다.

이제 $[a_0; a_1, a_2, \cdots] = \alpha = [b_0; b_1, b_2, \cdots]$라 하면 $a_0 = b_0 = [\alpha]$이고 또한,

$$\begin{aligned}\alpha &= \lim_{n\to\infty} [a_0; a_1, \cdots, a_n] \\ &= \lim_{n\to\infty} \left(a_0 + \frac{1}{[a_1; a_2, \cdots, a_n]}\right) \\ &= a_0 + \frac{1}{\lim\limits_{n\to\infty} [a_1; a_2, \cdots, a_n]} \\ &= a_0 + \frac{1}{[a_1; a_2, \cdots]}\end{aligned}$$

이므로

$$a_0 + \frac{1}{[a_1; a_2, \cdots]} = b_0 + \frac{1}{[b_1; b_2, \cdots]}$$

이다. 그러므로

$$[a_1; a_2, \cdots] = [b_1; b_2, \cdots]$$

이다. 반복하여 $a_1 = b_1$을 얻고

$$[a_2; a_3, \cdots] = [b_2; b_3, \cdots]$$

이다. 그리고 수학적 귀납법에 의해서 모든 $n \geq 0$에 대하여 $a_n = b_n$이다. ▮

보기 10.3

$\sqrt{3}$을 무한 단순 연분수로 나타내자.

먼저 $a_0 = [\sqrt{3}] = 1$이고 정리 10.11에서

$$\sqrt{3} = 1 + \frac{1}{\alpha_1}$$

따라서

$$\alpha_1 = \frac{1}{\sqrt{3}-1} = \frac{\sqrt{3}+1}{2} > 1$$

그러므로

$$a_1 = \left[\frac{\sqrt{3}+1}{2}\right] = 1 \text{ 그리고 } \frac{\sqrt{3}+1}{2} = 1 + \frac{1}{\alpha_2}$$

따라서

$$\alpha_2 = \frac{2}{\sqrt{3}-1} = \sqrt{3}+1, \text{ 그리고 } a_2 = [\sqrt{3}+1] = 2$$

그러므로

$$\alpha_2 = \sqrt{3}+1 = 2 + \frac{1}{\alpha_3}$$

그러면 $\alpha_3 = \alpha_1$이다. 따라서 $\sqrt{3} = [1; 1, 2, 1, 2, \cdots]$이다. ✤

이와 같은 무한 단순 연분수를 보통 $\sqrt{3} = [1; \overline{1, 2}]$와 같이 쓰고 순환 연분수라 한다.

보기 10.4

순환 연분수 $[2; 4, \overline{1, 2}]$의 값을 구해보자.

$x = [\overline{1; 2}] = [1; 2, x]$라 놓으면

$$x = 1 + \cfrac{1}{2 + \cfrac{1}{x}} = 1 + \frac{x}{2x+1} = \frac{3x+1}{2x+1}$$

이므로 이차방정식 $2x^2 - 2x - 1 = 0$을 얻는다. $x > 0$이므로 $x = \frac{1+\sqrt{3}}{2}$이다. 따라서

$$\begin{aligned}[2;4,\ \overline{1,\ 2}] = [2;4,\ x] &= 2 + \cfrac{1}{4 + \cfrac{1}{\cfrac{1+\sqrt{3}}{2}}} \\ &= \frac{13+9\sqrt{3}}{6+4\sqrt{3}} = \frac{15-\sqrt{3}}{6}\end{aligned}$$

이제 주어진 무리수 α를 무한 단순 연분수로 나타내었을 때 $c_k = \frac{p_k}{q_k}$를 α의 k번째 수렴이라 하면 c_k는 q_k보다 작은 분모를 가진 어떤 유리수보다 α에 근접해 있음을 보이자.

• 정리 10.13 •

α를 무리수, $\frac{p_k}{q_k}$ $(k=1,\ 2,\ \cdots)$를 α의 무한 단순 연분수의 k번째 수렴이라 하자. r, s는 정수이고

$$|s\alpha - r| < |q_k\alpha - p_k|, \quad s > 0$$

이면 $s \geq q_{k+1}$이다.

증명 $|s\alpha - r| < |q_k\alpha - p_k|$ 그리고 $1 \leq s < q_{k+1}$이라고 가정하자. 다음과 같은 연립방정식

$$\begin{aligned} p_k x + p_{k+1} y &= r \\ q_k x + q_{k+1} y &= s \end{aligned}$$

를 생각하자. 위 두 방정식에서 x를 소거하면

$$(p_{k+1}q_k - p_k q_{k+1})y = rq_k - sp_k$$

를 얻고 정리 10.5에 의해 $p_{k+1}q_k - p_k q_{k+1} = (-1)^k$이므로

$$y = (-1)^k (rq_k - sp_k)$$

를 얻는다. 같은 방법으로

$$x = (-1)^k (sp_{k+1} - rq_{k+1})$$

을 얻을 수 있다. 만일 $x=0$이면 $sp_{k+1} = rq_{k+1}$이다. $\gcd(p_{k+1}, q_{k+1}) = 1$이므로 $q_{k+1} | s$, 즉 $q_{k+1} \leq s$ 모순이다. 따라서 $x \neq 0$이다. $y=0$이면 $r = p_k x$ 그리고 $s = q_k x$이므로

$$|s\alpha - r| = |x||q_k\alpha - p_k| \geq |q_k\alpha - p_k|$$

이므로 모순이다. 따라서 $y \neq 0$.

이제 x와 y의 부호가 다름을 보이자. $y<0$이면 $q_k x = s - q_{k+1}y$로부터 $q_k x > 0$, $q_k > 0$이고 따라서 $x>0$이다. $y>0$이면 $q_{k+1}y \geq q_{k+1} > s$이므로

$$q_k x = s - q_{k+1} y < 0$$

따라서 $x<0$이다. 정리 10.8에 의해서

$$\frac{p_k}{q_k} < \alpha < \frac{p_{k+1}}{q_{k+1}} \text{ 또는 } \frac{p_{k+1}}{q_{k+1}} < \alpha < \frac{p_k}{q_k}$$

이다. 어느 경우든 $q_k\alpha - p_k$와 $q_{k+1}\alpha - p_{k+1}$은 반대 부호를 가진다. 따라서 $x(q_k\alpha - p_k)$와 $y(q_{k+1}\alpha - p_{k+1})$은 같은 부호를 가지므로

$$\begin{aligned} |s\alpha - r| &= |(q_k x + q_{k+1}y)\alpha - (p_k x + p_{k+1}y)| \\ &= |x(q_k\alpha - p_k) + y(q_{k+1}\alpha - p_{k+1})| \\ &= |x||q_k\alpha - p_k| + |y||q_{k+1}\alpha - p_{k+1}| \\ &\geq |x||q_k\alpha - p_k| \\ &\geq |q_k\alpha - p_k| \end{aligned}$$

이것은 가정에 모순이다. 따라서 $s \geq q_{k+1}$이다. ∎

따름정리 10.14

정리 10.13에서 정의한 α, r, s, p_k 그리고 q_k에 대하여

$$\left|\alpha-\frac{r}{s}\right|<\left|\alpha-\frac{p_k}{q_k}\right| \text{이면 } s>q_k \text{이다.}$$

증명 $s \leq q_k$라 가정하면

$$\left|\alpha-\frac{r}{s}\right|<\left|\alpha-\frac{p_k}{q_k}\right|$$

로부터

$$s\left|\alpha-\frac{r}{s}\right|<q_k\left|\alpha-\frac{p_k}{q_k}\right|$$

를 얻으면

$$|s\alpha-r|<|q_k\alpha-p_k|$$

이다. 따라서 10.13에 모순이다. ▮

정리 10.15

α는 무리수, r, s는 정수이고 $\frac{r}{s}$은

$$\left|\alpha-\frac{r}{s}\right|<\frac{1}{2s^2}$$

인 가장 작은 $s>0$가 되도록 하는 유리수라고 하면 $\frac{r}{s}$은 어떤 k에 대해 α의 무한 단순 연분수의 k번째 수렴이다.

증명 $\frac{r}{s}$이 α의 단순 연분수의 k번째 수렴이 아니라고 가정하면 $q_k \leq s < q_{k+1}$인 수렴 $\frac{p_k}{q_k}$와 $\frac{p_{k+1}}{q_{k+1}}$이 존재한다. 정리 10.13에 의해서

$$|q_k\alpha - p_k| \le |s\alpha - r| = s\left|\alpha - \frac{r}{s}\right| < \frac{1}{2s}$$

이고 이것을 q_k로 나누면

$$\left|\alpha - \frac{p_k}{q_k}\right| < \frac{1}{2sq_k}$$

을 얻고 $|sp_k - rq_k| \ge 1$이므로

$$\begin{aligned}\frac{1}{sq_k} &\le \frac{|sp_k - rq_k|}{sq_k} \\ &= \left|\frac{p_k}{q_k} - \frac{r}{s}\right| \\ &\le \left|\alpha - \frac{p_k}{q_k}\right| + \left|\alpha - \frac{r}{s}\right| \\ &< \frac{1}{2sq_k} + \frac{1}{2s^2}\end{aligned}$$

이다. 따라서

$$\frac{1}{2sq_k} < \frac{1}{2s^2}$$

즉, $q_k > s$이므로 가정에 모순이다. ▮

연/습/문/제

1. 다음 무한 단순 연분수를 계산하여라.

(a) $[\overline{2;3}]$

(b) $[1;\overline{1,\ 2}]$

(c) $[0;\overline{2,\ 3}]$

(d) $[1;\overline{1,\ 2,\ 1}]$

2. 다음 무리수의 무한 단순 연분수를 결정하여라.

(a) $\sqrt{2}$ (b) $\sqrt{5}$ (c) $\dfrac{1+\sqrt{5}}{2}$

(d) $\dfrac{1}{\sqrt{3}}$ (e) $\sqrt{6}$ (f) $\sqrt{7}$

3. 무리수 $x>1$의 무한 단순 연분수가 $[a_0; a_1, a_2, \cdots]$이면 $\dfrac{1}{x}$의 무한 단순 연분수는 $[0; a_0, a_1, \cdots]$임을 증명하여라.

4. 양의 정수 n에 대해 $\sqrt{n^2+1}=[n; \overline{2n}]$, $\sqrt{n^2+2}=[n; \overline{n, 2n}]$ 그리고 $\sqrt{n^2+2n}=[n; \overline{1, 2n}]$임을 증명하여라.

10.3 순환 연분수

• 정의 10.3 •

무한 단순 연분수 $[a_0; a_1, a_2, \cdots]$가 순환(periodic)한다고 함은 양의 정수 N, k가 존재하여 모든 $n \geq N$에 대하여 $a_n = a_{n+k}$인 경우를 말하고

$$[a_0; a_1, a_2, \cdots, a_{N-1}, a_N, a_{N+1}, \cdots, a_{N+k-1}, a_N, a_{N+1}, \cdots]$$

을 무한 순환 단순 연분수

$$[a_0; a_1, a_2, \cdots, a_{N-1}, \overline{a_N, a_{N+1}, \cdots, a_{N+k-1}}]$$

로 나타낸다.

예를 들어 $[1; \overline{2, 3}] = [1; 2, 3, 2, 3, 2, 3, \cdots]$이다.

• 정의 10.4 •

α가 무리수이고 이차방정식 $ax^2 + bx + c = 0$, $(a \neq 0)$의 근이면 실수 α를 이차 무리수(quadratic irrational)라 한다.

• 정리 10.16 •

어떤 순환 단순 연분수도 이차 무리수이며 그 역도 성립한다.

증명 α를 순환 단순 연분수라 하면, 즉

$$\alpha = [a_0; a_1, a_2, \cdots, a_{N-1}, \overline{a_N, a_{N+1}, \cdots, a_{N+k}}]$$

로 놓고 $\beta = [\overline{a_N; a_{N+1}, \cdots, a_{N+k}}]$라 하면

$$\beta = [a_N; a_{N+1}, \cdots, a_{N+k}, \beta]$$

이다. $\dfrac{p_k}{q_k}$와 $\dfrac{p_{k-1}}{q_{k-1}}$을 $[a_N; a_{N+1}, \cdots, a_{N+k}]$의 마지막 두 수렴이라 하면 (10.6)에 의하여

$$\beta = \frac{\beta p_k + p_{k-1}}{\beta q_k + q_{k-1}} \tag{10.9}$$

이다. β의 단순 연분수가 무한 연분수이므로 β는 무리수이고 (10.9)에서

$$q_k\beta^2 + (q_{k-1} - p_k)\beta - p_{k-1} = 0$$

을 얻어 β는 이차 무리수이다. 이제

$$\alpha = [a_0; a_1, a_2, \cdots, a_{N-1}, \beta]$$

에서 $\dfrac{p_{N-1}}{q_{N-1}}$과 $\dfrac{p_{N-2}}{q_{N-2}}$가 $[a_0; a_1, \cdots, a_{N-1}]$의 마지막 두 수렴이면

$$\alpha = \frac{\beta p_{N-1} + p_{N-2}}{\beta q_{N-1} + q_{N-2}}$$

이다. β가 이차 무리수이므로 α도 이차 무리수이다(증명!).

역으로 α를 이차 무리수라 가정하자. 그러면 정수 a, b, $c(b > 0,\ c \neq 0)$에 대하여 $\alpha = \dfrac{a + \sqrt{b}}{c}$를 나타낼 수 있다. 또한 b는 완전제곱수가 아니다. α의 분모, 분자에 $|c|$를 곱하여 c의 부호에 따라

$$\alpha = \frac{ac + \sqrt{bc^2}}{c^2} \quad \text{또는} \quad \alpha = \frac{-ac + \sqrt{bc^2}}{-c^2}$$

을 얻어서 정수 d, P_0, Q_0, $(Q_0 \neq 0,\ d > 0,\ Q_0 \mid (d - {P_0}^2))$에 대하여

$$\alpha = \frac{P_0 + \sqrt{d}}{Q_0}$$

로 나타낼 수 있다. 여기서 d는 완전제곱수가 아니다.
$k = 0, 1, 2, \cdots$ 에 대하여

$$\alpha_k = \frac{P_k + \sqrt{d}}{Q_k}, \qquad a_k = [\alpha_k]$$

$$P_{k+1} = a_k Q_k - P_k, \qquad Q_{k+1} = \frac{d - P_{k+1}^{\,2}}{Q_k} \tag{10.10}$$

라 정의하여

$$\alpha_{k+1} = \frac{1}{\alpha_k - a_k}; \ k = 0,\ 1,\ 2,\ \cdots$$

임을 보이자. 그러면 정리 10.11에 의해 $\alpha = [a_0; a_1, a_2, \cdots]$이다. 우선 $\alpha_0 = \alpha$, P_0, Q_0는 위와 같이 정의되고 $a_0 = [\alpha_0]$라 놓으면 주어진 α_k,, P_k, Q_k, a_k에 대하여 $P_{k+1} = a_k Q_k - P_k$, $Q_{k+1} = \dfrac{(d - P_{k+1}^{\,2})}{Q_k}$, $\alpha_{k+1} = \dfrac{(P_{k+1} + \sqrt{d})}{Q_{k+1}}$, $a_{k+1} = [\alpha_{k+1}]$로 택하면 (10.10)은 수열 α_k, P_k, Q_k, a_k를 결정한다. 이제 수학적 귀납법에 의해 P_k와 Q_k는 $Q_k \neq 0$, $Q_k | (d - P_k^{\,2})$인 정수라 가정하자. 그러면 $P_{k+1} = a_k Q_k - P_k$는 정수이며

$$\begin{aligned} Q_{k+1} &= \frac{d - P_{k+1}^{\,2}}{Q_k} = \frac{d - (a_k Q_k - P_k)^2}{Q_k} \\ &= \frac{d - P_k^{\,2}}{Q_k} + 2a_k P_k - a_k^2 Q_k \end{aligned}$$

도 정수이다. $Q_{k+1} = 0$이다. $d = P_{k+1}^{\,2}$이므로 모순이다. 따라서 $Q_{k+1} \neq 0$이고 $Q_k = \dfrac{d - P_{k+1}^{\,2}}{Q_{k+1}}$이므로 $Q_{k+1} | d - P_{k+1}^{\,2}$이다. 그러면

$$\begin{aligned} \alpha_k - a_k &= \frac{P_k + \sqrt{d}}{Q_k} - a_k = \frac{P_k + \sqrt{d} - a_k Q_k}{Q_k} = \frac{\sqrt{d} - P_{k+1}}{Q_k} \\ &= \frac{d - P_{k+1}^{\,2}}{Q_k(\sqrt{d} + P_{k+1})} = \frac{Q_{k+1}}{\sqrt{d} + P_{k+1}} = \frac{1}{\alpha_{k+1}} \end{aligned}$$

이다. 따라서 $\alpha = [a_0; a_1, a_2, \cdots]$이다. 이제 α가 순환 연분수임을 보이자.

$\alpha = [a_0; a_1, a_2, \cdots, \alpha_k]$이므로 (10.6)에 의하여

$$\alpha = \frac{\alpha_k p_{k-1} + p_{k-2}}{\alpha_k q_{k-1} + q_{k-2}}$$

이다. $\alpha_k{}'$을 α_k의 컬레수(conjugate), 즉 $\alpha_k{}' = \dfrac{P_k - \sqrt{d}}{Q_k}$라 하면

$$\alpha' = \frac{\alpha_k{}' p_{k-1} + p_{k-2}}{\alpha_k{}' q_{k-1} + q_{k-2}} \tag{10.11}$$

를 얻고 (10.11)을 $\alpha_k{}'$에 관하여 계산하면

$$\alpha_k{}' = \frac{-q_{k-2}}{q_{k-1}} \left(\frac{\alpha' - \dfrac{p_{k-2}}{q_{k-2}}}{\alpha' - \dfrac{p_{k-1}}{q_{k-1}}} \right)$$

이 된다. k가 무한대에 접근함에 따라 $\dfrac{p_{k-2}}{q_{k-2}}$와 $\dfrac{p_{k-1}}{q_{k-1}}$은 α에 접근하므로 충분히 큰 양수 N이 존재하여 $k \ge N$이면 $\alpha_k{}' < 0$이다. $k \ge 1$에 대하여 $\alpha_k > 0$이므로

$$\alpha_k - \alpha_k{}' = \frac{P_k + \sqrt{d}}{Q_k} - \frac{P_k - \sqrt{d}}{Q_k} = \frac{2\sqrt{d}}{Q_k} > 0$$

이다. 따라서 $k \ge N$에 대하여 $Q_k > 0$이다. (10.10)에서 $k \ge N$이면

$$Q_k Q_{k+1} = d - P_{k+1}^2 \le d, \quad Q_k \le Q_k Q_{k+1} \le d,$$
$$P_{k+1}^2 < P_{k+1}^2 + Q_k Q_{k+1} = d, \quad |P_{k+1}| < \sqrt{d}$$

이다. 따라서 $k \ge N$에 대하여 유한개의 정수쌍 $(P_k,\ Q_k)$가 존재한다. 그러므로 정수 $i,\ j$가 존재하여 $P_i = P_j,\ Q_i = Q_j\ (i < j)$이다. α_k의 관계식에서 $\alpha_i = \alpha_j$이므로

$$a_i = a_j, \quad a_{i+1} = a_{j+1}, \cdots$$

이다. 따라서

$$\begin{aligned}\alpha &= [a_0; a_1, a_2, \cdots, a_{i-1}, a_i, a_{i+1}, \cdots, a_{j-1}, a_i, a_{i+1}, \cdots, a_{j-1}, \cdots] \\ &= [a_0; a_1, a_2, \cdots, a_{i-1}, \overline{a_i, a_{i+1}, \cdots, a_{j-1}}]\end{aligned}$$

즉, α는 순환 단순 연분수이다. ∎

• 정의 10.5 •

연분수 $[a_0; a_1, a_2, \cdots]$가 어떤 정수 n이 존재하여 모든 $k \ge 0$에 대해 $a_k = a_{n+k}$이면

$$[a_0; a_1, a_2, \cdots] = \overline{[a_0; a_1, a_2, \cdots, a_{n-1}]}$$

이고 순 순환(purely periodic)이라 한다.

• 정리 10.17 •

이차 무리수 α의 연분수가 순 순환일 필요충분조건은 $\alpha > 1$ 그리고 $-1 < \alpha' < 0$(α': α의 켤레수)이다.

증명 $\alpha > 1$이고 $-1 < \alpha' < 0$이라 가정하자. $\alpha = \alpha_0$이라 놓고 정리 10.11에서 정의한

$$a_k = [\alpha_k],\ \alpha_{k+1} = \frac{1}{\alpha_k - a_k};\ k = 0,\ 1,\ 2,\ \cdots$$

로부터

$$\frac{1}{\alpha_{k+1}} = \alpha_k - a_k$$

를 얻고, 켤레수에 관한 식

$$\frac{1}{\alpha_{k+1}'} = \alpha_k' - a_k \tag{10.12}$$

를 얻는다. $\alpha = \alpha_0 > 1$이므로 모든 $k \ge 0$에 대해 $a_k \ge 1$이다. 또한 $\alpha_k' < 0$이면 $\frac{1}{\alpha_{k+1}'} < -1$이므로 $-1 < \alpha_{k+1}' < 0$. 따라서 수학적 귀납법에 의해 모든 $k \ge 0$에 대해 $-1 < \alpha_k' < 0$이다. (10.12)로부터 $\alpha_k = a_k + \frac{1}{\alpha_{k+1}'}$을 얻어

$$0 < -\frac{1}{\alpha_{k+1}'} - a_k < 1,\ a_k = \left[-\frac{1}{\alpha_{k+1}'}\right]$$

이다. α가 이차 무리수이므로 정리 10.16에 의해 어떤 양의 정수 i, j $(i<j)$가 존재하여 $\alpha_i=\alpha_j$이다. 그러면 $\alpha_i{}'=\alpha_j{}'$이고

$$a_{i-1}=\left[\frac{-1}{\alpha_i{}'}\right]=\left[\frac{-1}{\alpha_j{}'}\right]=a_{j-1}$$

$$\alpha_{i-1}=a_{i-1}+\frac{1}{\alpha_i}=a_{j-1}+\frac{1}{\alpha_j}=\alpha_{j-1}$$

따라서 $\alpha_i=\alpha_j$로부터 $\alpha_{i-1}=\alpha_{j-1}$을 얻었다. 같은 방법으로

$$\alpha_{i-2}=\alpha_{j-2},\ \alpha_{i-3}=\alpha_{j-3},\ \cdots$$

을 얻고 마침내 $\alpha_0=\alpha_{j-i}$를 얻는다. 따라서

$$\begin{aligned}\alpha_0=\alpha&=[a_0;a_1,\ \cdots\ ,\ a_{j-i-1},\ \alpha_{j-i}]\\&=[a_0;a_1,\ \cdots\ ,\ a_{j-i-1},\ \alpha_0]\\&=\overline{[a_0;a_1,\ \cdots\ ,\ a_{j-i-1}]}\end{aligned}$$

즉, α는 순 순환 연분수이다.

역으로 이차 무리수 α가 순 순환 연분수, 즉

$$\alpha=\overline{[a_0;a_1,\ \cdots\ ,\ a_k]}$$

라 가정하자. 그러면 $\alpha>a_0\geq 1$이고 (10.6)으로부터 $\dfrac{p_{k-1}}{q_{k-1}}$과 $\dfrac{p_k}{q_k}$를 α의 $k-1$번째, k번째 수렴이라 하면

$$\alpha=[a_0;a_1,\ \cdots\ ,\ a_k,\ \alpha]=\frac{\alpha p_k+p_{k-1}}{\alpha q_k+q_{k-1}}$$

이다. 따라서 α는 이차방정식

$$f(x)=q_kx^2+(q_{k-1}-p_k)x-p_{k-1}=0 \tag{10.13}$$

의 근이다. (10.13)은 두 근 α, 켤레수 α'을 갖는다. $\alpha>1$이므로 (10.13)이 -1과 0 사이에 근을 가진다는 것을 보이면 $-1<\alpha'<0$이다. $f(0)=-p_{k-1}<0$ 그리고 $k\geq 0$에 대해

$$f(-1)=q_k-q_{k-1}+p_k-p_{k-1}$$

$$= (q_{k-1} + p_{k-1})(a_k - 1) + q_{k-2} + p_{k-2}$$
$$\geq q_{k-2} + p_{k-2} > 0$$

따라서 $f(0) \cdot f(-1) < 0$이므로 (10.13)은 -1과 0 사이에 근을 가진다. ▮

이제 완전제곱수가 아닌 d에 대하여 $\sqrt{d}$의 연분수의 형태를 알아보자. 먼저 무리수 $\sqrt{d} + [\sqrt{d}]$를 생각하자. 이 무리수의 켤레수는 $[\sqrt{d}] - \sqrt{d}$이므로 -1과 0 사이에 있다. 따라서 정리 10.17의 조건을 만족하므로 $[\sqrt{d}] + \sqrt{d}$의 연분수는 순 순환이다. $[\sqrt{d}] = a_0$라 놓으면

$$\sqrt{d} + [\sqrt{d}] = \overline{[2a_0; a_1, a_2, \cdots, a_{n-1}]}$$
$$= [2a_0, a_1, a_2, \cdots, a_{n-1}, \overline{2a_0, a_1, \cdots, a_{n-1}}]$$

이라 할 수 있다. 그러므로

$$\sqrt{d} = [a_0; a_1, a_2, \cdots, a_{n-1}, 2a_0, a_1, \cdots, a_{n-1}, 2a_0, \cdots]$$
$$= [a_0; \overline{a_1, a_2, \cdots, a_{n-1}, 2a_0}] \tag{10.14}$$

보기 10.5

순환 연분수 $[8; \overline{1, 16}]$에 대응하는 무리수를 찾아 보자.

$x = \overline{[1; 16]}$이라 놓으면 $[8; \overline{1, 16}] = 8 + x^{-1}$이다. 또한 $x = [1; 16, \overline{1, 16}] = [1; 16, x]$이므로

$$x = 1 + (16 + x^{-1})^{-1}$$

이다. 따라서 $x^{-2} + 16x^{-1} - 16 = 0$을 얻어 x^{-1}에 관해 풀어 양의 해만 구하면 $x^{-1} = -8 + \sqrt{80}$이다. 따라서 $[8; \overline{1, 16}] = \sqrt{80}$. ✣

연/습/문/제

1. 다음 무리수의 연분수를 구하여라.

(a) $\sqrt{10}$ (b) $\sqrt{29}$

(c) $\sqrt{11}$ (d) $1+\sqrt{8}$

(e) $2+\sqrt{23}$ (f) $\dfrac{1+\sqrt{3}}{2}$

2. 다음 순환 연분수에 대응하는 값을 구하여라.

(a) $[3;\overline{2}]$ (b) $\overline{[3;2]}$

(c) $[9;\overline{9,\ 18}]$ (d) $\overline{[9;9,\ 18]}$

(e) $[3;\overline{4,\ 5}]$ (f) $\overline{[3;4,\ 5]}$

3. 이차 무리수 $\dfrac{([\sqrt{d}]+\sqrt{d})}{c}$가 순 순환 연분수로 전개할 수 있는 양의 정수 c를 구하여라.

4. α를 순 순환인 이차 무리수, α'를 α의 켤레수라 하자. 그리고 $\alpha=\overline{[a_0;a_1,\ \cdots,\ a_{n-1},\ a_n]}$이라 하면

(a) $\dfrac{-1}{\alpha'}=\overline{[a_n;a_{n-1},\ \cdots,\ a_1,\ a_0]}$임을 증명하여라.

(b) (a)를 이용하여 $\sqrt{d}$가 $\sqrt{d}=[a_0;\overline{a_1,\ a_2,\ \cdots,\ a_2,\ a_1,\ 2a_0}]$의 형태를 가짐을 보여라. ($d$는 양의 정수)

5. $d\geq 2$인 정수라 하자.

(a) $\sqrt{d^2-1}$의 연분수는 $[d-1;\overline{1,\ 2d-2}]$임을 증명하여라.

(b) $\sqrt{d^2-d}$의 연분수는 $[d-1;\overline{2,\ 2d-2}]$임을 증명하여라.

(c) $\sqrt{d^2+1}$의 연분수는 $[d;\overline{2d}]$임을 증명하여라.

(d) $\sqrt{99}$, $\sqrt{110}$ 그리고 $\sqrt{101}$의 단순 연분수를 구하여라.

10.4 펠 방정식

이 절에서는 주어진 정수 d, n에 대하여 펠 방정식(Pell's equation)이라 불리우는

$$x^2 - dy^2 = n \tag{10.15}$$

과 같은 디오판토스 방정식에 대하여 알아본다. $d < 0$이고 $n < 0$이면 (10.15)는 해가 존재하지 않는다. $d < 0$이고 $n > 0$이면 유한개의 해가 존재함은 당연하다. 또한 d가 완전제곱수, 즉 $d = D^2$이면

$$x^2 - dy^2 = x^2 - D^2y^2 = (x + Dy)(x - Dy) = n$$

이다. 따라서 (10.15)의 해는 $n = ab$일 때

$$x + Dy = a$$
$$x - Dy = b$$

의 연립 방정식의 해와 일치한다. 따라서 n의 각 소인수분해에 따라 기껏해야 하나의 해가 존재하므로 유한개의 해가 존재한다.

따라서 완전제곱수가 아닌 $d > 0$인 경우의 디오판토스 방정식 (10.15)에 관하여 관심을 가지게 된다. 이 경우 $\sqrt{d}$의 단순 연분수가 (10.15)의 해와 관련이 많다. 그리고 일반성을 잃지 않고 (10.15)의 해 중에서 $x > 0$, $y > 0$인 경우만 생각해도 충분하다.

• 정리 10.18 •

$d > 0$는 완전제곱수가 아니고, $|n| < \sqrt{d}$인 정수 d, n에 대하여 $x^2 - dy^2 = n$이면 $\frac{x}{y}$는 $\sqrt{d}$의 단순 연분수의 하나의 수렴이다.

증명 먼저 $n > 0$인 경우를 생각하자. $x^2 - dy^2 = n$으로부터

$$(x + \sqrt{d}\,y)(x - \sqrt{d}\,y) = n \tag{10.16}$$

을 얻고, $x-\sqrt{d}\,y>0$이면

$$\frac{x}{y}-\sqrt{d}>0$$

이다. 또한 $0<n<\sqrt{d}$ 이므로

$$\begin{aligned}\frac{x}{y}-\sqrt{d}&=\frac{x-\sqrt{d}\,y}{y}=\frac{x^2-dy^2}{y(x+\sqrt{d}\,y)}\\&<\frac{n}{y(2\sqrt{d}\,y)}<\frac{\sqrt{d}}{2\sqrt{d}\,y^2}=\frac{1}{2y^2}\end{aligned}$$

이다. 따라서 $0<\dfrac{x}{y}-\sqrt{d}<\dfrac{1}{2y^2}$ 이다. 그러므로 정리 10.15에 의해 $\dfrac{x}{y}$는 $\sqrt{d}$ 의 단순 연분수의 하나의 수렴이다.

$n<0$인 경우, $x^2-dy^2=n$을 $-d$로 나누어

$$y^2-\left(\frac{1}{d}\right)x^2=-\frac{n}{d}$$

의 식을 얻어 $n>0$인 경우의 방법을 적용하면 $\dfrac{y}{x}$는 $\dfrac{1}{\sqrt{d}}$의 단순 연분수의 하나의 수렴이다. 따라서 $\dfrac{x}{y}$는 $\dfrac{1}{\sqrt{d}}$의 단순 연분수의 하나의 수렴이다. ∎

위 정리를 단순 연분수의 수렴의 형태로 다시 표현하면 다음과 같은 정리를 얻는다. $\sqrt{d}$를 (10.14)와 같은 연분수라 하고 $\dfrac{p_k}{q_k}$를 $\sqrt{d}$ 의 k번째 수렴이라 하고, $\alpha_0=\sqrt{d}$, $Q_0=1$, $P_0=0$으로 (10.10)에서와 같이 Q_k가 정의되었다면 다음과 같은 정리를 얻는다.

• 정리 10.19 •

$d>0$는 완전제곱수가 아닌 정수라 하자. 그러면

$$p_k^2-dq_k^2=(-1)^{k-1}Q_{k+1}$$

이다.

증명 (10.9)와 (10.10)으로부터

$$\sqrt{d} = \alpha_0 = \frac{\alpha_{k+1}p_k + p_{k-1}}{\alpha_{k+1}q_k + q_{k-1}} = \frac{(P_{k+1} + \sqrt{d})p_k + Q_{k+1}p_{k-1}}{(P_{k+1} + \sqrt{d})q_k + Q_{k+1}q_{k-1}}$$

을 얻고 따라서

$$dq_k + (P_{k+1}q_k + Q_{k+1}q_{k-1})\sqrt{d} = (P_{k+1}p_k + Q_{k+1}p_{k-1}) + p_k\sqrt{d}$$

이다. 무리수의 항등식으로부터

$$dq_k = P_{k+1}p_k + Q_{k+1}p_{k-1},$$
$$p_k = P_{k+1}q_k + Q_{k+1}q_{k-1}$$

을 얻는다. 그러므로

$$p_k^2 - dq_k^2 = (p_k q_{k-1} - p_{k-1}q_k)Q_{k+1} = (-1)^{k-1}Q_{k+1}$$

이다. ■

• 정리 10.20 •

d는 완전제곱수가 아닌 양의 정수, $\dfrac{p_k}{q_k}$는 $\sqrt{d}$의 단순 연분수의 k번째 수렴 ($k = 1, 2, 3, \cdots$), 그리고 n을 이 연분수의 순환주기라 하면

(1) n이 짝수일 때; $x^2 - dy^2 = 1$의 모든 양의 해는 $x = p_{jn-1}$, $y = q_{jn-1}$; $j = 1, 2, 3, \cdots$이고 $x^2 - dy^2 = -1$은 해가 존재하지 않는다.

(2) n이 홀수일 때; $x^2 - dy^2 = 1$의 모든 양의 해는 $x = p_{2jn-1}$, $y = q_{2jn-1}$; $j = 1, 2, 3, \cdots$이고 $x^2 - dy^2 = -1$은 모든 양의 해는 $x = p_{(2j-1)n-1}$, $y = q_{(2j-1)n-1}$; $j = 1, 2, 3, \cdots$이다.

증명 정리 10.18에 의하면 x_0, y_0가 $x^2 - dy^2 = \pm 1$의 양의 해이면 $x_0 = p_k$, $y_0 = q_k$이다. 여기서 $\dfrac{p_k}{q_k}$는 $\sqrt{d}$의 단순 연분수의 k번째 수렴. 반면에 정리 10.19로부터

$$p_k^2 - dq_k^2 = (-1)^{k-1}Q_{k+1}$$

을 얻고 n이 $\sqrt{d}$의 단순 연분수의 순환주기이므로 모든 $j \geq 1$에 대해 $\sqrt{d} = \dfrac{P_0 + \sqrt{d}}{Q_0}$이므로 $Q_{jn} = Q_0 = 1$이다. 따라서

$$p_{jn-1}^2 - dq_{jn-1}^2 = (-1)^{jn}Q_{jn} = (-1)^{jn}.$$

임의의 $j = 1, 2, \cdots$에 대해 n이 짝수이면, p_{jn-1}, q_{jn-1}은 $x^2 - dy^2 = 1$의 해이고 n이 홀수이면, p_{2jn-1}, q_{2jn-1}은 $x^2 - dy^2 = 1$의 해, $p_{(2j-1)n-1}$, $q_{(2j-1)n-1}$은 $x^2 - dy^2 = -1$의 해이다.

디오판토스 방정식 $x^2 - dy^2 = 1$과 $x^2 - dy^2 = -1$이 그 외의 경우에 해가 존재하지 않는다는 것을 보이기 위해 $Q_{k+1} = 1$이면 $n|k$이고 모든 $j \geq 1$에 대해 $Q_j \neq -1$임을 보이자.

먼저 $Q_{k+1} = 1$이면

$$\alpha_{k+1} = P_{k+1} + \sqrt{d}$$

이다. $\alpha_{k+1} = [a_{k+1}; a_{k+2}, \cdots]$이므로 α_{k+1}의 연분수는 순 순환이다. 따라서 정리 10.17에 의해서

$$-1 < \alpha_{k+1}' = P_{k+1} - \sqrt{d} < 0$$

이다. 그러므로 $P_{k+1} = [\sqrt{d}]$이며, $\alpha_k = \alpha_0$이다. 따라서 $n|k$이다.

$Q_j = -1$이면 $\alpha_j = -P_j - \sqrt{d}$이다. α_j는 순 순환 연분수이므로

$$-1 < \alpha_j' = -P_j + \sqrt{d} < 0 \text{ 이고 } \alpha_j = -P_j - \sqrt{d} > 1$$

이다. 따라서 $P_j > \sqrt{d}$이고 $P_j < -1 - \sqrt{d}$이므로 모순이다. 그러므로 $Q_j \neq -1$이다. ∎

보기 10.6

$\sqrt{13}$의 단순 연분수는 $[3; \overline{1, 1, 1, 1, 6}]$이므로 디오판토스 방정식 $x^2 - 13y^2 = 1$의 양의 정수해는 $j = 1, 2, \cdots$에 대하여 p_{10j-1}, q_{10j-1}이다. ($\dfrac{p_{10j-1}}{q_{10j-1}}$은 $\sqrt{13}$의 단순 연분수의 $(10j-1)$번째 수렴) 따라서 가장 작은 양의 정수해는

$p_9 = 649$, $q_9 = 180$이다. 또한 디오판토스 방정식 $x^2 - 13y^2 = -1$의 양의 정수해는 p_{10j-6}, q_{10j-6}, $j = 1, 2, \cdots$이므로 가장 작은 양의 정수해는 $p_4 = 18$, $q_4 = 5$이다. ✤

• 정리 10.21 •

d는 완전제곱수가 아닌 양의 정수, x_1, y_1은 $x^2 - dy^2 = 1$의 가장 작은 양의 해라 하자. 그러면 모든 양의 정수해 x_k, y_k는

$$x_k + y_k\sqrt{d} = (x_1 + y_1\sqrt{d})^k;\ k = 1, 2, 3, \cdots$$

의 형태를 갖는다.

증명 먼저 x_k, y_k가 해가 됨을 보이자.

곱의 켤레수는 켤레수의 곱과 같으므로 $x_k - y_k\sqrt{d} = (x_1 - y_1\sqrt{d})^k$이다. 따라서

$$\begin{aligned} x_k^2 - y_k^2 d &= (x_k - y_k\sqrt{d})(x_k + y_k\sqrt{d}) \\ &= (x_1 - y_1\sqrt{d})^k (x_1 + y_1\sqrt{d})^k \\ &= (x_1^2 - y_1^2 d)^k = 1 \end{aligned}$$

그러므로 x_k, y_k는 해가 된다. 이제 모든 해가 x_k, y_k의 형태를 가진다는 것을 보이자. s, t가 이런 형태가 아닌 양의 해라 하면 $x_1 + y_1\sqrt{d}$와 $s + t\sqrt{d}$가 모두 1보다 크므로 어떤 정수 n이 존재하여

$$(x_1 + y_1\sqrt{d})^n < s + t\sqrt{d} < (x_1 + y_1\sqrt{d})^{n+1}$$

이다. 여기에 $(x_1 + y_1\sqrt{d})^{-n} = (x_1 - y_1\sqrt{d})^n$을 곱하면

$$1 < (s + t\sqrt{d})(x_1 - y_1\sqrt{d})^n < x_1 + y_1\sqrt{d}$$

이다. 이제 $a + b\sqrt{d} = (s + t\sqrt{d})(x_1 - y_1\sqrt{d})^n$이라 하면

$$a^2 - b^2 d = (s^2 - t^2 d)(x_1^2 - y_1^2 d)^n = 1.$$

따라서 a, b는 $x^2-dy^2=1$의 $1<a+b\sqrt{d}<x_1+y_1\sqrt{d}$인 해이다. 또한 $a+b\sqrt{d}>1$이므로 $0<(a+b\sqrt{d})^{-1}<1$, 즉 $0<a-b\sqrt{d}<1$이다. 그러므로

$$a=\frac{1}{2}(a+b\sqrt{d})+\frac{1}{2}(a-b\sqrt{d})>\frac{1}{2}+0>0$$

$$b\sqrt{d}=\frac{1}{2}(a+b\sqrt{d})-\frac{1}{2}(a-b\sqrt{d})>\frac{1}{2}-\frac{1}{2}=0.$$

따라서 a, b는 양의 해이다. 그러므로 $a\geq x_1$, $b\geq y_1$이다. 이것은 $a+b\sqrt{d}<x_1+y_1\sqrt{d}$에 모순이다. 따라서 모든 해는 x_k, y_k의 형태를 갖는다. ▮

보기 10.7

보기 10.6에서 디오판토스 방정식 $x^2-13y^2=1$의 가장 작은 양의 정수해는 $p_9=649$, $q_9=180$이다. 따라서 모든 양의 정수해 x_k, y_k는

$$x_k+y_k\sqrt{13}=(649+180\sqrt{13})^k$$

를 만족한다. 예를 들어 $x_2+y_2\sqrt{13}=842361+233640\sqrt{13}$이다. ✤

연/습/문/제

1. 다음 방정식의 모든 양의 정수해를 구하여라.
   (a) $x^2-y^2=8$
   (b) $x^2-4y^2=45$
   (c) $x^2-9y^2=64$
   (d) $x^2+3y^2=4$
   (e) $x^2+5y^2=69$
   (f) $2x^2+7y^2=30$

2. 다음 방정식의 가장 작은 양의 정수해를 구하여라.
   (a) $x^2-8y^2=1$
   (b) $x^2-2y^2=1$

(c) $x^2 - 50y^2 = 1$ (d) $x^2 - 21y^2 = 1$

3. 다음 방정식의 해를 하나 구하여라.

(a) $x^2 - 13y^2 = -1$ (a) $x^2 - 29y^2 = -1$ (c) $x^2 - 41y^2 = -1$

4. $n \neq 0$인 정수에 대하여 $x^2 - dy^2 = n$이 하나의 해를 가지면 무한히 많은 해가 존재함을 증명하여라.

5. $d \equiv 3 \pmod 4$이면 $x^2 - dy^2 = -1$은 정수해가 존재하지 않음을 보여라.

6. $n^2 + (n+1)^2$이 완전제곱수가 되는 무한히 많은 정수 n이 존재함을 보여라.

부 록

표 1. 소수 $p < 1000$에 대한 최소 원시근 r의 값

p	r	p	r	p	r	p	r
2	1	191	19	439	15	709	2
3	2	193	5	443	2	719	11
5	2	197	2	449	3	727	5
7	3	199	3	457	13	733	6
11	2	211	2	461	2	739	3
13	2	223	3	463	3	743	5
17	3	227	2	467	2	751	3
19	2	229	6	479	13	757	2
23	5	233	3	487	3	761	6
29	2	239	7	491	2	769	11
31	3	241	7	499	7	773	2
37	2	251	6	503	5	787	2
41	6	257	3	509	2	797	2
43	3	263	5	521	3	809	3
47	5	269	2	523	2	811	3
53	2	271	6	541	2	821	2
59	2	277	5	547	2	823	3
61	2	281	3	557	2	827	2
67	2	283	3	563	2	829	2
71	7	293	2	569	3	839	11
73	5	307	5	571	3	853	2
79	3	311	17	577	5	857	3
83	2	313	10	587	2	859	2
89	3	317	2	593	3	863	5
97	5	331	3	599	7	877	2
101	2	337	10	601	7	881	3
103	5	347	2	607	3	883	2
107	2	349	2	613	2	887	5
109	6	353	3	617	3	907	2
113	3	359	7	619	2	911	17
127	3	367	6	631	3	919	7
131	2	373	2	641	3	929	3
137	3	379	2	643	11	937	5
139	2	383	5	647	5	941	2
149	2	389	2	653	2	947	2
151	6	397	5	659	2	953	3
157	5	401	3	661	2	967	5
163	2	409	21	673	5	971	6
167	5	419	2	677	2	977	3
173	2	421	2	683	5	983	5
179	2	431	7	691	3	991	6
181	2	433	5	701	2	997	7

표 2. $\sigma(n)$, $\tau(n)$, $\mu(n)$, $\phi(n)$의 값

n	$\sigma(n)$	$\tau(n)$	$\mu(n)$	$\phi(n)$
1	1	1	1	1
2	3	2	−1	1
3	4	2	−1	2
4	7	3	0	2
5	6	2	−1	4
6	12	4	1	2
7	8	2	−1	6
8	15	4	0	4
9	13	3	0	6
10	18	4	1	4
11	12	2	−1	10
12	28	6	0	4
13	14	2	−1	12
14	24	4	1	6
15	24	4	1	8
16	31	5	0	8
17	18	2	−1	16
18	39	6	0	6
19	20	2	−1	18
20	42	6	0	8
21	32	4	1	12
22	36	4	1	10
23	24	2	−1	22
24	60	8	0	8
25	31	3	0	20
26	42	4	1	12
27	40	4	0	18
28	56	6	0	12
29	30	2	−1	28
30	72	8	−1	8
31	32	2	−1	30
32	63	6	0	16
33	48	4	1	20
34	54	4	1	16
35	48	4	1	24
36	91	9	0	12
37	38	2	−1	36
38	60	4	1	18
39	56	4	1	24
40	90	8	0	16
41	42	2	−1	40
42	96	8	−1	12
43	44	2	−1	42
44	84	6	0	20
45	78	6	0	24
46	72	4	1	22
47	48	2	−1	46
48	124	10	0	16
49	57	3	0	42
50	93	6	0	20

표 2. 계속

n	$\sigma(n)$	$\tau(n)$	$\mu(n)$	$\phi(n)$
51	72	4	1	32
52	98	6	0	24
53	54	2	−1	52
54	120	8	0	18
55	72	4	1	40
56	120	8	0	24
57	80	4	1	36
58	90	4	1	28
59	60	2	−1	58
60	168	12	0	16
61	62	2	−1	60
62	96	4	1	30
63	104	6	0	36
64	127	7	0	32
65	84	4	1	48
66	144	8	−1	20
67	68	2	−1	66
68	126	6	0	32
69	96	4	1	44
70	144	8	−1	24
71	72	2	−1	70
72	195	12	0	24
73	74	2	−1	72
74	114	4	1	36
75	124	6	0	40
76	140	6	0	36
77	96	4	1	60
78	168	8	−1	24
79	80	2	−1	78
80	186	10	0	32
81	121	5	0	54
82	126	4	1	40
83	84	2	−1	82
84	224	12	0	24
85	108	4	1	64
86	132	4	1	42
87	120	4	1	56
88	180	8	0	40
89	90	2	−1	88
90	234	12	0	24
91	112	4	1	72
92	168	6	0	44
93	128	4	1	60
94	144	4	1	46
95	120	4	1	72
96	252	12	0	32
97	98	2	−1	96
98	171	6	0	42
99	156	6	0	60
100	217	9	0	40

표 3. $d<100$인 $\sqrt{d}$의 단순 연분수

d	$\sqrt{d}$	d	$\sqrt{d}$
2	$[1;\overline{2}]$	53	$[7;\overline{3,1,1,3,14}]$
3	$[1;\overline{1,2}]$	54	$[7;\overline{2,1,6,1,2,14}]$
5	$[2;\overline{4}]$	55	$[7;\overline{2,2,2,14}]$
6	$[2;\overline{2,4}]$	56	$[7;\overline{2,14}]$
7	$[2;\overline{1,1,1,4}]$	57	$[7;\overline{1,1,4,1,1,14}]$
8	$[2;\overline{1,4}]$	58	$[7;\overline{1,1,1,1,1,1,14}]$
10	$[3;\overline{6}]$	59	$[7;\overline{1,2,7,2,1,14}]$
11	$[3;\overline{3,6}]$	60	$[7;\overline{1,2,1,14}]$
12	$[3;\overline{2,6}]$	61	$[7;\overline{1,4,3,1,2,2,1,3,4,1,14}]$
13	$[3;\overline{1,1,1,1,6}]$	62	$[7;\overline{1,6,1,14}]$
14	$[3;\overline{1,2,1,6}]$	63	$[7;\overline{1,14}]$
15	$[3;\overline{1,6}]$	65	$[8;\overline{16}]$
17	$[4;\overline{8}]$	66	$[8;\overline{8,16}]$
18	$[4;\overline{4,8}]$	67	$[8;\overline{5,2,1,1,7,1,1,2,5,16}]$
19	$[4;\overline{2,1,3,1,2,8}]$	68	$[8;\overline{4,16}]$
20	$[4;\overline{2,8}]$	69	$[8;\overline{3,3,1,4,1,3,3,16}]$
21	$[4;\overline{1,1,2,1,1,8}]$	70	$[8;\overline{2,1,2,1,2,16}]$
22	$[4;\overline{1,2,4,2,1,8}]$	71	$[8;\overline{2,2,1,7,1,2,2,16}]$
23	$[4;\overline{1,3,1,8}]$	72	$[8;\overline{2,16}]$
24	$[4;\overline{1,8}]$	73	$[8;\overline{1,1,5,5,1,1,16}]$
26	$[5;\overline{10}]$	74	$[8;\overline{1,1,1,1,16}]$
27	$[5;\overline{5,10}]$	75	$[8;\overline{1,1,1,16}]$
28	$[5;\overline{3,2,3,10}]$	76	$[8;\overline{1,2,1,15,4,5,1,1,2,1,16}]$
29	$[5;\overline{2,1,1,2,10}]$	77	$[8;\overline{1,3,2,3,1,16}]$
30	$[5;\overline{2,10}]$	78	$[8;\overline{1,4,1,16}]$
31	$[5;\overline{1,1,3,5,3,1,1,10}]$	79	$[8;\overline{1,7,1,16}]$
32	$[5;\overline{1,1,1,10}]$	80	$[8;\overline{1,16}]$
33	$[5;\overline{1,2,1,10}]$	82	$[9;\overline{18}]$
34	$[5;\overline{1,4,1,10}]$	83	$[9;\overline{9,18}]$
35	$[5;\overline{1,10}]$	84	$[9;\overline{6,18}]$
37	$[6;\overline{12}]$	85	$[9;\overline{4,1,1,4,18}]$
38	$[6;\overline{6,12}]$	86	$[9;\overline{3,1,1,1,8,1,1,1,3,18}]$
39	$[6;\overline{4,12}]$	87	$[9;\overline{3,18}]$
40	$[6;\overline{3,12}]$	88	$[9;\overline{2,1,1,1,2,18}]$
41	$[6;\overline{2,2,12}]$	89	$[9;\overline{2,3,3,2,18}]$
42	$[6;\overline{2,12}]$	90	$[9;\overline{2,18}]$
43	$[6;\overline{1,1,3,1,5,1,3,1,1,12}]$	91	$[9;\overline{1,1,5,1,5,1,1,18}]$
44	$[6;\overline{1,1,1,2,1,1,1,12}]$	92	$[9;\overline{1,1,2,4,2,1,1,18}]$
45	$[6;\overline{1,2,2,2,1,12}]$	93	$[9;\overline{1,1,1,4,6,4,1,1,1,18}]$
46	$[6;\overline{1,3,1,1,2,6,2,1,1,3,1,12}]$	94	$[9;\overline{1,2,3,1,1,5,1,8,1,5,1,1,3,2,1,18}]$
47	$[6;\overline{1,5,1,12}]$	95	$[9;\overline{1,2,1,18}]$
48	$[6;\overline{1,12}]$	96	$[9;\overline{1,3,1,18}]$
50	$[7;\overline{14}]$	97	$[9;\overline{1,5,1,1,1,1,1,1,5,18}]$
51	$[7;\overline{7,14}]$	98	$[9;\overline{1,8,1,18}]$
52	$[7;\overline{4,1,2,1,4,14}]$	99	$[9;\overline{1,18}]$

연습문제 해답 및 힌트

제2장 정제성

연습문제 2.3

1. 몫 $= q$,나머지 $= r$

   (1) $q=1,\ r=4$

   (2) $q=5,\ r=15$

   (3) $q=-7,\ r=16$

   (4) $q=91,\ r=152$

   (5) $q=9,\ r=233$

2. 정리 2.2를 이용하고 $q=q'-2,\ r=r'+2a$을 고려함.

3. 11개, 222개, $\left[\dfrac{n}{a}\right]$개

4. 거짓. 반례를 들면 $a=1,\ b=3,\ c=9,\ d=3$

   $x=0,\ y=3$

5. 방법 1 : $n=6k+r,\ 0 \le r \le 5$

   방법 2 (수학적 귀납법) : $\displaystyle\sum_{k=1}^{n} k^2 = \frac{n(n+1)(2n+1)}{6}$을 보임.

6. $3a^2-1$을 3으로 나눈 나머지 2

   b^2을 3으로 나눈 나머지 0 또는 1

7. $a_n = \displaystyle\sum_{k=0}^{n} 10^k$ (단, $n \ge 1$)

   $4|100$, a_n을 4로 나눈 나머지 3

8. $a=b^2$이고 $a=c^3$라 하고, $7|a$ 또는 $7|a-1$만 보이면 충분.

9. n^2을 4로 나눈 나머지 0 또는 1

   n^2+2을 4로 나눈 나머지 2 또는 3

10. (1) n 또는 $n-1$이 짝수

    (2) $n-1,\ n$ 또는 $n+1$ 중 하나는 3의 배수

11. n이 0, 홀수, 짝수일 때도 나누어 생각.

12. n이 홀수면, $n^2-1=4k(k+1)$

13. 거짓. 반례를 들면, $8^2 | 4^3$이지만 $8 \nmid 4$이다.

14. (a) $k = 5m + r,\ 0 \le r \le 4$ (b) $k = 7m + r,\ 0 \le r \le 6$

15. $k = 10m + r,\ 0 \le r \le 9$

17. $n = \sum_{k=1}^{m} p_k^{a_k} (a_k \ge 0)$라 하면 양의 약수의 수는 $\prod_{k=1}^{m} (a_k + 1)$

19. $\sum_{k=1}^{n} k = \frac{n(n+1)}{2}$, $\sum_{k=1}^{n} k^2 = \frac{n(n+1)(2n+1)}{6}$

20. (a), (b) 문제 12번 이용.

22. 문제 21번 이용.

연습문제 2.4

1. (a) 3 (b) 8 (c) 5
2. (a) 17 (b) 11 (c) 27 (d) 333 (e) 19 (f) 12
3. 1. (a) $16 \times 527 - 11 \times 765 = 17$

   (b) $18 \times 132 - 5 \times 473 = 11$

   (c) $(-2) \times 108 + 1 \times 243 = 27$

   (d) $(-7) \times 12321 - 10 \times 8685 = 333$

   (e) $(-13) \times 361 + 4 \times 1179 = 19$

   (f) $67 \times 156 - 6 \times 1740 = 12$

   2. (a) $-2 \times 10587 + 39 \times 543 = 3$

   (b) $6 \cdot 9600 - 313 \cdot 184 = 8$

   (c) $(-64) \cdot 345645 + 3427 \cdot 6455 = 5$
4. (a) $x = 2 + 3k,\ y = -2k$

   (b) $x = 5 + 4k,\ y = 1 + 5k$

   (c) $x = 4 + 8k,\ y = -1 + 11k$
5. 유클리드 호제법 이용.
6. ± 1
7. $b = (a+b) - a$
8. 유클리드 호제법 이용.
9. (b) 반례를 들면, $\gcd(4,\ 6,\ 9) = 1$, $lcm(4,\ 6,\ 9) = 36$.

   $1 \times 36 \ne 4 \times 6 \times 9$

12. $a^{2^n}+1 \mid a^{2^{n+1}}-1=(a^{2^n}+1)(a^{2^n}-1)$

13. 유클리드 호제법과 문제 8번 이용.

14. 문제 12번과 8번 이용.

16. $a+b \mid (a^2-ab+b^2)+3ab$. 그리고 문제 8번과 15번 이용.

17. $a^p+b^p=(a+b-b)^p+b^p$ 이용.

18. 문제 8번 이용.

연습문제 2.5

1. 2, 3, 5, 7, 11, 13, 17, 19, 23, 29, 31, 37, 41, 43, 47, 53, 59, 61, 67, 71, 73, 79, 83, 89, 97.

2. (a) $n!=2^A\cdot(2k+1)\ (A\in Z)$, $2^a\le n<2^{a+1}\ (a\in Z)$

   (b) $1\cdot 3\cdots(2n+1)=3^B\cdot k\ (3\nmid k)\ (B\in Z)$, $3^b\le n<3^{b+1}\ (b\in Z)$

3. (a) $n^4+4=(n^2+2n+2)(n^2-2n+2)$

   (b) $n^4+n^2+1=(n^2+n+1)(n^2-n+1)$

4. 완전제곱수를 4로 나눈 나머지 0 또는 1

5. $a^n-1=(a-1)(a^{n-1}+\cdots+a+1)$,

   $a^{kl}-1=(a^k-1)(a^{k(l-1)}+\cdots+a^k+1)$

6. $n=\sum_{k=0}^{m} a_k 10^k$

7. (a), (b), (c) 수학적 귀납법 이용.

   (d) 완전제곱수를 4로 나눈 나머지 0 또는 1

   (e) $\sum_{k=1}^{n}\frac{1}{p_k}=\frac{1}{p_1p_2\cdots p_n}\sum_{k=1}^{n}\frac{p_1p_2\cdots p_n}{p_k}$

9. $a_n\left(\frac{a}{b}\right)^n+a_{n-1}\left(\frac{a}{b}\right)^{n-1}+\cdots+a_1\frac{a}{b}+a_0$

   $=\left(\frac{1}{b}\right)^n\left\{a_na^n+\cdots+a_1ab^{n-1}+a_0b^n\right\}=0$

10. $\binom{p}{a}=\frac{p(p-1)(p-2)\cdots(p-a+1)}{a!}$

12. $n^{34}-9=(n^{17}+3)(n^{17}-3)$

13. (b) 수학적 귀납법 이용.

제 3 장 합동식

연습문제 3.1

1. (a) 참 (b) 거짓 (c) 거짓 (d) 참 (e) 참 (f) 거짓

2. (b) $k^2 \equiv 0$ 또는 $1 \pmod 4$

연습문제 3.2

2. (a) $\{1, 2\}$ (b) $\{1, 2, 4, 5, 7, 8\}$ (c) $\{1, 5, 7, 11, 13, 17\}$
   (d) $\{1, 2, \cdots, 16\}$

3. $9^2 = 81 \equiv 3^2 = 9 \pmod 9$이지만 $9 \not\equiv 3 \pmod 9$

5. $1^8 \equiv 2^8 = 256 = 1 \pmod 5$이고 $8 \equiv 3 \pmod 5$이지만
   $1^3 \not\equiv 2^3 = 8 \equiv 3 \pmod 5$

7. (a) $k = 7m + r,\ 0 \le r \le 6$ (b) $k = 5m + r,\ 0 \le r \le 4$
   (c) $(a, 6) = 1$이므로, $a = 6k \pm 1$

9. (a) $x \equiv 4 \pmod 5$ (b) 해가 없다.
   (c) $x \equiv 4 \pmod 7$

10. 1, 6, 4, 8, 5, 10

12. (a) $x \equiv 6 \pmod 7$ (b) $x \equiv 5 \pmod 8$
    (c) $x \equiv 3$ 또는 $10 \pmod 7$ (d) $x \equiv 35 \pmod{52}$

14. $(m-1)^2 \equiv 1 \pmod m$, $m - 1 \not\equiv 1$

15. (a) $i \neq j$면 $(r_i + a) \not\equiv (r_j + a) \pmod n$
    (b) $(a, n) = 1$이므로 $ar_i \not\equiv ar_j \pmod n$

16. (b) 아니다. 반례를 들면, $S = \{1, 3\}$은 법 4의 기약잉여계.
    그러나 $S' = \{1+1, 3+1\}$은 아니다.

17. $12 | 4!$이므로, $k \ge 4$면 $12 | k!$

18. $a \equiv b \Leftrightarrow a^5 \equiv b^5 \pmod 4$

20. $\sum_{k=0}^{m} a_k 10^k \equiv \sum_{k=0}^{m} a_k \cdot 1^k = \sum_{k=0}^{m} a_k \pmod 9$

21. $\sum_{k=0}^{m} a_k 10^k \equiv \sum_{k=0}^{m} a_k \cdot (-1)^k \pmod{11}$

23. $(a, m)=1 \Leftrightarrow (m-a, m)=1$

25. $11^{2k}+19^{2k}=121^{k}+361^{k}$

26. $x \equiv y \equiv 3 \pmod 5$

연습문제 3.3

2. (a), (b), (c) 윌슨의 정리 이용.
3. $3^{2n+1}+2^{n+2} \equiv 3 \cdot (3^2)^n + 4 \cdot 2^n \pmod 7$
4. 문제 25번 이용.
5. $437=19\times 23$, 윌슨의 정리 이용.
6. p가 소수이면 $x^p \equiv x \pmod p$임을 이용.
7. 페르마의 작은 정리 이용
8. 페르마의 작은 정리 이용
9. (a) $\pm 13 \equiv 13,\ 4 \pmod{17}$. (b) 해를 갖지 않는다.
10. 페르마의 작은 정리 이용
13. $n \neq 4$인 합성수이면, $n \mid (n-1)!$
14. $(p-1)!+1=p^k$라 하고 (단 $p>5,\ k\geq 1$),
    $p^k-1=(p-1+1)^k-1$을 이용
15. (a) 해를 갖지 않는다. (b) $x \equiv 8,\ 18,\ 47,\ 57 \pmod{65}$
16. $y^2 \equiv 0,\ 1 \pmod 4$
17. (b) 2.5절의 문제 11번 이용.
18. (a) 페르마의 작은 정리 이용
    (b) 모든 정수 a에 대해, $a^p \equiv a \pmod p$
19. (b) 윌슨의 정리 이용.
    (c) $(p-2)!-1=p^k$라 하고 (단 $p>5,\ k\geq 1$),
    $p^k-1=(p-1+1)^k-1$을 이용
20. (b) 2.5절의 문제 10번 이용
21. (a) $p \mid (2n)!,\ p \nmid n! \cdot n!$ (b) $2p>2n$이므로, $p^2 \nmid (2n)!$
23. 모든 정수 a에 대해, $a^p \equiv a \pmod p$

제 4 장 다항합동식

연습문제 4.1

1. $280k+12\ (k\in Z)$
2. (a) $x\equiv 4 \pmod{15}$ (b) $x\equiv 7 \pmod{30}$
   (c) $x\equiv 208 \pmod{315}$ (d) $x\equiv 785 \pmod{1122}$
3. $x\equiv 99 \pmod{210}$
4. $p_1, p_2, \cdots, p_n$: 서로 다른 소수 $(p_i\neq 1)$

   연립합동식 $\begin{cases} x\equiv 1 \pmod{p_1^2} \\ x\equiv 2 \pmod{p_2^2} \\ x\equiv 3 \pmod{p_3^2} \\ \quad\cdots \\ x\equiv k \pmod{p_k^2} \\ \quad\cdots \\ x\equiv n \pmod{p_n^2} \end{cases}$ 을 이용.
5. 62
6. 3930개
7. $x\equiv 59, 164 \pmod{210}$
9. (a) 해를 갖지 않는다. (b) 해를 갖지 않는다.

연습문제 4.2

1. (a) 해를 갖지 않는다. (b) $x\equiv 14 \pmod{3^3}$
   (c) $x\equiv 57, 68 \pmod{5^3}$ (d) 해를 갖지 않는다.
   (e) $x\equiv 2, 9, 16, 23, 30, 37, 44 \pmod{7^2}$
2. (a) $x\equiv 2, 7, 10, 11 \pmod{12}$ (b) $x\equiv 19, 37 \pmod{63}$
   (c) $x\equiv 16, 31 \pmod{35}$ (d) $x\equiv 137, 173 \pmod{441}$
3. $x\equiv 323, 698, 1073 \pmod{1125}$
4. 수학적 귀납법 이용

연습문제 4.3

2. $\deg_5 f=4,\ \deg_{12} f=2,\ \deg_4 f=2,\ \deg_3 f=1$

4. $g(x) \equiv_x x^2 - 6x - 2 \pmod{13}$

5. (a) 해가 없다. (b) $x \equiv -1 \pmod 5$

   (c) $x \equiv 3$ 또는 $4 \pmod 5$

6. $x \equiv b \pmod p$

8. 문제 7번에서 양변 각 차수의 항의 계수 비교

제 5 장 원시근

연습문제 5.1

1. (a) $\mathrm{ord}_{17}2 = 8$, $\mathrm{ord}_{17}3 = 16$, $\mathrm{ord}_{17}5 = 16$

   (b) $\mathrm{ord}_{19}2 = 18$, $\mathrm{ord}_{19}3 = 18$, $\mathrm{ord}_{19}5 = 9$

   (c) $\mathrm{ord}_{23}2 = 11$, $\mathrm{ord}_{23}3 = 11$, $\mathrm{ord}_{23}5 = 22$

2. 3:2, 5:2와 3, 7:3과 5, 13:2, 6, 7, 11

4. (a) $\mathrm{ord}_n a^h = \dfrac{\mathrm{ord}_n a}{(h,\ hk)} = \dfrac{hk}{h} = k$

5. $\mathrm{ord}_n a = 2 \Leftrightarrow a \not\equiv 1$이고 $a^2 \equiv 1 \pmod p$

11. (a) $p \mid n^2 + 1$, p가 홀수인 소수라 하면,

    $n^2 \equiv -1 \not\equiv 1 \pmod p$, $n^4 \equiv 1 \pmod p$

    (b) $p \mid n^4 + 1$, p가 홀수인 소수라 하면,

    $n^4 \equiv -1 \not\equiv 1 \pmod p$, $n^8 \equiv 1 \pmod p$

12. (a) 문제 11 (a)번 이용. (b) 문제 11 (c)번 이용.

    (c) 문제 11 (b)번 이용.

13. (c) $2^{17}-1$의 가장 작은 소수인자 $2^{17}-1$

    $2^{29}-1$의 가장 작은 소수인자 233

14. $q_i \equiv 1 \pmod{2p}$인 소수가 유한개만 존재한다고 가정하고 그들을 q_1, q_2, $\cdots$, q_r라 하고, 정수 $(2 \cdot q_1 \cdot q_2 \cdots q_r)^p - 1$과 문제 13(a)번 이용.

16. $\mathrm{ord}_n r^k = \dfrac{\mathrm{ord}_n r}{(k,\ \mathrm{ord}_n r)} = \dfrac{\phi(n)}{(k,\ \phi(n))}$

17. (a) 3과 7 (b) 3, 5, 6, 7, 10, 11, 12, 14

연습문제 5.2

1. (a) $x^2-1 \equiv (x-1)(x+1) \equiv 0 \pmod{p}$

   (b) 4.3절의 문제 7(a)번 이용

3. 11의 원시근 2, 6, 7, 8

   19의 원시근 2, 3, 11, 13, 14, 15

   23의 원시근 5, 7, 10, 11, 14, 15, 17, 19, 20, 21

4. (a) 7, 37

   (b) 9, 10, 13, 14, 15, 17, 23, 24, 25, 31, 38, 40

5. 11, 50

7. $a^{\frac{p-1}{2}} \equiv k \pmod{p}$라 하면, $k^2 \equiv 1 \pmod{p}$

8. (a), (b) $-r \equiv r^{\frac{p-1}{2}} r \equiv r^{1+\frac{p-1}{2}} \pmod{p}$

연습문제 5.3

1. (a) 26의 원시근 7, 11, 15, 19

   25의 원시근 2, 3, 8, 12, 13, 17, 22, 23

   (b) 3^2의 원시근은 2, 5

   3^3의 원시근은 2, 5, 11, 17, 20, 23

   3^4의 원시근은 2, 5, 11, 14, 20, 23, 29, 32, 38, 47, 50, 56, 59, 61, 65, 68, 74, 77

2. (a) $x \equiv 20 \pmod{27}$ (b) $x \equiv 76 \pmod{81}$

4. (a) $\phi(2p^n) = \phi(2)\phi(p^n) = \phi(p^n)$

6. (b) 3

7. 41의 원시근은 6, 7, 11, 12, 13, 15, 17, 19, 22, 24, 26, 28, 29, 30, 34, 35

   82의 원시근은 7, 11, 13, 15, 17, 19, 29, 35, 47, 53, 63, 65, 67, 71, 73, 75

8. 3은 50과 98의 원시근

9. 1은 2의 원시근, 3은 4의 원시근

연습문제 5.4

1.

a	1	2	3	4	5	6	7	8	9	10
$\text{ind}_2 a$	10	1	8	2	4	9	7	3	6	5

(a) $x \equiv 7 \pmod{11}$ (b) $x \equiv 5,\ 8 \pmod{11}$

(c) 해가 없다.

2. (a) $x \equiv 6,\ 7,\ 10,\ 11 \pmod{17}$

(b) $x \equiv 5 \pmod{17}$

(c) $x \equiv 3,\ 5,\ 6,\ 7,\ 10,\ 11,\ 12,\ 14 \pmod{17}$

(d) $x \equiv 1 \pmod{16}$

3. 14

5. (b) i) $x \equiv 6,\ 7,\ 10,\ 11 \pmod{17}$

ii) $x \equiv 5 \pmod{17}$

iii) $x \equiv 3,\ 5,\ 6,\ 7,\ 10,\ 11,\ 12,\ 14 \pmod{17}$

iv) $x \equiv 1 \pmod{16}$

7. (a) $b = 2$이면 $a = 2,\ 5,\ 6$

$b = 5$이면 $a = 2,\ 5,\ 6$

$b = 6$이면 $a = 2,\ 5,\ 6$

(b) $p = 7$: $a = 1,\ 2,\ 4 \pmod{7}$

$p = 11$: $a = 1,\ 3,\ 4,\ 5,\ 9 \pmod{11}$

$p = 13$: $a = 1,\ 3,\ 9 \pmod{13}$

11. $x^5 \equiv 13 \pmod{23}$은 해를 가지고 $x^7 \equiv 15 \pmod{29}$도 해를 가짐.

14. $p - a \equiv -a \pmod{p} \Rightarrow p - a \equiv (-1)a \pmod{p}$

15. (a) $a^x \equiv b \pmod{p} \Leftrightarrow x \cdot \in d_r\, a \equiv \in d_r\, b \pmod{p-1}$

3.2절의 정리 3.13 이용

(b) $x \equiv 3,\ 7,\ 11,\ 15 \pmod{16}$

$x \equiv 8,\ 17 \pmod{18}$

16. $b = 1,\ 3,\ 9 \pmod{13}$

제 6 장 이차 상반법칙

연습문제 6.1

1. (a) 해가 없다. (b) 해가 없다.

   (c) $x \equiv 6,\ 9 \pmod{11}$ (d) $x \equiv 4,\ 6 \pmod{13}$

2. (a) $\left(\frac{-23}{59}\right) = 1$ (b) $\left(\frac{20}{31}\right) = 1$

   (c) $\left(\frac{18}{43}\right) = -1$ (d) $\left(\frac{-72}{131}\right) = -1$

3. $\left(\frac{-1}{11}\right) = -1,\ \left(\frac{2}{11}\right) = -1,\ \left(\frac{-2}{11}\right) = 1,\ \left(\frac{3}{11}\right) = 1$

   $\left(\frac{-1}{13}\right) = -1,\ \left(\frac{2}{13}\right) = -1,\ \left(\frac{-2}{13}\right) = 1,\ \left(\frac{3}{13}\right) = -1$

   $\left(\frac{-1}{17}\right) = 1,\ \left(\frac{2}{17}\right) = 1,\ \left(\frac{-2}{17}\right) = 1,\ \left(\frac{3}{17}\right) = -1$

4. 1, 2, 4, 8, 9, 13, 15, 16

5. (a) $a^{\frac{p-1}{2}} \equiv 1 \pmod{p}$

   (b) $p \equiv 1 \pmod{4}$일 때, $\left(\frac{p-a}{p}\right) = \left(\frac{-a}{p}\right) = \left(\frac{a}{p}\right) = 1$

   $p \equiv 3 \pmod{4}$일 때, $\left(\frac{p-a}{p}\right) = \left(\frac{-a}{p}\right) = -\left(\frac{a}{p}\right) = -1$

6. 5.1절의 문제 12번 참조.

8. r을 p의 원시근이라 하면,

   (a) $\displaystyle\sum_{a\text{는 } p\text{의 이차 잉여류}} a \equiv r^2 + \cdots + r^{p-1} \pmod{p}$

   (b) $\displaystyle\sum_{a\text{는 } p\text{의 이차 잉여류}} a^2 \equiv r^4 + \cdots + r^{2(p-1)} \pmod{p}$

9. (a) 임의의 p의 원시근 r에 대하여, $r^{\frac{p-1}{2}} \equiv \left(\frac{r}{p}\right) \equiv -1 \pmod{p}$

   (b) (a)번 이용.

10. r을 p의 원시근이라 하면,

    (a) $\displaystyle\prod_{a\text{는 } p\text{의 이차 잉여류}} a \equiv r^{2+\cdots+p-1} \pmod{p}$

(b) $\displaystyle\prod_{a\text{는 } p\text{의 이차 비잉여류}} a \equiv r^{1+\cdots+p-2} \pmod{p}$

11. (a) 이차 비잉여류의 개수 : $\dfrac{p-1}{2} = q$

원시근의 개수 : $\phi(\phi(p)) = \phi(q) = q-1$

(b) $p-1$

(c) 7의 원시근은 3, 5

11의 원시근은 2, 6, 7, 8

23의 원시근은 5, 7, 10, 11, 14, 15, 17, 19, 20, 21

연습문제 6.2

1. (a) $\left(\dfrac{8}{11}\right) = -1$ (b) $\left(\dfrac{11}{17}\right) = -1$

(c) $\left(\dfrac{7}{13}\right) = -1$ (d) $\left(\dfrac{5}{19}\right) = 1$

(e) $\left(\dfrac{12}{23}\right) = 1$ (f) $\left(\dfrac{6}{31}\right) = -1$

3. (a) $\left(\dfrac{-4}{q}\right) = \left(\dfrac{-1}{q}\right) = (-1)^{\frac{q-1}{2}} = -1,\ -4 \not\equiv q-1 \pmod{q}.$

(b) $\left(\dfrac{-4}{p}\right) = \left(\dfrac{-1}{p}\right) = (-1)^{\frac{q-1}{2}} = 1,\ \left(\dfrac{p-\frac{1}{4}}{p}\right) = \left(\dfrac{4*\left(\frac{p-1}{4}\right)}{p}\right) = 1$

5. $8k-1$꼴의 소수가 유한개라고 가정하고 그들을 $q_1, q_2, \cdots, q_s$라 하자.

정수 $(4q_1q_2 \cdots q_s)^2 - 2$을 이용.

6. $aa^* \equiv 1 \pmod{p}$인 a^*가 존재하므로,

$\left(\dfrac{a(a+1)}{p}\right) = \left(\dfrac{a(a+aa^*)}{p}\right) = \left(\dfrac{1+a^*}{p}\right)$

7. 6.1절의 문제 5, (b)번 이용.

8. 문제 6번 이용.

10. (b) $\left(\dfrac{2}{p}\right) \equiv (-1)^{2q^2+q} \equiv -1 \pmod{p},\ 2^4 = 16 \not\equiv 1 \pmod{p}$

연습문제 6.3

1. (a) 해가 없다. (b) 해가 없다. (c) 해가 없다.

(d) 해가 존재함. (e) 해가 존재함. (f) 해가 존재함.

2. $p \equiv 2,\ 3 \pmod 5$

3. $p \equiv \pm 1,\ \pm 3,\ \pm 9,\ \pm 13 \pmod{40}$

4. $p \equiv 1,\ 3 \pmod 8$

6. (a) $p \equiv 1,\ 5,\ 19,\ 23 \pmod{24}$

(b) $p \equiv \pm 1,\ \pm 5,\ \pm 25,\ \pm 37 \pmod{44}$

7. $a = p_1 p_2 \cdots p_r q_1 q_2 \cdots q_k$라 하고, (단, $p_i = 4t_i + 1,\ q_j = 4s_j - 1$)

$\left(\frac{a}{p}\right) \equiv \left(\frac{p_1}{p}\right) \cdots \left(\frac{p_r}{p}\right)\left(\frac{q_1}{p}\right) \cdots \left(\frac{q_{2n}}{p}\right)$ 이용.

8. $a = p_1 \cdots p_r$라 하고, (p_i들은 소수)

$\left(\frac{a}{p}\right) = \left(\frac{p_1}{p}\right)\left(\frac{p_2}{p}\right) \cdots \left(\frac{p_r}{p}\right)$ 이용.

10. $k = p_1 \cdots p_r$라 하고, (p_i들은 소수)

$\left(\frac{k}{p}\right) = \left(\frac{p_1}{p}\right) \cdots \left(\frac{p_r}{p}\right)$ 이용.

12. 6.1절의 문제 10번 이용.

14. 6.1절의 문제 10번 이용.

16. $S = \left\{(x,\ y) \mid 1 \le x \le \left[\frac{a}{2}\right],\ 1 \le y \le \left[\frac{b}{2}\right]\right\}$

$S_1 = \left\{(x,\ y) \mid 1 \le x \le \left[\frac{a}{2}\right],\ 1 \le y \le \left[\frac{bx}{a}\right]\right\}$

$S_2 = \left\{(x,\ y) \mid 1 \le x \le \left[\frac{ay}{b}\right],\ 1 \le y \le \left[\frac{b}{2}\right]\right\}$고려.

연습문제 6.4

1. (a) $\left(\frac{5}{21}\right) = 1$ (b) $\left(\frac{51}{71}\right) = -1$ (c) $\left(\frac{-35}{97}\right) = 1$

(d) $\left(\frac{27}{101}\right) = -1$ (e) $\left(\frac{1326}{385}\right) = 1$

2. (a) 해가 없다. (b) 해가 존재함. (c) 해가 없다.

(d) 해가 없다. (e) 해가 없다. (f) 해가 없다.

4. 서로 다른 p_i에 대하여 $n = p_1 p_2 \cdots p_s$이라 하자.

$\left(\frac{a_1}{p_1}\right) = -1$, $\left(\frac{a_2}{p_2}\right) = \cdots = \left(\frac{a_s}{p_s}\right) = 1$이면서 $1 \le a_i \le p_i$인 a_i들이 존재한다.

그리고 중국인의 나머지 정리를 이용.

6. 문제 4번 이용.

7. $r \in \{1, 2, \cdots, p\}$라 하자.

   $ax + b \equiv r \pmod p \Leftrightarrow ax \equiv r - b \pmod p$.

   $((a, p) = 1$이므로 $ax + b$는 유일한 해를 갖는다는 사실을 이용함.

9. (a) $n = 2^r k$. 단, $r \ge 0$,

   $k \equiv 1, 7, 11, 17, 43, 49, 53, 59 \pmod{60}$

   (b) $n \equiv 1, 7, 13, 17, 19, 29, 37, 49, 71, 83, 91, 101,$

   $103, 107, 113, 119 \pmod{120}$.

12. $\left(\frac{a}{p}\right) = (-1)^{\frac{p-1}{2}\frac{a-1}{2}}\left(\frac{p}{a}\right) = \left(\frac{a^2+b^2}{a}\right) = \left(\frac{b^2}{a}\right) = 1$

제7장 산술 함수

연습문제 7.1

1. α가 정수일 경우와 아닐 경우로 나누어 생각.

2. $\alpha = [\alpha] + (\alpha)$, $\beta = [\beta] + (\beta)$라 하자. 여기서, $0 \le (\alpha), (\beta) < 1$

   (a) $0 \le (\alpha) < \frac{1}{2}$, $\frac{1}{2} \le (\alpha) < 1$,

   $0 \le (\beta) < \frac{1}{2}$, $\frac{1}{2} \le (\beta) < 1$ 등으로 나누어 생각.

   (b) $0 \le (\alpha) < \frac{1}{3}$, $\frac{1}{3} \le (\alpha) < \frac{2}{3}$, $\frac{2}{3} \le (\alpha) < 1$,

   $0 \le (\beta) < \frac{1}{3}$, $\frac{1}{3} \le (\beta) < \frac{2}{3}$, $\frac{2}{3} \le (\beta) < 1$ 등으로 나누어 생각.

   (c) (a), (b)와 비슷한 방법을 이용.

4. (a) $k = 529$ (b) $k = 330$ (c) 250번째 자릿수.

5. (a) $p = 2$이면 $k = n + \sum_{e=1}^{\infty}\left[\frac{n}{p^e}\right]$, $p > 2$이면 $k = \sum_{e=1}^{\infty}\left[\frac{n}{p^e}\right]$

(b) $p=2$이면 $k=0$, $p>2$이면 $k=\sum_{e=1}^{\infty}\left[\frac{2n}{p^e}\right]-\sum_{e=1}^{\infty}\left[\frac{n}{p^e}\right]$

6. $\binom{k+n}{n}$을 이용.

8. $x=[x]+(x)$라 하자. (여기서 $0\le(x)<1$)

   적당한 k에 대해, $\frac{k}{n}\le(x)<\frac{k+1}{n}$

   $[x]+\left[x+\frac{1}{n}\right]+\cdots+\left[x+\frac{n-1}{n}\right]=n[x]+k$,

   $[nx]=[n[x]+n(x)]=n[x]+k$가 성립.

9. $\gcd(m,\ n)=1$이므로, 6.3절의 정리 6.8의 증명을 이용.

10. $p^t \parallel \frac{(2n)!}{(n!)^2}$, $t=\sum_{e=1}^{\infty}\left(\left[\frac{2n}{p^e}\right]-2\left[\frac{n}{p^e}\right]\right)=1$

연습문제 7.2

2. (a) $n=p_1^{e_1}\cdots p_r^{e_r}$이라 하면, $\tau(n)=(e_1+1)\cdots(e_r+1)$

3. $a=p_1^{e_1}\cdots p_a^{e_a}q_1^{t_1}\cdots q_u^{t_u}$, $b=p_1^{e_1}\cdots p_a^{e_a}r_1^{s_1}\cdots r_v^{s_v}$,

   $\gcd(a,\ b)=d=q_1^{e_1}\cdots p_a^{e_a}$라고 하자. (여기서 $\gcd(q_1^{t_1}\cdots q_u^{t_u},\ r_1^{s_1}\cdots r_v^{s_v})$ $=1$) 그리고 $\gcd(p^i,\ q^j)=1$과 $p=q$ 경우만 고려하자.

6. (c) 문제 7번과 정리 7.7 이용.

7. (a), (b) $F(n)=\sum_{d|n}f(d)$면

$$\begin{aligned}\sum_{k=1}^{n}F(n) &= \sum_{k=1}^{n}\sum_{d|k}f(d)\\ &=f(1)+(f(1)+f(2))+\cdots+\sum_{d|n}f(d)\\ &=nf(1)+\left[\frac{n}{2}\right]f(2)+\cdots+\left[\frac{n}{n}\right]f(n)\\ &=\sum_{k=1}^{n}f(k)\left[\frac{n}{k}\right]\end{aligned}$$

연습문제 7.3

1. $n=3$

3. $m = p_1^{e_1} p_2^{e_2} \cdots p_s^{e_s}$이라 하면,

$$\phi(m^k) = \phi(p_1^{ke_1} \cdots p_s^{ke_s})$$
$$= p_1^{ke_1} \cdots p_s^{ke_s}\left(1 - \frac{1}{p_1}\right) \cdots \left(1 - \frac{1}{p_s}\right)$$
$$= m^{k-1}\phi(m)$$

4. i) N이 1 또는 소수일 때

ii) $n = p^k$ (단, $k > 2$, p는 소수)일 때

iii) $n = p_1^{k_1} \cdots p_r^{k_r}$ (단, $k > 2$, p_i는 소수)일 때로 나누어 생각

5. (a) $\{n, n+1, n+2, n+3\}$ 중에는 4의 배수가 적어도 하나 있고 그것의 뫼비우스 함수값은 0

(b) $k \ge 4$에서 $4 | k!$이므로 $\mu(k!) = 0$

7. (a) 7.2절의 문제 9번 이용.

8. (a) $\dfrac{\sigma(n)}{n} = \sum_{d|n} \dfrac{d}{n} = \sum_{dd'=n} \dfrac{d}{dd'} = \sum_{d|n} \dfrac{1}{d}$

(b) (c), (a)번 이용.

9. $n = p_1^{k_1} p_2^{k_2} \cdots p_r^{k_r}$이라고 하고 문제 6번 이용.

10. (b) $n = p_1^{k_1} p_2^{k_2} \cdots p_r^{k_r}$이라고 하고 문제 6번 이용.

(c) 7.2절의 문제 9번 이용.

11. n의 기약잉여계의 수는 $\varphi(n)$이고, a가 n의 기약잉여계이면, $n-a$도 n의 기약잉여계이다.

12. $\sum_{d|n} \sigma(d^{k-1})\phi(d)$가 승법 함수이므로, $n = p$인 경우만 보이면 된다.

13. 정리 7.11 이용

15. 문제 6번 이용.

연습문제 7.4

1. 6, 28, 496

2. $\sum_{d|n} \dfrac{1}{d} = \dfrac{\sigma(n)}{n} = \dfrac{2n}{n} = 2$

4. $n = p_1^{k_1} p_2^{k_2} \cdots p_r^{k_r} = dd'$는 완전수라고 하고, d가 완전수라고 가정하고 나서

문제 2번 이용.

7. (a) $1+2+\cdots+(2^k-1)=\dfrac{(2^k-1)2^k}{2}=(2^k-1)2^{k-1}=n.$

(b) $\phi(n)=(2^{k-1}-2^{k-2})(2^k-2)=n-2^{k-2}(2^k-2)-2^{k-1}=n-2^{2k-2}$

8. (a) $\sigma(\sigma(2^k))=\sigma(2^{k+1}-1)=2^{k+1}$ ($\because$ $2^{k+1}-1$이 소수)

11. $n=(2^{k_1}-1)(2^{k_2}-1)$이라고 하자. 그러면 $\sigma(n)=2^{k_1}2^{k_2}=2^{k_1+k_2}$ 임.

제 8 장 디오판토스 방정식

연습문제 8.1

1. (a) $34=3^2+5^2$ (b) $90=3^2+9^2$

(c) $113=7^2+8^2$ (d) $229=2^2+15^2$

(e) $490=7^2+21^2$ (f) $21658=7^2+147^2$

2. $n=9k+3$, $9k+6$은 $4k+3$꼴인 소수 3을 약수로 갖는다.

5. 문제 4번 이용.

8. $p=a^2+b^2=c^2+d^2$라고 하자. $(0<a,\ b,\ c,\ d<\sqrt{p})$

그러면 $a^2d^2-b^2c^2\equiv 0 \pmod p$가 된다.

따라서 $ad\equiv bc$ 또는 $ad\equiv -bc \pmod p$

$0<a,\ b,\ c,\ d<\sqrt{p}$ 이므로, $ad-bc=0$ 또는 $ad+bc=p$이다.

위 사실을 이용.

9. $n=a^2+b^2$이라고 하면, $2n=(a-b)^2+(a+b)^2$이다.

11. $5x^2+14xy+10y^2=n \Leftrightarrow (2x+3y)^2+(x+y)^2=n$

연습문제 8.2

1. $5=0^2+0^2+1^2+2^2$, $7=1^2+1^2+1^2+2^2$, $11=0^2+1^2+1^2+3^2$,

$5\cdot 7=0^2+1^2+3^2+5^2$, $7\cdot 11=0^2+2^2+3^2+8^2$

3. (b) p를 홀수인 소수라고 하면 $\dfrac{p+1}{2}$, $\dfrac{p-1}{2}$은 정수이고,

$p=\left(\dfrac{p+1}{2}\right)^2-\left(\dfrac{p-1}{2}\right)^2$이다.

4. (a) $n \geq 0$일 때, $4n+2 = 4n+1+1 = x^2+y^2+1$꼴로 나타낼 수 있다.

   (c) $n > 0$일 때, $n - x^2 \not\equiv 2 \pmod 4$가 되도록 적당한 정수 x를 택하고 문제 3(a) 이용.

6. $x^3 \equiv 0,\ 1,\ 8 \pmod 9$이므로 $a^3+b^3+c^3 \equiv 0,\ 1,\ 2,\ 3,\ 6,\ 7,\ 8 \pmod 9$.

7. $a^3+b^3 = (a+b)(a^2-ab+b^2)$

8. $a^3-b^3 = (a-b)(a^2+ab+b^2)$

연습문제 8.3

1. $(3,\ 4,\ 5),\ (15,\ 8,\ 17),\ (35,\ 12,\ 37),$

   $(5,\ 12,\ 13),\ (21,\ 20,\ 24),\ (7,\ 24,\ 25)$

2. 모든 해의 쌍

   $(x,\ y,\ z) = (\pm k(s^2-t^2-2st)(s^2-t^2+2st),\ \pm 4kst(s^2-t^2),\ \pm(s^2+t^2))$

   $(k \in Z,\ s > t > 0,\ \gcd(s,\ t) = 1,\ s \not\equiv t \pmod 2)$

3. 모든 해의 쌍

   $(x,\ y,\ z) = (\pm k(a^2-pb^2),\ \pm 2kab,\ \pm k(a^2+pb^2))$

6. $\sin^2(\theta) + \cos^2(\theta) = 1$임을 이용.

7. 정리 8.12에서 $b=2,\ a=p^2$ (p는 홀수인 소수)이라 하면 $y=(2p)^2$이고 피타고라스 세 쌍을 만족한다.

11. 모든 해의 쌍

    $(x,\ y,\ z) = (\pm k(a^2-b^2),\ \pm kab,\ \pm k(a^2+b^2))$

    $(k \neq 0,\ a > b > 0,\ \gcd(a,\ b) = 1,\ a \not\equiv b \pmod 2)$

12. 모든 해의 쌍

    $(x,\ y,\ z) = (\pm k(-a^2-2ab+b^2),\ \pm k(a^2-2ab-b^2),\ \pm k(a^2+b^2))$

13. 모든 해의 쌍

    $(x,\ y,\ z) = (\pm k(-a^2-4ab+2b^2),\ \pm k(a^2-2ab-2b^2),\ \pm k(a^2+2b^2))$

15. 필요조건은 $4 \mid m$ 또는 m이 홀수이다.

연습문제 8.4

1. 양의 정수의 정렬성 이용.

2. 정리 8.13 이용.

3. 따름정리 8.14 이용.

4. $(x, y, z)=t(a, 0, \pm a^2)$ 여기서 t, a는 임의의 정수

5. $(x, y, z)=(\pm 2, 0, \pm 4)$ 또는 $(0, \pm 2, \pm 4)$

6. 정리 8.13 이용.

8. $x=\pm(r^2-2s^2)$, $y=\pm 2rs$, $z=\pm(r^2+2s^2)$

   여기서 r은 홀수, $\gcd(r, s)=1$, r, $s \in Z$

10. 정리 8.13 이용.

제 9 장 피보나치 수열

연습문제 9.1

1. (a) ${f_{n+1}}^2-{f_{n-1}}^2=(f_{n+1}+f_{n-1})(f_{n+1}+f_{n-1})=(f_n+2f_{n-1})\cdot f_n$

   (b) ${f_{n+1}}^3-{f_{n-1}}^3=f_n\cdot(f_n+3f_{n-1})$

2. 힌트를 사용하여 식을 모두 더한다.

3. (a) $\gcd(f_{24}, f_{36})=f_{12}$

   (b) f_{24}의 약수는 f_1, f_2, f_3, f_4, f_6, f_8, f_{12}, f_{24}이고 f_{36}의 약수는 f_1, f_2, f_3, f_4, f_6, f_{12}, f_{18}, f_{36}이다

5. $f_m | f_{mn}$, $f_n | f_{mn}$이고 $\gcd(f_n, f_m)=1$

연습문제 9.2

2. $f_{2n}=f_{(n+1)+(n-1)}=f_n\cdot f_{n-1}+f_{n+1}\cdot f_n={f_{n+1}}^2-{f_{n-1}}^2$

   $f_{2n-1}=f_{n+(n-1)}=f_{n-1}\cdot f_{n-1}+f_n\cdot f_n$

3. $50=f_9+f_7+f_4=34+13+3$

   $75=f_{10}+f_7+f_5+f_3=55+13+5+2$

   $100=f_{11}+f_6+f_4=89+8+3$

   $125=f_{11}+f_9+f_3=89+34+2$

연습문제 9.3

1. 1, 1, 2, 3, 5, 1, 6, 0, 6, 6, 5, 4, 2, 6, 1 ; $h(7)=16$

3. 그렇지 않으면 $h(p)\mid(p+1)$이므로 $f_p \equiv 1 \pmod{p}$. 모순.

제 10 장 연분수와 펠 방정식

연습문제 10.1

1. (a) $\frac{17}{3}=[5;1,2]$ (b) $\frac{6}{5}=[1;5]$ (c) $\frac{71}{55}=[1;3,2,3,2]$

2. (a) $[0;5,1,6]=\frac{7}{41}$, (b) $[-2;2,4,6]=-\frac{87}{56}$

   (c) $[0;1,1,1]=\frac{2}{3}$ (d) $[-3;2,12]=-\frac{63}{25}$

4. $q_k=a_kq_{k-1}+q_{k-2}\geq 2q_{k-2}$

5. $\frac{p_k}{p_{k-1}}=a_k+\frac{1}{\frac{p_{k-1}}{p_{k-2}}}$이고, $\frac{q_k}{q_{k-1}}=a_k+\frac{1}{\frac{q_{k-1}}{q_{k-2}}}$이다.

6. (a) $x\equiv 14 \pmod{55}$

   (b) $x\equiv 19, 48, 77, 106, 135, 164, 193 \pmod{203}$

   (c) $x\equiv 35 \pmod{57}$

   (d) $x\equiv 62 \pmod{153}$

연습문제 10.2

1. (a) $\overline{[2;3]}=\frac{3+\sqrt{15}}{3}$ (b) $[1;\overline{1,2}]=\sqrt{3}$

   (c) $[0;\overline{2,3}]=\frac{\sqrt{15}-3}{2}$ (d) $[1;\overline{1,2,1}]=\frac{2+\sqrt{10}}{3}$

2. (a) $\sqrt{2}=[1;\overline{2}]$ (b) $\sqrt{5}=[2;\overline{4}]$

   (c) $\frac{1+\sqrt{5}}{2}=[1;\overline{1}]$ (d) $\frac{1}{\sqrt{3}}=[0;1,\overline{1,2}]$

   (e) $\sqrt{6}=[2;\overline{2,4}]$ (f) $\sqrt{7}=[2;\overline{1,1,1,4}]$

연습문제 10.3

1. (a) $\sqrt{10}=[3;\overline{6}]$ (b) $\sqrt{29}=[5;\overline{2,\ 1,\ 1,\ 2,\ 10}]$

   (c) $\sqrt{11}=[3;\overline{3,\ 6}]$ (d) $1+\sqrt{8}=[3;\overline{1,\ 4}]$

   (e) $2+\sqrt{23}=[6;\overline{1,\ 3,\ 0,\ 1,\ 8}]$ (f) $\dfrac{1+\sqrt{3}}{2}=\overline{[1;2]}$

2. (a) $[3;\overline{2}]=2+\sqrt{2}$ (b) $\overline{[3;2]}=\dfrac{3+\sqrt{15}}{2}$

   (c) $[9;\overline{9,\ 18}]=\sqrt{83}$ (d) $\overline{[9;9,\ 18]}=\dfrac{738+\sqrt{557010}}{163}$

   (e) $[3;\overline{4,\ 5}]=\dfrac{1+\sqrt{30}}{2}$ (f) $\overline{[3;4,\ 5]}=\dfrac{32+\sqrt{1297}}{21}$

3. $1\le c\le 2[\sqrt{d}]$

연습문제 10.4

1. (a) $x=3,\ y=1$

   (b) $x=23,\ y=11$ $x=9,\ y=3$ $x=7,\ y=1$

   (c) $x=17,\ y=5$ $x=10,\ y=2$

   (d) $x=1,\ y=1$

   (e) $x=8,\ y=1$ $x=7,\ y=2$

   (f) $x=1,\ y=2$

2. (a) $x=3,\ y=1$ (b) $x=3,\ y=2$

   (c) $x=99,\ y=14$ (d) $x=55,\ y=12$

3. (a) $x=18,\ y=5$ (b) $x=70,\ y=13$

   (c) $x=32,\ y=5$

참고서적

[1] William W. Adams & Larry Joel Goldstein, Introduction to Number Theory, Prentice-Hall, Inc., 1976

[2] Ralph G. Archibald, An Introduction To The Theory Of Numbers, Charles E. Merrill Publishing Co., 1969

[3] David M. Burton, Elementary Number Theory, Wm. C. Brown Pub- lishers, 1997

[4] Ivan Niven, H.S. Zuckerman & H.L. Montgomery, An Introduction To The Theory Of Numbers, John Wiley & Sons, Inc., 1991

[5] Kenneth H. Rosen, Elementary Numbers Theory And Its Applications, Addison Wesley, 1988

[6] The American Mathematical. Monthly, Vol. 67, No. 6(Jun-Jul., 1960) pp. 525-532.

찾아보기

ㅈ

ㅊ

ㅋ

ㅍ

오정환

연세대학교 대학원 이학석사 및 이학박사
미국 Pennsylvania 주립대학교 박사과정
미국 Illinois 대학교 수학과 방문교수
미국 Southern Illinois 대학교 수학과 방문교수

이준복

미국 Arizona 대학교 박사
대한수학회 총무이사
연세대 중앙도서관 부관장
현재 연세대학교 교수 및 과학영재교육원장

Elementary Number Theory

기초 정수론

지은이 오정환 · 이준복
펴낸이 조경희
펴낸곳 경문사
펴낸날 2012년 9월 1일 1판 1쇄
2022년 9월 1일 1판 5쇄
등 록 1979년 11월 9일 제313-1979-23호
주 소 04057, 서울특별시 마포구 와우산로 174
전 화 (02)332-2004 팩스 (02)336-5193
이메일 kyungmoon@kyungmoon.com

값 25,000원

ISBN 978-89-6105-521-5